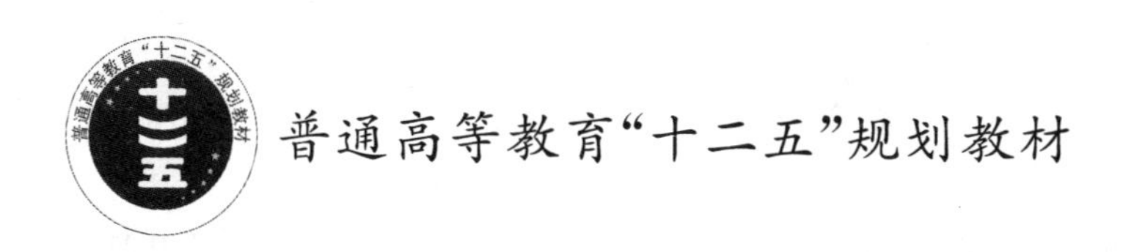

普通高等教育"十二五"规划教材

Visual FoxPro 程序设计教程

主　编　廖恩阳
副主编　胡凌燕　李　曼　涂　英

北京邮电大学出版社
·北京·

内容简介

本书系统介绍了 Visual FoxPro 数据库管理系统的基本知识，全面讲解了数据库程序设计应用技术，主要概括为数据存储维护及完整性设置、数据查询、结构化程序设计、面向对象程序设计四大部分。这四大部分的共同基础是数据及其运算。本书的主要内容包括数据库基本知识、Visual FoxPro 概述、Visual FoxPro 数据及运算、表的基本操作、数据库及数据库表的操作、视图与查询的设计、SQL 的应用、结构化程序设计、表单的设计与应用、类的设计与应用、菜单的设计、报表与标签、项目管理器。

本书为培养大学应用型、复合型人才而编写，适合作为高等学校数据库应用类课程及程序设计类课程的教材。书中大量案例有很强的应用指导作用，也适合广大有兴趣的自学人士及计算机等级考试考生阅读，还可供各行各业计算机应用人员参考。

本书有配套的实验指导教程，并提供完整的电子教案、数据库素材和例题源程序。

图书在版编目(CIP)数据

Visual FoxPro 程序设计教程/廖恩阳主编. -- 北京：北京邮电大学出版社，2016.1
ISBN 978-7-5635-4572-8

Ⅰ.①V… Ⅱ.①廖… Ⅲ.①关系数据库系统—程序设计—高等学校—教材 Ⅳ.①TP311.138

中国版本图书馆 CIP 数据核字(2015)第 266399 号

书　　名	Visual FoxPro 程序设计教程
主　　编	廖恩阳
责任编辑	向　蕾
出版发行	北京邮电大学出版社
社　　址	北京市海淀区西土城路 10 号(100876)
电话传真	010-82333010　62282185(发行部)　010-82333009　62283578(传真)
网　　址	www3.buptpress.com
电子信箱	ctrd@buptpress.com
经　　销	各地新华书店
印　　刷	北京泽宇印刷有限公司
开　　本	787 mm×1 092 mm　1/16
印　　张	18.5
字　　数	459 千字
版　　次	2016 年 1 月第 1 版　2016 年 1 月第 1 次印刷

ISBN 978-7-5635-4572-8　　定　价：38.00 元

前　　言

“Visual FoxPro 程序设计”课程是一门大学公共课，主要面对非计算机专业的所有大学生开设。该课程与其他程序设计语言课程并列，属于基础操作、应用技术、专业应用三大计算机通识课程层次中的第 2 层，但该课程不同于其他程序设计语言课程和其他数据库应用课程。“Visual FoxPro 程序设计”课程既学习数据管理，又学习程序设计，涉及的技术全面，与实际应用的结合很紧密，而且易学、易用，便于触类旁通地进入数据处理领域。计算机数据处理的应用非常广泛，通过这门课程的学习，大学生可获得更切实的应用技能。

Visual FoxPro 是微软推出的一款数据库管理系统，除了对大量数据进行系统的管理之外，Visual FoxPro 自含语言，拥有基本的程序结构，包容 SQL。在应用开发中，Visual FoxPro 提供了可视化的、面向对象的设计平台，让用户可以很容易地为自己的应用软件设计出当今主流的界面，高效地开发出信息管理应用系统。

本书作为“Visual FoxPro 程序设计”课程的教材，系统地介绍 Visual FoxPro 数据库管理系统的基本知识，全面讲解数据库程序设计应用技术，重点突出 SQL 的运用。依据数据的基本处理、数据的编程处理、高效编程的线索，全书章节循序渐进，案例引导，突出应用，突出重点，内容安排力求做到由浅入深，由具体到抽象，以符合人们的认知规律。在此也作一点说明，本书中常出现用户一词，多数情况下是指利用 Visual FoxPro 进行应用开发的程序设计者，有时也指程序运行时的使用者，留心文中语境，读者应能分辨理解。

本书作者长年工作在计算机应用教学与科研第一线，对学生、教学、教材及应用开发有实际的把握。作者结合全方位的感悟，力求呈现给读者一本适宜的 Visual FoxPro 程序设计教材。全书共 13 章，内容包括数据库基本知识、Visual FoxPro 概述、Visual FoxPro 数据及运算、表的基本操作、数据库及数据库表的操作、视图与查询的设计、SQL 的应用、结构化程序设计、表单的设计与应用、类的设计与应用、菜单的设计、报表与标签、项目管理器。本书由廖恩阳担任主编，由胡凌燕、李曼、涂英担任副主编。廖恩阳设计并提供了教学示例数据库，并编写了第 1～第 3 章、第 9 和第 10 章，第 4 和第 5 章由涂英编写，第 6 和第 7 章由李曼编写，第 8 章、第 11～第 13 章由胡凌燕编写，最后由廖恩阳统稿、定稿。江汉大学的颜彬教授和陈刚教授审阅了全书，很多江汉大学同仁及其他学校的老师提供了很多有益的帮助，在此一并感谢。

本教材全面实现教学资源共享，电子教案、数据库素材、例题源程序等全部交由出版社配套提供。本书得力于北京邮电大学出版社的通力合作，谨致以谢意。

由于作者水平与经验所限，书中难免存在疏漏或瑕疵，恳请广大读者朋友指正和赐教。

编　者

2015 年 9 月

目　　录

第1章

数据库基本知识

Visual FoxPro 是一种数据库管理系统，利用它可以对实际工作及事务中的大量数据进行组织、存储、维护、分类、统计、查询，还能编程对数据进行高效能的处理，进而开发出计算机应用信息系统。为了系统、深入地掌握计算机数据处理技术，有必要先了解和掌握有关数据库的一些基本概念和基础知识。

1.1 数据管理及其技术发展

自从利用计算机处理数据以来，人们对数据、数据管理有了更深入的认识，数据管理技术在实践中不断总结、完善并有了创造性的发展。

1.1.1 数据及数据管理

1. 数据与信息

数据(data)是人们用于记录事物情况的物理符号。数据不仅包括数字、字母、汉字和其他特殊字符组成的各类文字数据，而且还包括图形、图像、动画、影像、声音等多媒体数据，现在它们都能被计算机处理。但是，使用最多、最基本的仍然是各类文字数据。

信息(information)是数据中所包含的意义。更明确地说，信息是经过加工、处理并对人们行为活动产生决策影响的数据。

数据与信息既有区别，又有联系。其区别在于，数据是客观性的表述形式，而且某事物的某一情况可有多种表述形式；信息是辨识数据而得到的主观认识，从某一情况的不同表述形式的数据能得到同一种明确的消息。例如，一个城市的天气预报情况是一条信息，而描述该信息的数据的表述形式可以是文字、声音或图像等。数据与信息的联系在于，数据经处理而成为信息，当信息又被汇集整理时，它实际又处于数据的地位了。例如，将某一天的天气情况与本季度以来的天气进行比较。

后面我们在操作细节中一般只讨论数据，之所以又提到信息，是因为在较大的应用开发时，人们常用到信息系统的总称。

2. 数据处理与数据管理

数据处理是指将数据转换成信息的过程，它主要是面向应用对数据进行加工，如统计计算、检索查询等一系列操作活动。

通过数据处理可以获得信息，通过筛选、分析和利用信息，可以产生决策。例如，人的出生日期是其基本特征之一，属于原始数据，而年龄是通过现年与出生年份相减而计算出的二次数据。根据某人的年龄、性别、学历等有关情况和征兵规定，可以判断此人是否可以办理应征入伍手续。

数据管理是指对数据进行规范、构造及整理，使数据易于使用，它主要是面向数据本身对数据进行安排和提出基本要求并加以实现。这涉及诸如数据的存储方式、组织模型、数据处理时的内在操作机制、独立性与完整性保障等。数据管理为数据处理提供系统基础，良好的数据管理能实现高效的数据处理。

1.1.2 计算机数据管理技术

计算机在数据管理方面经历了由低级到高级的发展过程。顺应计算机应用范围的扩展，伴随计算机硬件、软件技术的进步，计算机数据管理技术不断发展推进，经历了人工管理、文件系统、数据库系统、分布式数据库系统和面向对象数据库系统等几个阶段。

1. 人工管理方式

20 世纪 50 年代中期以前，计算机主要应用于数值计算，数据量较少。在这一阶段，硬件方面没有可以随机访问、直接存取的外部存储设备(简称外存)，软件方面没有操作系统和管理数据的软件，数据由计算或处理它的程序自行携带。数据管理任务(包括存储结构、存取方法、输入和输出方式等)完全由程序设计人员自行负责。

这种数据管理的特点是:数据就写在程序中，不具有独立性，编程也因此比较烦琐。程序运行结束后就退出计算机系统，数据也就没有保存，一个程序中的数据不能被其他程序利用，相同的数据要作另一种处理时，在另一程序中要再输入一次。因此，程序与程序之间存在大量的重复数据，称为数据冗余。

2. 文件系统方式

20 世纪 50 年代后期至 60 年代末，计算机开始广泛用于信息管理中大量的数据处理工作。在这一阶段，硬件方面出现了大容量、可直接存取的磁盘作为主要外存，软件方面出现了高级语言和操作系统。编程者可将数据单独编辑，与程序分开保存，操作系统中的文件系统可代为管理外存上的数据文件。

在文件系统的支持下，程序只需用文件名访问数据文件，从而处理数据。程序员可以集中精力在数据处理的算法上，而不必关心数据记录在存储器上的地址和内存、外存交换数据的过程。

在文件系统阶段，程序与数据有了一定的独立性，程序和数据分开存储，有了程序文件和数据文件的区别。数据文件可以长期保存在外存上，可以被一个或多个程序分别读写，反复使用。这种方式，目前在处理较少的数据时，仍在运用。

但是，操作系统的文件系统是用于管理所有文件的，并不是专门的数据文件管理者，数据文件中大量数据的组织、维护和一致性、完整性及充分的独立性等，得不到应有保障，而这些在较具规模的数据处理中是必需的。

文件系统在数据管理上的不足，促使人们发展出更专业的数据管理方式。

3. 数据库系统方式

从20世纪60年代后期开始，应用计算机管理的数据量急剧增长，并且对数据共享的需求日益增强，文件系统的数据管理方法已无法适应开发应用系统的需要。为了实现计算机对数据的专业管理，数据库技术应运而生，为此，人们开发、设计出了专门管理数据的系统软件，即数据库管理系统。

数据库技术的主要目的是高效地存取和管理大量的数据资源，包括：提高数据的共享性，使多个用户能够同时访问数据库中的数据；减小数据的冗余度，以提高数据的一致性和完整性；提供数据与应用程序的独立性，从而减少应用程序的开发和维护代价。

4. 数据库系统的发展

数据库技术的发展先后经历了层次数据库、网状数据库和关系数据库。层次数据库和网状数据库可以看作第一代数据库系统，关系数据库可以看作第二代数据库系统。自20世纪70年代出现关系数据模型和关系数据库后，数据库技术得到了蓬勃发展，应用也越来越广泛。但随着应用的不断深入和拓展，占主导地位的关系数据库系统已不能满足新的应用领域的需求，促使数据库技术不断向前发展，涌现出更多新型数据库系统。

数据库系统发展的几个主要方面是：与计算机网络技术紧密结合的分布式数据库系统；与面向对象程序设计技术完整对应的面向对象数据库系统；支持音频、视频等复杂结构的多媒体数据库系统；针对某领域问题求解的知识库系统和用于决策支持的数据仓库等。

1.2 数据库系统

自20世纪70年代至今，数据库系统是计算机数据管理的主要方式，本节主要介绍数据库相关概念、数据库系统的特点和数据库管理系统的主要功能。

1.2.1 数据库相关概念

1. 数据库

数据库(database，DB)是存储在计算机存储设备上的结构化的相关数据集合，它不仅包括描述事物的数据本身，而且还包括相关事物之间的联系。

数据库中的数据往往不像文件系统那样，只面向某一项特定应用，而是面向多种应用，可以被多个用户、多个应用程序共享。例如，某超市商品进、销、存数据，既供该超市作内部核算，也可汇集给公司来用于网点布局与物流配送的业务安排。

对于数据库的建立，对于其中数据的增加、删除、修改和检索，由专门的系统软件——数据库管理系统进行统一的控制。

2. 数据库管理系统

数据库管理系统(database management system，DBMS)是一种操纵和管理数据库的系统软件，用于对数据库的建立、使用和维护等提供操作环境，并对这些操作进行规范控制，进而完成这些操作任务。

数据库管理系统对数据库进行统一的管理，以保证数据库的安全性和完整性。用户通过数据库管理系统访问数据库中的数据，数据库管理员也通过数据库管理系统进行数据库的维护工作。数据库管理系统提供多种功能，可以使多个应用程序和用户用不同的方法同时或在不同时刻去建立、修改和查询数据库。

常见的数据库管理系统有 Oracle，Sybase，Informix，SQL Server，Access，Visual FoxPro 等，这些软件产品的基本功能相近，又各具特色，在应用中都占有一席之地。

3. 数据库应用系统

数据库应用系统是指程序开发人员利用数据库系统资源开发出来的应用系统，它是针对某一类实际应用的。例如，以数据库为基础的财务管理系统、人事管理系统、图书管理系统、教学管理系统、生产管理系统等。无论是面向内部业务和管理的管理信息系统，还是面向外部，提供信息服务的开放式信息系统，从实现技术的角度而言，都是以数据库为基础和核心的计算机应用系统。

4. 数据库系统

数据库系统是指引进数据库技术后的计算机系统，实现有组织地、动态地存储大量相关数据，提供数据处理和信息资源共享的便利手段。

数据库系统由如下几部分组成：硬件系统、操作系统、数据库管理系统、数据库集合、数据库应用系统及数据库管理员和用户。

1.2.2 数据库系统的特点

数据库系统的主要特点如下。

1. 实现数据共享，减少数据冗余

在数据库系统中，对数据的定义和描述已经从应用程序中分离出来，通过数据库管理系统来统一管理。数据的最小访问单位是字段，既可以按字段的名称存取数据库中某一个或某一组字段，也可以存取一条记录或一组记录。

建立数据库时，应当以面向全局的观点组织数据库中的数据，这样才能发挥数据共享的优势，而不应当像文件系统那样只考虑某一部门的局部应用。

2. 采用特定的数据模型

数据库中的数据是有结构的，这种结构由数据库管理系统所支持的数据模型表现出来。数据库系统不仅可以表示事物内部各数据项之间的联系，而且可以表示事物与事物之间的联系，从而反映出现实世界事物之间的联系。因此，任何数据库管理系统都支持一种抽象的数据模型。

3. 具有较高的数据独立性

在数据库系统中，数据库管理系统提供映象功能，实现了应用程序对数据的总体逻辑结构、物理存储结构之间较高的独立性。用户只以简单的逻辑结构来操作数据，无须考虑数据在存储器上的物理位置与结构。

4. 有统一的数据控制功能

数据库可以被多个用户或应用程序共享，数据的存取往往是并发的，即多个用户同时使用同一个数据库。数据库管理系统必须提供必要的保护措施，包括并发访问控制功能、数据的安全性控制功能和数据的完整性控制功能。

1.2.3　数据库管理系统的主要功能

数据库管理系统的主要功能有如下几点。

1. 数据定义功能

数据库管理系统提供了数据定义语言（data definition language，DDL），用户通过它可以方便地对数据库中的相关内容进行定义。例如，对数据库、表、索引进行定义。

2. 数据操纵功能

数据库管理系统还提供了数据操纵语言（data manipulation language，DML），用户可以使用 DML 操纵数据实现对数据库的基本操作。例如，对表中的数据进行查询、插入、删除和修改等。

3. 数据库的运行管理功能

数据库在建立、运用和维护时由数据库管理系统统一管理、统一控制，以保证数据的安全性、完整性，以及多用户对数据的并发使用和发生故障后的系统恢复。

4. 数据库的建立和维护功能

该功能包括数据库初始数据的输入、转换功能，数据库的转储、恢复功能，数据库的重新组织功能和性能监视、分析功能等。这些功能通常是由一些实用程序完成的。

1.3　实体与数据模型

以数据库系统方式管理数据，来源于数据处理的实践，在大量的具体应用中，对计算机数据管理经过不断总结归纳、抽象研究，提出了一些用以统称的概念，揭示了众多事物在共性上的实质模型，给出了用以解决同类问题的一般方法，于是上升成了理论，返回来又很好地指导了人们的实践。作为学习者，应当注重从数据处理的实例源头与应用需求上去进行认识与把握。

1.3.1　实体的描述

现实世界存在各种事物，事物与事物之间存在着联系。这种联系是客观存在的，是由事物本身的性质所决定的。例如，图书馆中有图书和读者，读者借阅图书；学校的教学系统中，有教师、学生、课程，教师为学生授课，学生选修课程并取得成绩；商业部门中有货物、客户，客户要订货、购物；体育竞赛中有参赛代表队、竞赛项目，参赛代表队中的运动员参加某项目的比赛；等等。如果管理的对象较多或者比较特殊，事物及其之间的联系就更需要清晰的梳理与分析。

1. 实体

客观存在并且可以相互区别的事物称为实体。实体可以是物体，也可能是事件。例如，运动员、图书等属于实际物体，竞赛情况、借阅图书等活动是事件。

2. 实体的属性

实体的某种特性称为属性。例如，读者实体可用借阅证号、姓名、性别、职业、单位、身份证号等若干个属性来描述；图书实体可用图书编号、书名、作者、出版社、单价等多个属性来描述；借书情况可用借阅证号、借阅日期、图书编号等属性来记载。某属性下的一个个具体数据称为属性值。

3. 实体集和实体型

各属性值的一组相关集合表示一个实体，而属性的集合表示一种实体的类型，称为实体型。同类型的实体的集合，称为实体集。

例如，在职工实体集中，(1037，李四海，男，09/28/97，司机)表明职工名册中一个具体实体的数据，职工(职工号，姓名，性别，进厂日期，职务)则是实体型。

又如，在商品实体集中，(6901757301043，饼干，5.9，南粤食品)具体代表一种货品，商品(货号，品名，单价，生产商)则是实体型。

在 Visual FoxPro 中，用表来存放同一类实体，即实体集，如读者表、图书表等。Visual FoxPro 的一个表包含若干个字段，表中所包含的字段就是实体的属性。同一行各字段值的集合形成表中的一条记录，代表一个具体的实体，即每一条记录表示一个实体。

1.3.2 实体间的联系

实体之间发生的行为称为实体间的联系，它反映现实世界事物之间的相互关联。例如，一位读者可以借阅若干本图书，同一本图书可以相继被几个读者借阅。

研究实体间的联系是因为在数据处理的实际应用中，它显得尤为重要，常常必须借助对这类联系的处理来获取所需信息。两实体间的联系可以归结为以下 3 种类型。

1. 一对一联系(1∶1)

考察工厂的车间和车间主任两个实体集，如果一个车间只有一个车间主任，一个车间主任不能同时在其他车间再兼任车间主任，在这种情况下，车间和车间主任之间存在一对一联系。

如果对于实体集 A 中的每一个实体，实体集 B 中有且只有一个实体与之联系，反之亦然，则称实体集 A 与实体集 B 具有一对一联系。

在 Visual FoxPro 中，一对一联系表现为主表中的每一条记录只与相关表中的一条记录相关联。例如，一个单位劳资部门的职工表和财务部门的工资表之间就存在一对一联系。

2. 一对多联系(1∶m)

考察部门和职工两个实体集，一个部门有多名职工，而一名职工只在一个部门就职，即只占一个部门的编制，部门与职工之间则存在一对多联系。考察学生和系两个实体集，一个学生只能在一个系里注册，而一个系有很多个学生，系和学生也是一对多联系。

如果对于实体集 A 中的每一个实体，实体集 B 中有多个实体与之联系，反之，对于实体集 B 中的每一个实体，实体集 A 中至多只有一个实体与之联系，则称实体集 A 与实体集 B 有一对多联系。

在 Visual FoxPro 中，一对多联系表现为主表中的每一条记录与相关表中的多条记录相关联。也就是说，表 A 的一条记录在表 B 中可以有多条记录与之对应，但表 B 中的一条记录在表 A 中最多只能有一条记录与之对应。

一对多联系是最普遍的联系，可以把一对一联系看作一对多联系的一个特例。

3. 多对多联系($m:n$)

考查学生和课程两个实体集，一个学生可以选修多门课程，一门课程由多个学生选修，因此，学生和课程间存在多对多联系。图书与读者之间也是多对多联系，因为一位读者可以借阅若干本图书，同一本图书可以相继被几个读者借阅。

如果对于实体集 A 中的每一个实体，实体集 B 中有多个实体与之联系，而对于实体集 B 中的每一个实体，实体集 A 中也有多个实体与之联系，则称实体集 A 与实体集 B 之间有多对多联系。

在 Visual FoxPro 中，多对多联系实际被分解为两个一对多联系。例如，读者与图书这两类物体，是由借阅事件联系起来的。某一读者对某一本图书的借阅情况，在借阅实体集中形成一组数据，该读者借过多少本书，在借阅实体集中就有多少组有关他的数据，于是，读者与借阅两实体集是一对多联系。换一个角度，同样可以理解，图书与借阅两个实体集也是一对多联系。总之，借阅事件联系起了读者与图书两类物体，借书活动就要涉及读者、借阅、图书这 3 种实体。要注意理解借阅实体集中每组数据的来源。

相似的案例还有很多，有人将借阅这类实体集称为“纽带”，其实，类似这样的实体集就是“联系”。

1.3.3　数据模型

为了反映事物本身及事物之间的各种联系，数据库中的数据必须有一定的结构，这种结构用数据模型来表示。数据库不仅管理数据本身，而且要使用数据模型表示出数据之间的联系。可见，数据模型是数据库管理系统用来表示实体及实体间联系的方法。一个具体的数据模型应当正确地反映出数据之间存在的整体逻辑关系。

任何一个数据库管理系统都是基于某种数据模型的。数据库管理系统所支持的数据模型分为 3 种：层次模型、网状模型和关系模型，因此，使用支持某种特定数据模型的数据库管理系统开发出来的应用系统相应地称为层次数据库系统、网状数据库系统和关系数据库系统。

关系模型对数据库的理论和实践产生很大的影响，成为当今最流行的数据库模型。本书重点介绍关系数据库的基本概念和使用，为了使读者对数据模型有一个全面的认识，进而更深刻地理解关系模型，这里先对层次模型、网状模型和关系模型都作一简单的介绍，以后再比较详细地介绍关系模型。

1. 层次模型

用树形结构表示实体及其之间联系的模型称为层次模型。在层次模型中,数据被组织成由"根"开始的"树",每个实体由"根"开始沿着不同的分支放在不同的层次上。如果不再向下分支,那么此分支序列中最后的节点称为"叶"。上级节点与下级节点之间为一对多联系,图1.1 给出一个层次模型的例子。

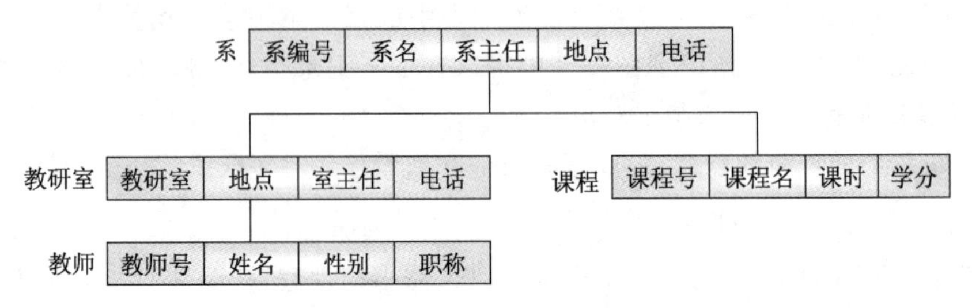

图 1.1 层次模型示例

层次模型实际上是由若干个代表实体之间一对多联系的基本层次联系组成的一棵树,树的每一个节点代表一个实体类型。从图 1.1 中可以看出,系是根节点,系管理的树状结构反映的是实体型之间的结构。该模型的实际存储数据由链接指针来体现联系。

支持层次模型的数据库管理系统称为层次数据库管理系统,在这种系统中建立的数据库是层次数据库。层次数据模型不能直接表示出多对多联系。

2. 网状模型

用网状结构表示实体及其之间联系的模型称为网状模型。网中的每一个节点代表一个实体类型。网状模型突破了层次模型的两点限制:允许节点有多于一个的父节点;可以有一个以上的节点没有父节点。因此,网状模型可以方便地表示各种类型的联系。

图 1.2 给出了一个简单的网状模型。每一个联系都代表实体之间的一对多联系,系统用单向或双向环形链接指针来具体实现这种联系。如果课程和选课人数较多,链接将变得相当复杂。网状模型的主要优点是表示多对多联系具有很大的灵活性,这种灵活性是以数据结构复杂化为代价的。

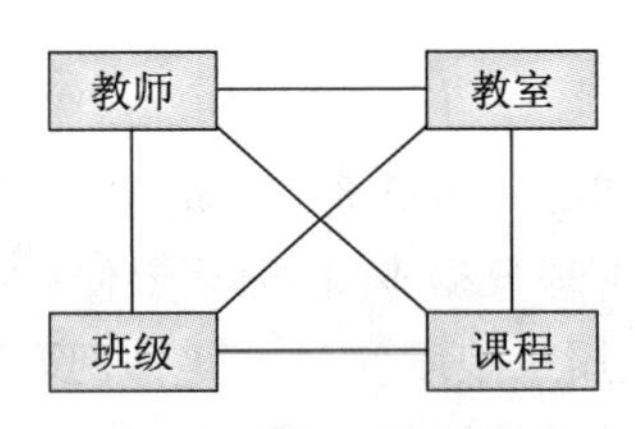

图 1.2 网状模型示例

支持网状模型的数据库管理系统称为网状数据库管理系统,在这种系统中建立的数据库是网状数据库。

网状模型和层次模型在本质上是一样的。从逻辑上看,它们都用节点表示实体,用有向边(箭头)表示实体间的联系,实体和联系用不同的方法来表示;从物理上看,每一个节点都是一个存储记录,用链接指针来实现记录之间的联系。这种用指针将所有数据记录都捆绑在一起的特点,使得层次模型和网状模型存在难以实现系统的修改与扩充等缺陷。

3. 关系模型

用二维表结构来表示实体及实体之间联系的模型称为关系模型。关系模型是以关系数学理论为基础的，在关系模型中，操作的对象和结果都是二维表，这种二维表就是关系。

在应用中，可以说一个具体的关系模型是由若干个有联系的关系组成的集合。

关系模型与层次模型、网状模型的本质区别在于数据描述的一致性，模型概念单一。在关系数据库中，每一个关系都是一个二维表，无论实体本身还是实体间的联系均用称为“关系”的二维表来表示，使得描述实体的数据本身能够自然地反映它们之间的联系；而传统的层次数据库和网状数据库是使用链接指针来存储和体现联系的。

1.4　关系数据库

关系数据库是按关系模型建立和管理的数据库。1970 年，美国 IBM 公司的 E. F. Codd 提出关系模型，开创了关系数据库的时代。关系数据库以其完备的理论基础、简单的模型、说明性的查询语言和使用方便等优点得到了最广泛的应用。

1.4.1　关系数据库分析

自 20 世纪 80 年代以来，新推出的数据库管理系统几乎都支持关系模型，Visual FoxPro 就是一种关系数据库管理系统。从数据管理原理而言，分析关系数据库，本质上是分析关系模型。本小节将结合 Visual FoxPro 应用案例，介绍关系模型中的基本概念和特点，从而使读者对关系数据库应用有初步认知。

1. 引例

以下考查一个关系模型的例子：“学生—选课成绩—课程”关系模型。

设有一个学习管理数据库，其中有学生、课程、选课成绩 3 个表，如图 1.3 所示。通常可知，一个学生要学习多门课程，一门课程也有多个学生选学，所以，学生和课程之间的联系是多

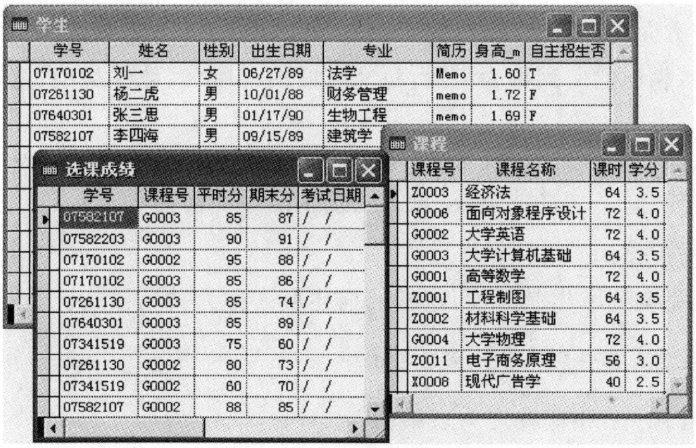

学生

学号	姓名	性别	出生日期	专业	简历	身高_m	自主招生否
07170102	刘一	女	06/27/89	法学	Memo	1.60	T
07261130	杨二虎	男	10/01/88	财务管理	memo	1.72	F
07640301	张三思	男	01/17/90	生物工程	memo	1.69	F
07582107	李四海	男	09/15/89	建筑学			

选课成绩

学号	课程号	平时分	期末分	考试日期
07582107	G0003	85	87	/ /
07582203	G0003	90	91	/ /
07170102	G0002	95	88	/ /
07170102	G0003	85	86	/ /
07261130	G0003	85	74	/ /
07640301	G0003	85	89	/ /
07341519	G0003	75	60	/ /
07261130	G0002	80	73	/ /
07341519	G0002	60	70	/ /
07582107	G0002	88	85	/ /

课程

课程号	课程名称	课时	学分
Z0003	经济法	64	3.5
G0006	面向对象程序设计	72	4.0
G0002	大学英语	72	4.0
G0003	大学计算机基础	64	3.5
G0001	高等数学	72	4.0
Z0001	工程制图	64	3.5
Z0002	材料科学基础	64	3.5
G0004	大学物理	72	4.0
Z0011	电子商务原理	56	3.0
X0008	现代广告学	40	2.5

图 1.3　学习管理数据库中的表

对多联系。通过选课成绩表，把多对多联系分成为两个一对多联系。即：学生表与选课成绩表，由学号字段建立起一个一对多联系；课程表与选课成绩表，则由课程号字段建立起另一个一对多联系。在用 Visual FoxPro 建立的学习管理数据库中，3 个表之间的关系如图 1.4 所示。

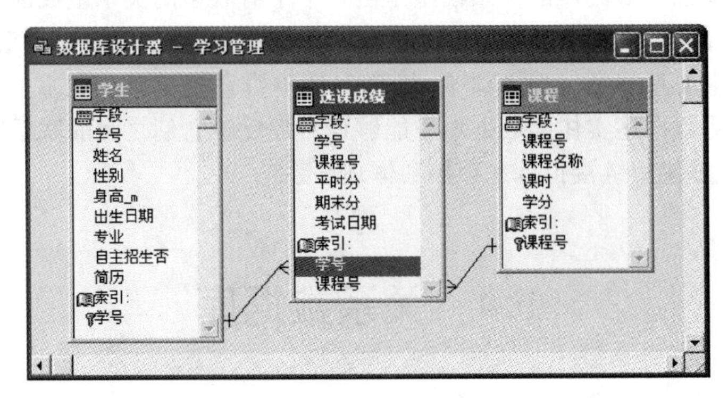

图 1.4　学习管理数据库中表之间的关系

请特别留意选课成绩表，其数据来源是，某学生每学一门课取得了成绩，便在该表中记录下一行相应数据，该学生学了多少门课，在该表中就应有多少行出现其学号、课程号等的数据。学生表与选课成绩表的一对多联系，即可由此具体观察出来。换一个视角，同样能看到并悟出，课程表与选课成绩表之间，存在的也是一对多联系。

可称选课成绩表这类的表为联系表。

2. 关系应用的基本概念

(1)关系与表

一个关系就是一张二维表，每个关系有一个关系名。在 Visual FoxPro 中，一个关系作为一个文件存储，文件扩展名为“dbf”，称为表。例如，学生.dbf 称为学生表。

(2)元组与记录

在一个二维表中，水平方向的一行称为一个元组。在关系数据库应用中，表中的一行称为记录。例如，学生表和课程表各包括多条记录。

(3)属性与字段

二维表中垂直方向的列称为属性，每一列有一个属性名，与前面讲的实体的属性相同。在关系数据库应用中，表中的一列称为字段，每个字段的字段名、数据类型、宽度等在创建表的结构时指定。

例如，学生表中有学号、姓名、性别、出生日期、专业等字段。其中，姓名是学生表中第 2 列的属性名或字段名，“刘一”、“杨二虎”等是这一列中的属性值或字段值。

(4)关系模式与表结构

对关系命名并完全列举出其属性，这样的描述形式称为关系模式。其一般格式为

关系名(属性名 1,属性名 2, … ,属性名 n)

在 Visual FoxPro 中，相应称之为表结构：

表名(字段名 1,字段名 2,…,字段名 n)

例如：

课程(课程号,课程名称,课时,学分)

通俗地理解,关系模式或表结构相当于给出了一张有标题行的空二维表。

(5)关键字

关键字是属性或属性的组合,其值能够唯一地标识一个元组。在关系数据库应用中,其表示为字段或字段的组合。例如,学生表中的学号可以作为标识一条记录的关键字,反之,由于就读某一专业的学生不止一个,专业字段就不能作为关键字。在 Visual FoxPro 中,能唯一标识一条记录的字段,可作为主关键字或候选关键字,去进行主索引或候选索引的建立。

(6)外部关键字

如果表中的一个字段不是本表的主关键字或候选关键字,而是另外一个表的主关键字或候选关键字,这个字段就称为外部关键字。

(7)域

域是指数据的取值范围。例如,性别可限定只能从"男"、"女"两个字中取值;逻辑型字段自主招生否只能从逻辑真或逻辑假两个值中取值;学分字段值必须大于 0。

至此,我们先后从 3 方面对一些相近的概念进行了介绍,以下将其中主要的几点整理在表 1.1 中,以便于更清楚地比较、认识与理解。

表 1.1　关系数据库有关的基本概念

关系数据库应用术语	数学中的称谓	在数据模型理论中的名称
表	关系	实体集
表结构	关系模式	实体型
记录	元组	实体
字段(名)	属性	属性
字段值	属性值	属性值

3. 关系的基本特点

关系模型看起来简单,但是比起日常手工管理所用的各种表格,要有一些限制,对关系有一定的要求。关系具有以下特点。

①关系必须规范化。所谓规范化,是指关系模型中的每一个关系模式都必须满足一定的要求。最基本的要求是每个属性必须是不可分割的数据单元,即表中不能再包含表。

手工制表中经常出现如表 1.2 所示的复合表。这种表格不是二维表,不能直接作为关系来存放,只要去掉表 1.2 中的应发金额和应扣金额两个标题就可以了。如果有必要,在数据输出时可以对打印格式另行设计,从而满足用户的要求。

表 1.2　非关系规范化的复合表

<table>
<tr><th rowspan="2">姓名</th><th rowspan="2">职务</th><th colspan="3">应发金额</th><th colspan="3">应扣金额</th><th rowspan="2">实发工资</th></tr>
<tr><th>基本工资</th><th>岗位津贴</th><th>奖金</th><th>公积金</th><th>医保</th><th>所得税</th></tr>
</table>

②在同一个关系中不能出现相同的属性名，Visual FoxPro不允许同一个表中有相同的字段名。

③关系中不允许有完全相同的元组，即禁止不良冗余。

④在一个关系中元组的次序无关紧要。也就是说，任意交换两行的位置并不影响数据的实际含义。

⑤在一个关系中列的次序无关紧要，任意交换两列的位置不影响数据的实际含义。例如，工资单里奖金和基本工资哪一项在前面都不重要，重要的是实际数额。

关系模型的优点在于数据结构单一，实体用二维表描述，实体之间的联系也是用二维表描述，查询出的结果也是二维表的形式，概念简单，操作方便；而且，关系经过规范，管理与操作机制建立在坚实的数学基础上。在计算机数据管理技术中，关系数据库理论更为严谨，关系数据库用户最为广泛，从兴起至今一直是应用的主流。

1.4.2 关系运算

关系运算用于在数据处理的实际需求中，对一个或多个关系中的数据作采用时的取舍和操作中的整合。

1. 选择

选择运算是在关系中只对符合指定条件的元组进行操作。以逻辑表达式指定选择条件，选择运算将选取使逻辑表达式为真的所有元组。选择运算的结果构成关系的一个子集，是关系中的部分元组，其关系模式不变。

在关系数据库的应用中，选择运算是从表中横向抽取若干行记录。例如，要从图书关系中查询所有2000年以前出版的书，这样的操作就属于选择运算。

2. 投影

从关系模式中指定若干个属性组成新的关系称为投影。

投影是从列的角度进行的运算，相当于对关系进行垂直分解。经过投影运算可以得到一个新关系，其关系模式所包含的属性个数往往比原关系少，或者属性的排列顺序不同。投影运算提供了垂直调整关系的手段，体现出关系中列的次序无关紧要这一特点。

在关系数据库的应用中，投影运算是从表中纵向抽取若干列字段。例如，要从图书关系中查询藏书所涉及的出版社、书名及作者，所进行的查询操作就属于投影运算。

3. 联接

联接运算是将两个关系模式的若干属性拼接成一个新的关系模式的操作。在对应的新关系中，包含满足联接条件的所有元组。联接过程是通过联接条件来控制的，联接条件中将出现两个关系中的公共属性名，或者具有相同语义、可比的属性。

在关系数据库的应用中，联接是将两个表的若干字段，按关键字同名等值的条件或其他条件并排拼接，生成一个新的表。

1.4.3 关系完整性

关系完整性是为保证数据库中数据的正确性和相容性，对关系模型提出的某种约束条件或规则。关系完整性包括实体完整性、参照完整性和用户定义完整性。其中，实体完整性和参照完整性是关系模型必须满足的完整性约束条件。

1. 实体完整性

实体完整性是指关系的主关键字不能取空值，不同记录的主关键字值也不能相同。

一个关系对应现实世界中的一个实体集。现实世界中的实体是可以相互区分、相互识别的，亦即它们应具有某种唯一性标识。在关系中，用主关键字来进行唯一性标识，而主关键字中的属性(称为主属性)不能取空值；否则，因为空值也就是没有数据值，表明关系中存在着无标识的实体，这与现实世界的实际情况相矛盾，这样的实体就不是一个完整实体。

按实体完整性规则的要求，主属性中也不能有相同值，否则，主关键字就失去了唯一标识记录的作用。

例如，学生表中将学号字段作为主关键字，那么，该列中不得有空值，否则无法对应某个具体的学生，因而这样的数据是不完整的，对应的关系不符合实体完整性规则的约束条件。

2. 参照完整性

参照完整性是对相互联系的主关键字与外部关键字所进行的约束。简单地说，就是要求关系中“不引用不存在的实体”。

例如，在学习管理数据库中，学号是学生表的主关键字，如果将选课成绩表作为参照关系，学生表作为被参照关系，以学号作为两个表进行关联的字段，则学号是选课成绩表的外部关键字。选课成绩表通过外部关键字学号去参照学生表，在选课成绩表中所出现的学号值，必须是被参照的学生表中已经存在的。

3. 用户定义完整性

用户定义完整性又称域完整性。用户定义完整性是根据应用的实际需要，对某方面具体数据提出约束性条件。这一约束机制，由建立具体关系的用户在数据库管理系统中定义，数据库管理系统会在关系模式中记载该定义，并在之后执行检验。

用户定义完整性主要包括字段有效性约束和记录有效性约束，其目的都是为了保障数据的正确合理性。

字段有效性约束是在二维表的某一列限定数据范围。例如，对学生表中的性别字段的取值范围，限定只能取“男”或“女”。

记录有效性约束则是同一行中数据间的制约。例如，在商品数据处理的应用中，有必要限定“同一条记录的入库日期不能早于生产日期”。

习 题 1

1. 简述数据库系统的特点。

2. 数据库管理系统的主要功能有哪些?

3. 实体之间有哪几种联系? 你认为超市与生产商之间的联系是哪一种?

4. 数据模型有哪几种? 哪一种是现在应用的主流模型?

5. Visual FoxPro 是什么模型的数据库管理系统?

6. 一个实体在关系代数中称为什么? 在关系数据库应用中又称为什么?

7. 在关系数据库应用中,二维表中的一行称为什么? 一列又称为什么?

8. 简述关键字的作用。

9. 关系运算有哪 3 种?

10. 简述关系的完整性约束及意义。

11. 此前,你在计算机上输入过较多的数据吗? 若有过,用的什么软件? 保存为什么样的文件? 数据管理和数据处理的效能怎样?

第2章

Visual FoxPro 概 述

Visual FoxPro 是一种系统软件，属于数据库管理系统，支持并实现关系数据库管理，为用户构建了简便、全面及高效进行数据处理的集成环境。Visual FoxPro 最突出的特点是具有自含的语言系统，并支持结构化查询语言，用户利用它们可在 Visual FoxPro 中编程，直接开发出数据库应用系统，做到事半功倍。在应用开发中，Visual FoxPro 提供了可视化的、面向对象的设计平台，让用户可以很容易地为自己的应用软件设计出当今主流的界面，并引用系统各类对象的属性与方法。

在全面、系统地深入学习 Visual FoxPro 数据库应用技术及程序设计技术之前，本章先对 Visual FoxPro 软件的使用作必要的初步介绍。

2.1 Visual FoxPro 的安装与启动

在此以 Visual FoxPro 6.0 为例，对 Visual FoxPro 的安装、启动和退出进行介绍。

2.1.1 Visual FoxPro 的安装

在 Windows 操作系统下安装 Visual FoxPro 6.0 的步骤如下。

①将 Visual FoxPro 6.0 系统光盘插入光盘驱动器。

②光盘或自动启动安装向导，或用户在“资源管理器”窗口中，从光盘中找到 Setup.exe 文件，双击该文件，运行安装向导。

③按照安装向导的提示，单击“下一步”按钮进行安装。

④在用户许可协议界面中，选择“接受协议”单选按钮激活“下一步”按钮并单击它。

⑤在产品号和用户 ID 界面中，输入产品的 ID 号和用户信息，单击“下一步”按钮。只有输入正确的产品 ID 号，才能够继续进行安装。

⑥然后为 Visual Studio 6.0 应用程序所公用的文件选择安装位置。建议采用其默认路径。单击“下一步”按钮之后进入 Visual FoxPro 6.0 的安装程序。

⑦若要进行最小化安装或全部安装，单击“自定义安装”图标按钮，该选项允许自定义要安装的组件。通常选择“典型安装”，单击该图标按钮即可，如图 2.1 所示。

⑧进入系统安装界面，有进度条显示复制文件的进展情况，直至成功安装。

安装成功后，将显示“安装 MSDN”对话框。MSDN 中包含 Visual FoxPro 的联机示例和帮助文件，用户可选择安装或不安装。

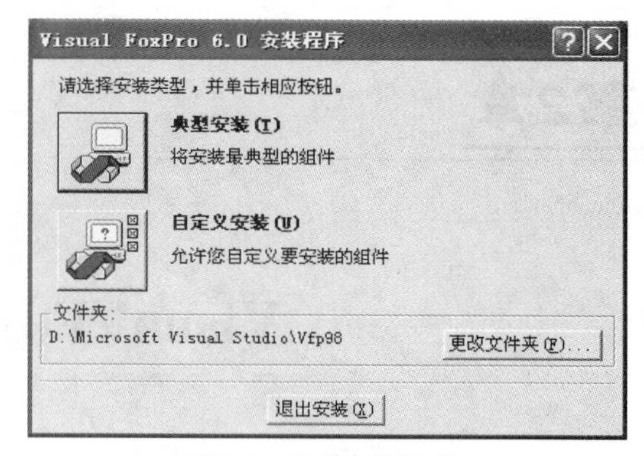

图 2.1　选择安装类型

说明：

安装了 Visual FoxPro 6.0 以后，用户还可以再添加或删除 Visual FoxPro 的某些组件。具体操作方法是，先仍按上述前两步，然后安装程序会自动检测到系统中已安装有 Visual FoxPro，安装程序将进入到添加或删除组件的界面，用户在其引导下操作即可。

2.1.2　Visual FoxPro 的启动和退出

1. 启动 Visual FoxPro 系统

安装过 Visual FoxPro 后，在 Windows 的“开始”菜单中，会有启动 Visual FoxPro 的菜单项，所以，启动 Visual FoxPro 通常的方式是：单击 Windows 的“开始”按钮，在“开始”菜单中选择“程序”→“Microsoft Visual FoxPro 6.0”→“Microsoft Visual FoxPro 6.0”菜单项即可。

另外，若桌面上有启动 Visual FoxPro 的快捷方式图标，或某文件夹中有 Visual FoxPro 的相关文件，双击后也都可以启动 Visual FoxPro。

第一次启动中文 Visual FoxPro 6.0 时，将弹出欢迎对话框，如图 2.2 所示。

图 2.2　Visual FoxPro 6.0 的“欢迎”对话框

对于初学者建议单击其中的“关闭此屏”链接，进入 Visual FoxPro 的主窗口，如图 2.3 所示。

此时,表示已成功进入 Visual FoxPro 操作环境。

图 2.3　Visual FoxPro 6.0 的主窗口

2. 退出 Visual FoxPro 系统

有 4 种方法可以退出 Visual FoxPro,用户可以根据自己的习惯或需要,任选其中的一种方法。

①单击 Visual FoxPro 标题栏最右面的"关闭"按钮。

②选择"文件"→"退出"菜单项。

③单击主窗口左上方的狐狸图标,从窗口下拉菜单中选择"关闭"菜单项,或者按 Alt+F4 组合键。

④在命令窗口中输入 QUIT 命令,并按 Enter 键。

2.2　Visual FoxPro 的用户界面

图 2.3 展示的是 Visual FoxPro 初始的操作环境,随着操作的深入进行,Visual FoxPro 的主窗口中还会出现许多相应的界面,需要逐步认识与熟悉。

2.2.1　Visual FoxPro 的主窗口

Visual FoxPro 的主窗口主要由标题栏、菜单栏、工具栏、主窗口显示区、命令窗口及状态栏组成。

1. 菜单栏

菜单系统是以选择系统展示的功能项,在交互方式下实现系统功能的工具。菜单栏实际上是 Visual FoxPro 主要操作命令的分类组合,其中包括 8 个栏目的下拉式菜单:文件(F)、编辑(E)、显示(V)、格式(O)、工具(T)、程序(P)、窗口(W)和帮助(H)。Visual FoxPro 系统的人机界面十分友好,了解系统功能之后,大多数操作均可以通过菜单方式进行。

使用菜单时,有些菜单项后面带有省略号"…",它表示选择该菜单项后,系统将通过对话框向用户询问更多的信息。对话框是一种特殊的窗口,它要求用户输入信息或做出进一步的选择。有时有的菜单项颜色暗淡,这表示该菜单项在当前状态下暂时无效。

在 Visual FoxPro 的菜单系统中,菜单栏里的各个菜单不是一成不变的。也就是说,当前操作的对象不同,所显示的横向主菜单和下拉菜单的菜单项也不尽相同。这种情况称为上下文敏感。

例如,浏览一个数据表时,系统的菜单栏上将不出现“格式”菜单,而自动添加“表”菜单供用户选用,以对此数据表进行追加记录、删除记录等操作。不妨对比图 2.3 与图 2.4 的菜单栏,就可看出这一点。

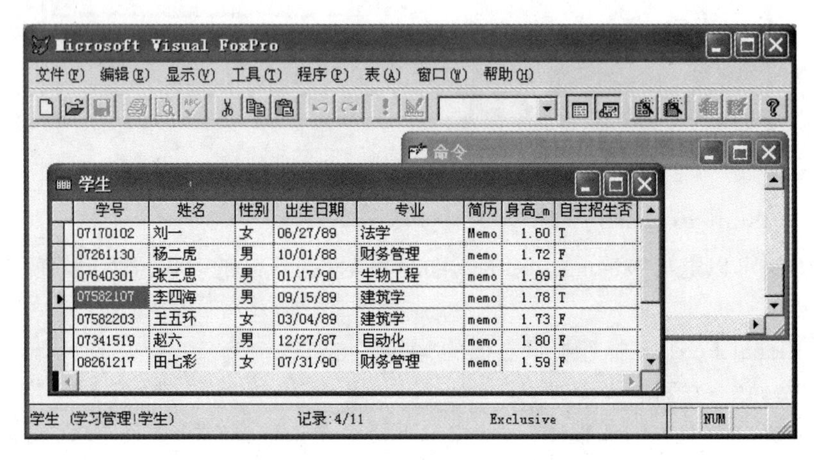

图 2.4 Visual FoxPro 主窗口状态栏

又如,打开一个报表时,系统的菜单栏上就会自动添加“报表”菜单,通过“报表”菜单中的菜单项,可以对该报表进行相关的操作。

2. 命令窗口

命令窗口是 Visual FoxPro 环境中的一个重要操作界面,它是 Visual FoxPro 的子窗口。如图 2.3 的右部所示。在命令窗口中,可以直接输入 Visual FoxPro 的各条命令,按 Enter 键之后便立即执行该命令。

对于已输入过的命令,系统会在命令窗口中自动保留。如果需要执行一个前面输入过的相同命令,只要将光标移到该命令行所在的任意位置,按 Enter 键即可。还可以对命令进行修改、删除、剪切、复制、粘贴等操作。

有 3 种操作方法可显示和隐藏命令窗口。

①单击命令窗口右上角的“关闭”按钮可关闭命令窗口,通过选择“窗口”→“命令窗口”菜单项可以重新打开命令窗口。

②单击工具栏上的“命令窗口”按钮,按下则显示命令窗口,弹起则隐藏命令窗口。

③按 Ctrl+F4 组合键隐藏命令窗口,按 Ctrl+F2 组合键则显示命令窗口。

3. 状态栏

Visual FoxPro 主窗口的状态栏位于窗口的底部,用于显示操作对象的当前状态及当前操作的有关结果或相关提示,或显示系统的编辑状态。

(1)显示操作对象的当前状态

例如,如图 2.4 所示,显示出了学生表的浏览窗口,并进行了某种操作,观察图底部的状态栏,明显与图 2.3 的不同。此时,状态栏从左开始的三大部分依次提示的是:当前内存中打开着别名为“学生”的表,它是学习管理数据库中的表;该表的当前记录为 4 号记录,表中共有 11 条记录;该表是以独占方式打开的。

除表以外,其他正被操作的对象,其扼要信息也会显示在状态栏里。

(2)显示当前操作的有关结果或相关提示

对记录的删除、对字段的替换修改等操作结果的简报,会显示在状态栏的左边。对表的统计计算结果,也会显示在状态栏的左边。用户单击并指向某个菜单项时,该菜单项的功能会简要显示在状态栏的左边。

(3)显示系统的编辑状态

仍然参见图 2.4,状态栏的右边有 3 个格子。其中,左格较为重要,为空表示目前处于插入方式,显示“OVR”字样则为改写方式,由 Insert 键控制,建议保持为插入方式;中格若有“NUM”字样,表示小键盘区数字可用,否则数字不可用,由 Num Lock 键切换;右格若为空,表示字母为小写,否则为大写,由 Caps Lock 键改变。

2.2.2　Visual FoxPro 系统环境的设置

Visual FoxPro 系统环境的设置,主要是指对使用时的界面细节、文件位置、数字格式、编辑样式等选项,在 Visual FoxPro 默认设置的基础上,进行更符合用户需求的小调整。这些设置有些属于布置外在的操作界面,如显示、语法着色等;有些属于调整内在的工作机制,如数据、文件位置等。

选择“工具”→“选项”菜单项,打开“选项”对话框。“选项”对话框中包括一系列代表不同类别环境设置的选项卡,共 12 类,用户可在其中进行设置。

另外,用户也可以使用 Visual FoxPro 的 SET 命令系列对系统环境进行设置。

1. 设置默认目录

设置默认目录,即设置 Visual FoxPro 在保存和打开用户文件时的默认文件夹。系统默认状态是“(未用)”,意味着用户还未指定用户文件的专用文件夹,因而 Visual FoxPro 就会将用户新建的文件保存到系统所在的 vfp98 文件夹中。这对用户来说是很不方便的,是最应作用户指定设置的。

该设置有以下两种方法。

(1)在“选项”对话框中设置

其具体步骤如下。

①选择“工具”→“选项”菜单项,打开“选项”对话框。

②单击对话框中的“文件位置”选项卡,选取列表框中的“默认目录”选项,再单击“修改”按钮,如图 2.5 所示。

③在弹出的“更改文件位置”对话框中,选择“使用默认目录”复选框,然后单击...按钮,如图 2.6 所示。

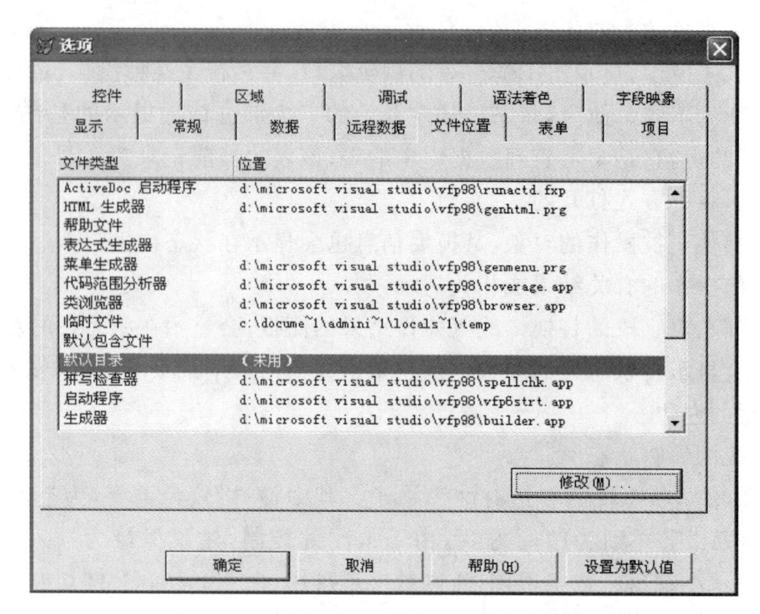

图 2.5　在“选项”对话框中设置默认目录

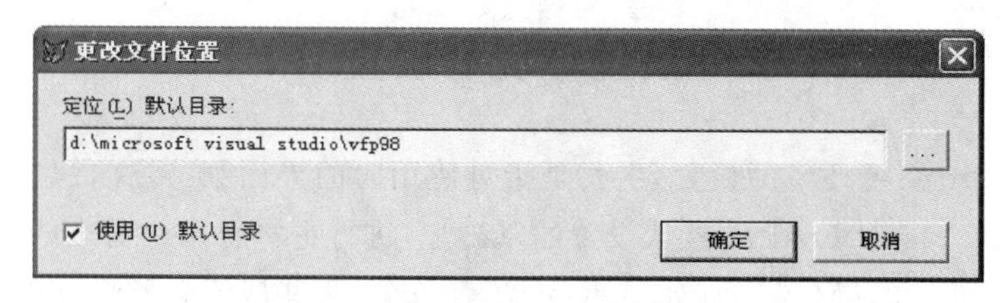

图 2.6　“更改文件位置”对话框

④接着会弹出“选择目录”对话框，在其中依次选择驱动器，选择用户所指定的当前工作目录，然后单击“选定”按钮，就会返回到“更改文件位置”对话框。

⑤此时在“更改文件位置”对话框中，可见到与图 2.6 中已不同的、用户刚指定的目录了。单击“确定”按钮，然后在“选项”对话框中再单击“确定”按钮，至此完成用户的默认目录设置。

(2)用命令设置

设某用户欲指定的默认目录为 E:\MyVfFile，在命令窗口中输入如下命令。

```
SET DEFAULT TO E:\MyVfFile
```

按 Enter 键之后，该设置即生效。

2. 设置日期和时间的显示格式

Visual FoxPro 中的日期和时间有多种显示方式可供选择。系统默认的日期格式为美语格式，即月/日/年的形式。在“选项”对话框的“区域”选项卡中，用户可以设置日期和时间的显示方式。例如，“年月日”显示方式为 98/11/23 05:45:36 PM；“短格式”显示方式为 1998-11-23，17:45:36；“汉语”显示方式为 1998 年 11 月 23 日，17:45:36 等，如图 2.7 所示。这方面的设置较直观、简便，用户在“区域”选项卡中操作即可。

例如，将日期显示格式由默认的美语格式设置成了汉语格式之后，在如图 2.8 所示的学生表浏览窗口中，出生日期的显示形式就与图 2.4 中的不同了。

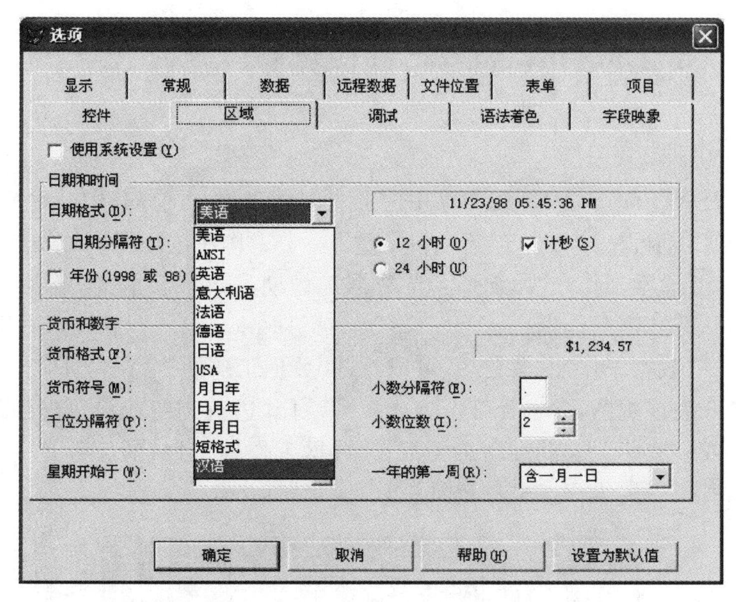

图 2.7　在“选项”对话框中设置日期和时间的显示格式

学生

学号	姓名	性别	出生日期	专业	简历	身高_m	自主招生否
07170102	刘一	女	1989年6月27日	法学	Memo	1.60	T
07261130	杨二虎	男	1988年10月1日	财务管理	memo	1.72	F
07640301	张三思	男	1990年1月17日	生物工程	memo	1.69	F
07582107	李四海	男	1989年9月15日	建筑学	memo	1.78	T
07582203	王五环	女	1989年3月4日	建筑学	memo	1.73	F

图 2.8　日期显示格式设置效果

3. 用户所作设置的有效期

对于 Visual FoxPro 系统设置所进行的更改，既可以是本次性的，也可以是永久的。本次临时设置保存在内存中，并在退出 Visual FoxPro 时释放。永久设置保存在 Windows 注册表中，作为以后再启动 Visual FoxPro 时的默认设置值。也就是说，可以把在“选项”对话框中所进行的设置保存为在本次系统运行期间有效，或者保存为 Visual FoxPro 默认设置，即永久设置。

(1)将设置保存为仅在本次系统运行期间有效

在“选项”对话框中选择各项设置之后，单击“确定”按钮，关闭“选项”对话框。所改变的设置仅在本次系统运行期间有效，它们一直起作用，直到退出 Visual FoxPro，或再次更改选项。退出系统后，所进行的修改将丢失。

(2)保存为新的默认设置

要永久保存对系统环境所进行的更改，应把它们保存为新的默认设置，以替代原有的默认设置。对某方面的设置进行更改之后，在“选项”对话框中单击“设置为默认值”按钮，再单击“确定”按钮即可使新的设置永久保存，参见图 2.5 或图 2.7。

对于新的默认设置，系统将把它们存储在 Windows 注册表中，以后 Visual FoxPro 每次启动时，所进行的更改继续有效。

2.2.3 Visual FoxPro 的专项操作界面

1.“数据工作期”窗口

数据工作期是 Visual FoxPro 在内存中建立的动态工作环境，其中开辟有多个工作区并配置了定制的系统环境设置，每个工作区都可打开一个工作在该环境下的表或视图。

Visual FoxPro 通常工作在“默认(1)”的数据工作期，表单、表单集、报表或标签可以设置其运行时专用的私有数据工作期。

选择“窗口”→“数据工作期”菜单项，可以打开“数据工作期”窗口，如图 2.9 所示。用户可以利用该窗口打开表或视图，并选择某个表或视图，对其进行浏览或设置属性等操作，以后还可以在其中建立或观察相关表间的动态关系。“数据工作期”窗口的底部是一个状态栏，可以从中查看当前表所位于的工作区号和记录总数。

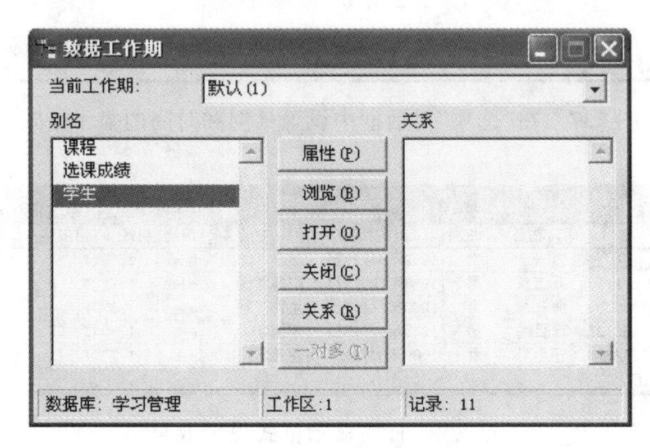

图 2.9 “数据工作期”窗口

2.表浏览窗口

图 2.8 是表浏览窗口的示例。表浏览窗口是对该表的数据进行查看和维护的界面。必须先打开表文件，才能打开表浏览窗口。

要打开表浏览窗口，可选择“显示”→“浏览”菜单项，或者单击“数据工作期”窗口中的“浏览”按钮，还可以在命令窗口中输入 BROWSE 命令。

另外，查询和视图也能以浏览的方式显示出来，但在数据维护方面的情况是不同的。

3.程序文件编辑窗口

程序文件编辑窗口是输入和修改 Visual FoxPro 程序文件源代码内容的界面，是 Visual FoxPro 的一个子窗口，可简称程序窗口，如图 2.10 左部所示。

程序是由若干条命令或语句有序组成的，在程序窗口中逐行输入程序内容时，各条命令并不当即执行，而是输入完毕后，保存该程序文件，供需要时运行。

要打开程序窗口，可在命令窗口中输入如图 2.10 右部所示的 MODIFY COMMAND 命令，也可以通过选择“文件”→“新建”/“打开”菜单项逐步进行。详细的操作将在以后的章节中全面介绍，在这里的概述中，只是作个初步的认识。

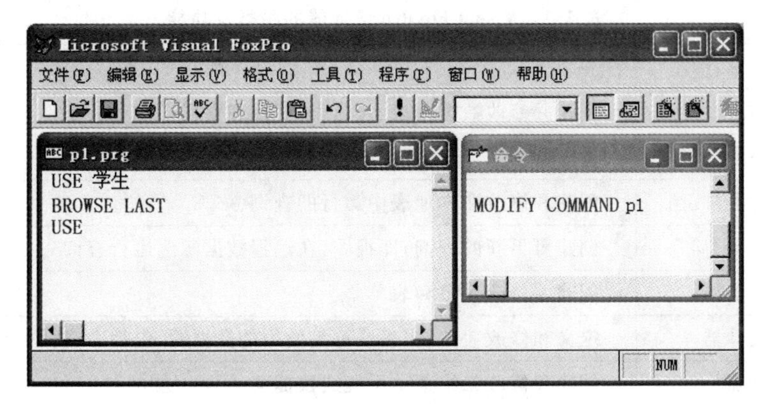

图 2.10 程序窗口

4. Visual FoxPro 向导

向导是一种交互式设计界面,用户在一系列向导步骤上回答问题或者选取选项,向导会根据回答生成文件或者执行操作,引导用户完成一般性的任务。例如,构建表单、编排报表的格式、建立查询、制作图表、生成数据透视表、生成交叉表报表及在 Web 上按 HTML 格式发布数据等。

(1)启动向导

当用户需要利用向导来帮助完成某类操作时,可用以下几种途径启动向导。

①选择“工具”→“向导”菜单项中,子菜单中列出了大多数的向导,可在其中选择并启动。

②选择“文件”→“新建”菜单项,打开“新建”对话框,选择新建文件的类型,然后单击相应的向导按钮,就可以启动相应的向导。

③单击工具栏上的“表单”或“报表”按钮,可以直接启动相应的向导。

(2)使用向导

启动向导后,需要依次回答每一步骤中所提出的问题,然后单击“下一步”按钮。如果操作中出现错误,或者原来的想法发生了变化,可单击“上一步”按钮,返回前一步骤的内容,以便进行修改。单击“取消”按钮将退出向导而不会产生任何结果。

对向导的结果满意后,应单击“完成”按钮。也可以在向导的某一步骤上直接单击“完成”按钮,跳到向导的最后一步,使中间所要输入的选项信息,使用向导提供的默认值。这样可快速完成操作。

5. Visual FoxPro 设计器

Visual FoxPro 的设计器是创建和修改应用系统各种组件的可视化工具。利用相应设计器,可以新建和修改表、数据库、查询、视图、表单、菜单及报表等,使用非常直观和容易,为用户进行数据处理提供了高性能和方便的操作界面。

(1)设计器的种类

若将各类向导视作“傻瓜式”的包办工具,那么,各类设计器就是基本的正式工具。表 2.1 列出了 Visual FoxPro 为完成不同的任务所提供的设计器。

表 2.1　Visual FoxPro 设计器的种类及功能

设计器名称	功　能
表设计器	创建并修改数据库表、自由表、字段和索引
数据库设计器	建立数据库，管理数据库中包含的全部表、视图和关系
查询设计器	创建和修改在本地表中运行的查询
视图设计器	创建可更新的查询，即视图；在远程数据源上运行查询
表单设计器	创建并修改表单和表单集
数据环境设计器	定义和修改表单、报表或标签使用的数据源，包括表、视图和关系
菜单设计器	创建和修改二维菜单系统或快捷菜单
报表设计器	创建和布局打印数据的报表
标签设计器	创建和布局打印数据的标签
连接设计器	为远程视图创建连接

图 2.11 是报表设计器应用的一个示例。

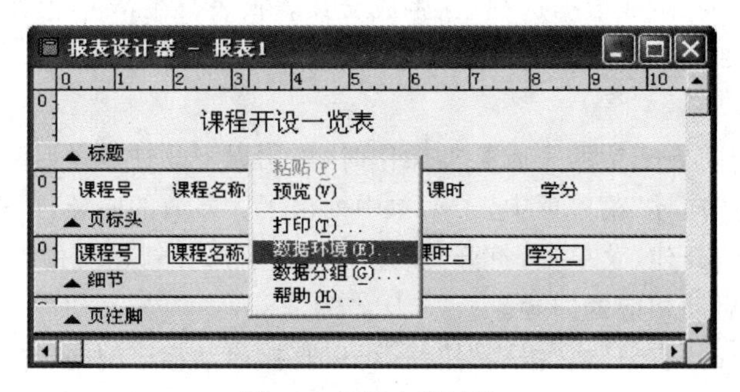

图 2.11　报表设计器

(2)设计器的启动

新建表时，系统打开表设计器；打开表后，通过“显示”菜单中的菜单项可打开表设计器；在数据库中修改表时会打开表设计器。

当新建或打开数据库、查询、表单、菜单、报表、标签文件时，可打开相应的设计器。

在表单、报表或标签设计器的快捷菜单中，可打开数据环境设计器。

在数据库中新建或修改本地视图时，可打开视图设计器。在数据库中新建远程视图时，可打开连接设计器。

6. Visual FoxPro 生成器

Visual FoxPro 的生成器是系统的辅助操作界面，主要在一些设计器中使用，作为安排设计细节的工具。

Visual FoxPro 的生成器共有 12 种，其中有表达式生成器、参照完整性生成器、应用程序生成器，更有表单控件类设计器一大类，该大类中又含有 9 种具体的生成器。

表 2.2 中较有条理地列举了这些生成器的名称、功能、所从属的环境，并简要地提示了其启动机制。更详细的使用方法将在以后的相应章节中介绍。

表 2.2　各类生成器及简介

生成器名称	功　能	从属于	启动机制
表达式生成器	创建和编辑表达式	表、查询、报表等设计器	上级界面中需表达式处
参照完整性生成器	建立参照完整性规则	数据库设计器	在数据库菜单中
表单生成器	加字段控件,选样式	表单设计器	在该对象的快捷菜单中
表格生成器	设置表格控件数据、样式	表单设计器	在该对象的快捷菜单中
文本框生成器	设置文本框格式、样式等	表单设计器	在该对象的快捷菜单中
编辑框生成器	设置编辑框格式、样式等	表单设计器	在该对象的快捷菜单中
组合框生成器	设置组合框样式、数据等	表单设计器	在该对象的快捷菜单中
列表框生成器	设置列表框样式、数据等	表单设计器	在该对象的快捷菜单中
选项按钮组生成器	设置选项按钮组控件	表单设计器	在该对象的快捷菜单中
命令按钮组生成器	设置命令按钮组控件	表单设计器	在该对象的快捷菜单中
自动格式生成器	设置多个同选控件的样式	表单设计器	同选对象的快捷菜单中
应用程序生成器	创建应用程序	项目	由应用程序向导激活

图 2.12 是表达式生成器应用的一个示例。

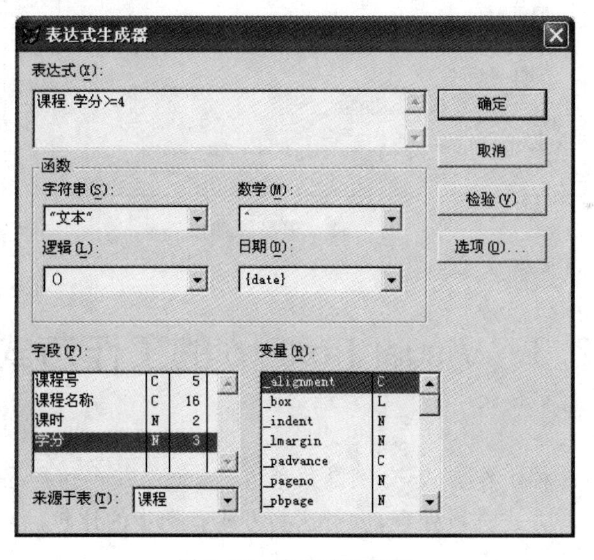

图 2.12　表达式生成器

7. 项目管理器

在 Visual FoxPro 中,项目是指数据、文档、代码、菜单等文件和对象的集合,系统将用户所操作的这类集合保存为一个项目文件。

Visual FoxPro 用项目管理器来集中操作项目中的资源,所以,项目管理器是 Visual FoxPro 中处理数据、对象及程序的集中化组织工具,它为系统开发者提供了极为高效、便利的工作平台。项目管理器的突出作用体现为以下两点。

①项目管理器以其集约化的对话框界面,用简便、可视的方法来组织和处理数据库、表、查

询、表单、报表、标签、程序、菜单和其他一切相关文件，通过单击就能实现对文件的新建、添加、修改、移去等操作。新建和修改时，会打开相应的设计器。

②在项目管理器中，开发者可以对应用系统进行编译，生成一个扩展名为“app”的应用文件。更通常的是，可编译生成一个扩展名为“exe”的可执行文件。

这里仅先认识一下作为 Visual FoxPro 控制中心的项目管理器的界面，本书辟有专门的章节介绍项目管理器的使用。

在 Visual FoxPro 菜单栏中选择“文件”→“新建”/“打开”菜单项时，若选定文件类型为“项目”，将激活项目管理器，如图 2.13 所示。

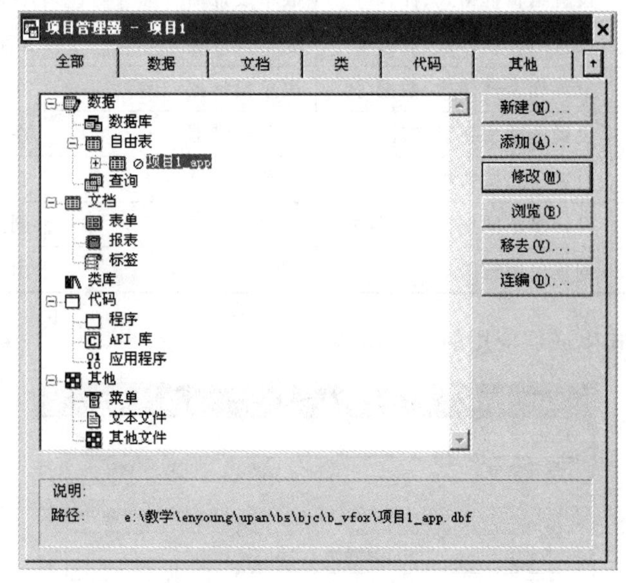

图 2.13　项目管理器

2.3　Visual FoxPro 的工作方式

Visual FoxPro 有 3 种工作方式，分别是菜单方式、命令方式和程序方式。以下对同一个简单的例子，分别用 3 种方式进行处理，以对这些方式有初步的比较、鉴别和认识。

2.3.1　菜单方式

菜单方式是通过 Visual FoxPro 系统的菜单，在其激活的各种界面中进行选择或应答，从而实现操作。

例 2.1　设系统目前的用户默认目录中有表文件学生.dbf，用菜单方式进行以下操作：打开学生表，浏览记录内容，然后关闭该表文件。

操作步骤如下。

①选择“文件”→“打开”菜单项。

②在“打开”对话框中的“文件类型”下拉列表框中选择“表(＊.dbf)”,然后选择文件“学生.dbf”,再单击“确定”按钮,如图 2.14 所示。

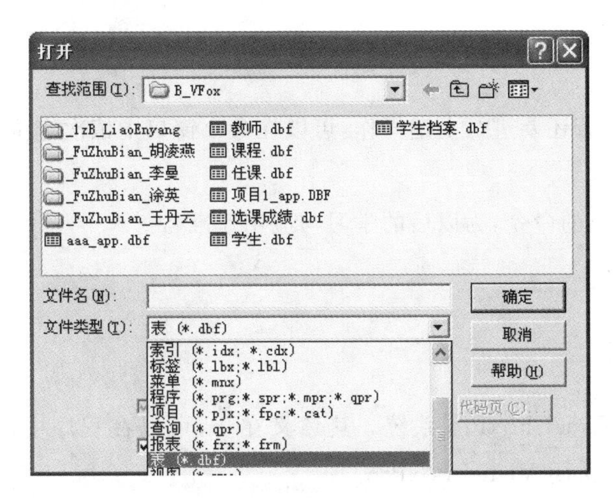

图 2.14　打开表文件

③选择“显示”→“浏览”菜单项。

④浏览完毕后,选择“窗口”→“数据工作期”菜单项,在“数据工作期”窗口中单击“关闭”按钮。

至此,操作完毕。若还要进行其他操作,可以在“数据工作期”窗口中依次单击“打开”、“浏览”、“关闭”按钮。

菜单方式的优点是操作过程直观、简单,不易出错;其不足是操作中环节过多,效率不高,更主要的是,有好些功能用菜单方式实现不了,如输出表达式的值、关闭数据库文件等。

2.3.2　命令方式

命令方式是在命令窗口中输入 Visual FoxPro 认可的命令并按 Enter 键,以实现系统的操作功能。尽管通过菜单可以实现大多数操作,并且菜单操作经常会同时在命令窗口中自动留下相应命令,但是仍建议初学者尽量使用命令方式。这是因为:第一,Visual FoxPro 的很多操作只有用命令才能完成;第二,直接在命令窗口中输入命令进行操作,初学者将会更熟练地掌握各种命令,有利于今后编写程序,而且,用户用命令方式操作的速度,一般要快于在菜单及随后的交互界面中单击。

命令方式对输入的命令有严格的格式要求,命令输入并按 Enter 键后,Visual FoxPro 若发现某条命令中有语法错误,就不能加以执行,一般会弹出相应的错误提示框提醒用户。此时,用户应将这条命令修改正确,再按 Enter 键提交系统执行。

例 2.2　设系统目前的用户默认目录中有表文件学生.dbf,用命令方式进行以下操作:打开学生表,浏览记录内容,然后关闭该表文件。

操作步骤如下。

在命令窗口中输入：

```
USE 学生
BROWSE
USE
```

至此，操作完毕。若还要进行上述操作，可以在命令窗口中依次定位到以上 3 条命令并按 Enter 键即可。

下面介绍几条简单的命令，为以后的学习与应用作准备。

(1)退出系统命令

一般形式：

QUIT

功能：直接退出 Visual FoxPro 系统。其意义在于，可以在程序中需要的地方写上该命令，以实现自动退出和关闭 Visual FoxPro。

(2)设置默认目录命令

一般形式：

SET DEFAULT TO [盘符:\用户文件夹路径]

功能：设置 Visual FoxPro 在保存和打开用户文件时的默认文件夹。

例如：

```
SET DEFAULT TO D:\myDB
```

(3)清除屏幕命令

一般形式：

CLEAR

功能：清除主窗口显示区。

(4)表达式输出命令

一般形式：

? |?? [若干个表达式]

功能：求出表达式的值，输出到系统主窗口的显示区或表单上。

命令动词是英文的问号，单问号表示换行输出，双问号表示不换行输出。若有多个表达式，其间要用英文的逗号分隔。

例如，在命令窗口输入以下两条命令。

```
? "请看一个简单的例子："
?? "1+2=",1+2
```

在主窗口显示的执行结果如图 2.15 所示。

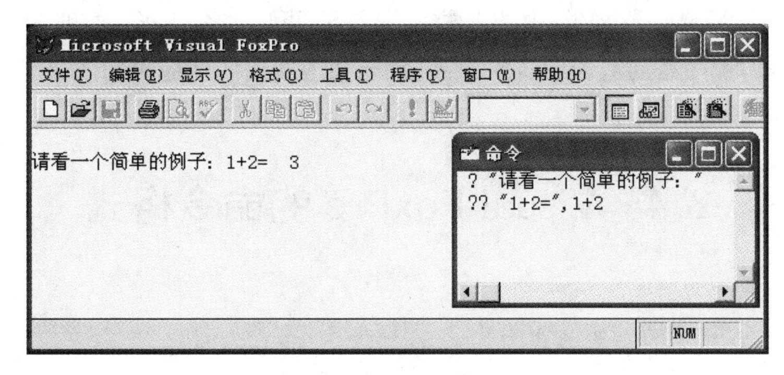

图 2.15　表达式输出命令示例

2.3.3　程序方式

程序由若干条命令或语句有序组成，是为解决某个应用问题而设计和编写的。在运行程序时，系统会自动连续执行，直至程序结束。

程序方式是运行已编写好的程序文件，自动连续地对数据进行处理。

例 2.3　设系统目前的用户默认目录中有表文件学生.dbf，用程序方式进行以下操作：打开学生表，浏览记录内容，然后关闭该表文件。

设该程序文件名为“p1.prg”，操作过程如下。

①在命令窗口输入命令：

```
MODIFY COMMAND p1
```

②参见图 2.10，在打开的程序窗口中逐行输入以下内容。

```
USE 学生
BROWSE
USE
```

③关闭程序窗口，对保存提示选择“是”。

④在命令窗口输入命令：

```
DO p1 ↙
```

至此，该程序在系统中运行，自动打开学生表及其浏览窗口，用户关闭浏览窗口后，学生表被该程序自动关闭。

以后若还要进行同样操作，每次只需在命令窗口输入 DO p1 命令即可。

程序方式是在实际应用中真正切实可行的方式，学习本课程的一个最重要的任务就是要学会程序设计。

在程序方式中，现在实际上多采用表单程序方式。特别的是，其中的表单界面在设计时一般用菜单方式，但是，其中的事件过程的代码编写则属于程序，于是，运行表单去处理数据，就归属于程序方式。

以上介绍了在 Visual FoxPro 中的 3 种工作方式，可以这么认识，菜单是引导、是单击，命令是基础、是积累，程序是创造、是利器；而高效、超强地解决实际应用问题是目的。

2.4 Visual FoxPro 的命令格式

Visual FoxPro 命令的一般形式为

命令动词 [若干个选项]

命令由命令动词开头，以开宗明义指出操作要求。Visual FoxPro 规定了一系列的命令，一般由其首部的命令动词标示其功能。命令动词后，常需要空一格写上若干个选项，用于描述操作对象或操作细节。多个选项之间，也要用空格分隔。命令动词后的选项，也称短语或子句。

2.4.1 Visual FoxPro 表操作命令的常用选项

在关系数据库中，数据存放在表中，而表由若干条记录组成，记录由若干个字段组成。表的操作是最基本的操作，这些操作常常需要指明是对哪些记录、哪些字段进行操作。Visual FoxPro 自身拥有一系列表操作的命令，其中较多都涉及几个共同的选项，这些选项就用于指定被操作的记录及字段。

引例：设当前文件夹中有一个表文件学生. dbf，对于该表从当前记录开始的 9 条记录，要求显示学号第 3、第 4 个字符为“26”的记录的学号、姓名、性别和专业。

所用的两条 Visual FoxPro 命令如下。

```
USE 学生
DISPLAY NEXT 9 FOR SUBSTR(学号,3,2)="26" FIELDS 学号,姓名,性别,专业
```

在其中的第 2 条命令中，用到了范围选项、条件选项、字段选项。以下作一般性介绍。

1. 范围选项

范围选项用于为命令指定被操作的若干条记录的区间，是对二维表进行一种连续的横向选择关系运算。范围选项有 4 种。

- RECORD i：只对第 i 号记录进行操作。
- NEXT i：对包括当前记录在内的往下的连续 i 条记录进行操作。
- REST：对从当前记录开始一直到最后一条的所有记录进行操作。
- ALL：对表的全部记录进行操作。

如图 2.16 所示，设 A 表共有 n 条记录，第 4 号记录为当前记录，该示意图对 4 种范围选项作了直观的表示。

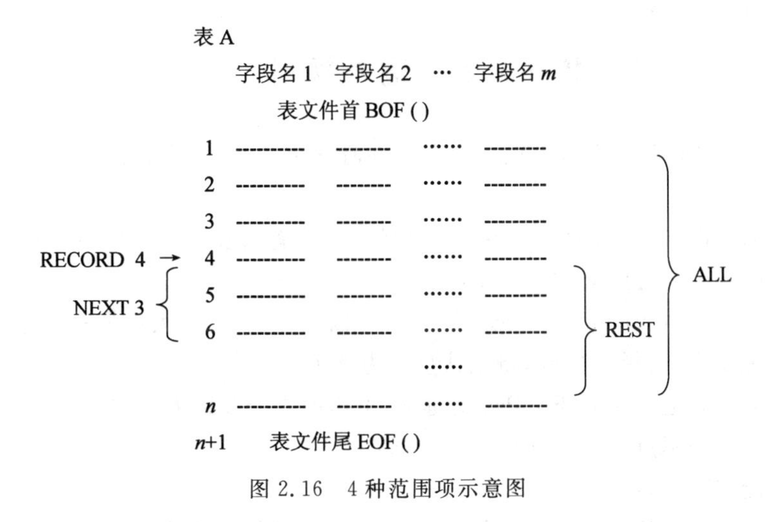

图 2.16 4种范围项示意图

2. 条件选项

条件选项用于指定参加操作的记录的条件,使命令只对符合条件的记录进行操作。

(1)FOR 条件

FOR 条件选项表示对范围内所有满足条件的记录进行操作。若命令省略了范围选项,则FOR 条件选项默认采用 ALL 范围选项。

FOR 条件选项是对二维表进行一种不连续的横向选择关系运算。

(2)WHILE 条件

WHILE 条件选项表示对范围内的记录逐条依次检测条件,记录符合条件就被操作,但只要一遇到不符合条件的记录,即停止选择,不再往下检测了。若命令省略了范围选项,则WHILE 条件选项默认采用 REST 范围选项。

WHILE 条件选项是对二维表进行一种连续的横向选择关系运算。

FOR 条件选项一般用于未排序、未索引的表,而 WHILE 条件选项一般用于已排序或已索引的表,可以加快命令执行时的检索速度。若同时使用 FOR 和 WHILE 两个条件选项,则WHILE 条件选项的优先级较高,此时 FOR 条件选项从 WHILE 条件选项选择的记录中再作选择。

3. 字段选项

FIELDS 字段选项用于给出命令所要操作的字段或表达式。例如:

```
DISPLAY ALL FIELDS 学号,姓名,性别,专业,2009－YEAR(出生日期)
```

FIELDS 字段选项的一般形式为

FIELDS <字段名或表达式列表>

其中,若列表项多于一个时,各项之间要用英文的逗号分隔。

FIELDS 字段选项是对二维表进行一种纵向的投影关系运算。

2.4.2 Visual FoxPro 命令的输入规则

在 Visual FoxPro 命令窗口中输入命令或在程序窗口中使用命令时，必须要明确和遵守以下规则。

①命令以命令动词开头，命令中各个选项的具体位置可在命令动词后任意排列。

②命令中的各个词之间必须由空格隔开。

③命令动词和其他 Visual FoxPro 关键词，可以大写、小写或大小混写。这些词属于 Visual FoxPro 的保留字，若拼写准确，将默认呈现为蓝色。

④命令动词和其他 Visual FoxPro 关键词，可用前 4 个及以上的字母缩写。

⑤命令格式中的标点符号必须用英文的标点符号。

⑥一行只能书写一条命令。

⑦如果一条命令太长，一行书写不完，可在该行以英文分号结尾，按 Enter 键转到下一行接着输入这条命令的后续部分，如此可续接多行。最后，命令的结束标志是在非分号符后键入的回车符。

习 题 2

1. 如何关闭和打开 Visual FoxPro 的命令窗口？
2. 怎样打开“数据工作期”窗口？简述该窗口的主要作用。
3. Visual FoxPro 的系统设置可由哪个菜单的什么菜单项启动设置界面？
4. 简述 Visual FoxPro 主窗口的状态栏的作用。
5. 简述 Visual FoxPro 的 3 种工作方式。
6. 写出将 D:\ABC 文件夹设置为用户默认目录的命令。
7. 怎样对命令窗口中输入过的命令再加以利用？
8. 在大多数情况下，生成器与设计器是怎样的关系？
9. 程序内容是在命令窗口中输入的吗？
10. 简述表达式输出命令的作用与注意事项。
11. Visual FoxPro 的表操作命令的范围选项有哪些？

第3章

Visual FoxPro 数据及运算

Visual FoxPro 是关系数据库管理系统，数据存储在表中，这些数据是被运算和处理的主要对象。本章讨论关系数据库中被管理及待处理的数据都有哪些类型，处理时如何表示这些数据，对数据可以实行哪些运算，以及相应的运算式是怎样构成的。

3.1 Visual FoxPro 的数据类型

对数据区分类型，根本上是源于要准确地表示客观事物的属性，同时也是为了便于计算机存储与处理。Visual FoxPro 将数据分为下述一些类型。

3.1.1 基本数据类型

Visual FoxPro 的基本数据类型，既可用于表中字段，又可用于常量、内存变量。

1. 字符型

字符型亦即 Character 型，常简称 C 型。

字符型数据是用以表示称谓或扼要说明的文字符号数据。字符型数据由字母、数字号码、空格等任意 ASCII 码字符组成，每个 ASCII 码字符占一个字节。在中文操作系统环境下，字符型数据还包括汉字等任意汉字机内码字符，每个汉字字符占两个字节。Visual FoxPro 表中字符型数据的字段宽度最大为 254；命令中的表达式所用到的字符型常量或内存变量，最多可容纳 255 个字节的字符。

2. 数值型

数值型亦即 Numeric 型，常简称 N 型。

数值型是表示数量并可以进行算术运算的数据类型。Visual FoxPro 表中数值型数据的字段宽度最大为 20，数值型数据在内存中占用 8 个字节。

3. 日期型

日期型亦即 Date 型，常简称 D 型。

完整的日期型数据包括年、月、日 3 个部分，每部分间使用规定的分隔符。由于各部分的排列顺序及分隔符的不同，日期型数据的显示形式很多，与系统设置有关。

在 Visual FoxPro 表中，日期型数据的默认顺序为 MM/DD/YY，字段宽度固定为 8；命令中的日期型常量的默认顺序为 YYYY/MM/DD。其中，Y 表示年份上的一位数字，M 表示月份上的一位数字，D 表示日上的一位数字。例如，2009 年 2 月 1 日，在表中默认显示为“02/01/09”。

4. 逻辑型

逻辑型亦即 Logic 型，常简称 L 型。

逻辑型是用于表示真、假两种状态的数据类型，在 Visual FoxPro 中用一个字节存储。

5. 货币型

货币型亦即 Currency 型，常简称 Y 型。货币型数据用于表示货币值，如单价、基本工资等。货币型数据可以进行算术运算，是数值型数据的一种特殊形式。

6. 日期时间型

日期时间型亦即 DateTime 型，常简称 T 型。日期时间型数据用于一并表示日期和时间，其中除包括年、月、日外，还有时、分、秒及上午、下午等内容。例如，2009 年 2 月 1 日上午 7 时 29 分 56 秒，在表中默认显示为“02/01/09 07:29:56 AM”。

3.1.2 表中字段的专有数据类型

Visual FoxPro 表中的字段，除可以定义为上述基本数据类型外，还可以定义为以下仅用于表中字段的专有数据类型。

1. 备注型

备注型亦即 Memo 型，常简称 M 型。备注型字段用于存放内容较多的文字说明。备注型字段的宽度为 4 个字节，备注中的字符个数没有限制，实际上，备注内容另存在与表文件主名相同、扩展名为“fpt”的备注文件中。

2. 通用型

通用型亦即 General 型，常简称 G 型。通用型字段以对象链接或嵌入方式，即 OLE(object linking and embedding)方式，将图形、声音、电子表格、文档等对象，记载在 Visual FoxPro 表中。这些 OLE 对象是由其他软件直接处理的，这样一来，就间接丰富了 Visual FoxPro 的数据处理功能。

通用型字段的宽度为 4 个字节。若表中的某个 OLE 对象是链接的，则链接只含有 OLE 对象的标记及位置，并关联着对创建该对象的软件的引用；若表中的某个 OLE 对象是嵌入的，则嵌入了 OLE 对象的复件，并关联着对创建该对象的软件的引用。

通用型字段中的数据也存入与表同名的.fpt 备注文件中。

3. 浮动型

浮动型亦即 Float 型，常简称 F 型，属于数值型。浮动常称浮点，浮动型与数值型等价，给表中设置此类型字段是为了提供兼容性。

4. 双精度型

双精度型亦即 Double 型，常简称 B 型，属于数值型。双精度型字段用于提供更高的数值精度和更快的运算。双精度型字段采用固定存储长度的浮点数形式，每个双精度型字段占 8 个字节。

5. 整型

整型亦即 Integer 型，常简称 I 型，属于数值型。整型字段用于表示整数数值，以二进制形式存储，占用 4 个字节，取值范围是－2 147 483 647～2 147 483 647。

6. 字符型(二进制)

英文为 Character(binary)。字符型(二进制)字段用于以二进制的形式存储字符型数据，这样，数据就不必经代码页转换。

7. 备注型(二进制)

英文为 Memo(binary)。备注型(二进制)字段用于以二进制的形式存储备注字符，数据也不必经代码页转换。

3.2　常量与变量

在数据处理中，既要处理直接采用的具体数据，还总是需要想方设法去表示许多其值待定或未知的数据，这些分别对应着常量与变量。本节介绍 Visual FoxPro 中各类常量与变量的表示方式，并给出操作内存变量的相关命令。

3.2.1　常量

常量是直接表征客观事物某一属性的具体的已知数据。Visual FoxPro 对常量的书写格式有一定的要求，一些类型的常量在命令中出现时，必须加上标记来直接使用，以使系统明确其类型，从而进行相应的运算和处理。

1. 字符型常量

字符型常量也称字符串，其表示方法是用英文的单引号、双引号或方括号把字符串括起来。这里的单引号、双引号或方括号称为定界符，许多常量都有定界符。定界符虽然不作为常量本身的内容，但它规定了常量的类型及常量的起始和终止界限。

字符型常量的定界符必须成对匹配，不能一边用单引号而另一边用双引号。如果某种定界符本身也是字符串的内容，则需要用另一种定界符为该字符串定界。

例如，'计算机'、"430056"、[男]、[I'm a student.]、"A"都是字符型常量。

注意：在命令中，"A"与 A 是完全不同的，前者是字符型常量，而后者会被系统认为是一个变量。

另外，不包含任何字符的字符串叫空字符串，即""。空字符串与包含空格的字符串" "不同。

2. 数值型常量

数值型常量也就是常数，由数字 0～9、小数点和正负号构成，15，3.14，－9.26。

为了表示绝对值很大或很小的数值型常量，也可以使用科学计数法形式书写。例如，用 4.9731E12 表示 4.9731×10^{12}，用 1.5E－12 表示 1.5×10^{-12}。

数值型常量不用定界符。

3. 货币型常量

货币型常量用来表示货币值，其书写格式要加上一个前置的符号“＄”。货币型常量是数值型常量的特例。货币数据在存储和计算时，采用 4 位小数。如果一个货币型常量多于 4 位小数，那么系统会自动将多余的小数位四舍五入。

例如，执行命令：

```
? $123.456789
```

系统将显示出“123.4568”。

4. 日期型常量

日期型常量的定界符是一对花括号，花括号中包括年、月、日 3 部分内容，各部分内容之间用分隔符分隔。分隔符可以是斜杠“/”、减号“－”、句点“.”和空格，其中斜杠是系统在显示日期型数据时使用的默认分隔符。

日期型常量的格式有两种。

(1)传统的日期格式

传统的日期格式中的月、日各为 2 位数字，而年份可以是 2 位数字，也可以是 4 位数字，如{07/12/04}、{07-12-04}、{07 12 2004}等。

这种格式的日期型常量要受到系统日期格式、世纪年份设置的影响。也就是说，在不同的设置状态下，计算机会对同一个日期型常量作出不同解释。例如，形如{11/12/04}的日期可以被解释为 2004 年 11 月 12 日、2011 年 12 月 4 日、1911 年 12 月 4 日等。

(2)严格的日期格式

在 Visual FoxPro 命令的表达式中，系统默认日期型常量为严格的日期格式，其一般形式为“{^YYYY/MM/DD}”。用这种格式书写的日期型常量能表达一个确切的日期，它不受系统日期格式、世纪年份设置的影响。

在书写这种格式的日期型常量时要注意：花括号内的第一个字符必须是脱字符“^”；年份必须用 4 位表示，如 1959 和 2009 等；年、月、日的次序不能颠倒，不能省略。

(3)两种日期格式的切换

选择“工具”→“选项”菜单项，在“选项”对话框的“常规”选项卡的左下方，设置 2000 年兼容性。严格的日期级别有 0，1，2 三种，0 为关闭严格的日期格式，1 为将日期型常量设置为严格的日期格式，2 为将常量及有关转换函数均设为严格的日期格式。系统默认值为 1，应当保持，不要选择 0 这个级别。

5. 日期时间型常量

日期时间型常量包括日期和时间两部分内容，一般形式为“{<日期>，<时间>}”。日期部分与日期型常量相似，也有传统的和严格的两种格式。

时间部分的格式为“[HH[:MM[:SS]][A|P]]”。其中，HH，MM 和 SS 分别代表时、分和秒，默认值分别为 12，0 和 0。AM 或 A 和 PM 或 P 分别代表上午和下午，默认值为 AM。

输出结果为

```
4 位年份
```

又如：

```
SET CENTURY OFF
s=DTOC(DATE())
? IIF(LEN(s)=10,"4 位年份","2 位年份")
```

输出结果为

```
2 位年份
```

10. 文件存在测试函数

格式：

FILE(<文件名>)

功能：检测指定的文件是否存在。如果文件存在，则 FILE 函数的值为.T.，否则函数值为.F.。文件名不能省略扩展名。除当前文件夹外，文件名参数中的文件名前应指明盘符与路径。文件名参数是字符表达式。

3.4 表 达 式

表达式是将常量、变量、函数用运算符连接而成的式子。表达式主要出现在一些命令的选项中，对数据作运算处理，以细化命令的操作和丰富命令的功能。Visual FoxPro 执行命令时，会对表达式进行自动运算，在命令中取用该表达式的值。

作为特例，单个的常量、变量或函数，可视为简单的表达式。

Visual FoxPro 的表达式有算术、字符、日期时间、关系、逻辑 5 类基本运算。

3.4.1 算术表达式

算术表达式由算术运算符将数值型数据连接起来而形成，其运算结果仍然是数值型数据。数值型数据可以是数值型常量、变量，或者是运算结果为数值型的函数。

Visual FoxPro 的算术运算符，按运算优先级从高到低的顺序排列如下。

①括号( )。多层括号都用此英文的圆括号，且里层括号更优先。

②乘方 * * 或^。

③乘 * 、除/、求余数%。

④加+、减-。

这里表示的算术运算符的优先级顺序与一般算术运算规则完全相同，同级运算按从左向右的方向进行。各运算符的具体运算规则也和一般算术运算相同，其中求余数运算符%与求余数的 MOD 函数的作用相同,余数的正、负号与除数一致。

需要指出的是,由于计算机中命令输入格式的特点,算术表达式的写法与数学式子的书写形式是不一样的。在输入表达式时,应当注意以下几种情形。

①每个符号占一格,所有符号逐个并排跟随。例如,2 分之 1 必须写为 1/2,2 的 3 次方要写成 2^3 或 2＊＊3。

②乘号不能省略。例如,表达式中 2x 是不合法的,要写成 2＊x 或 x＊2。

③一些习以为常的数学符号常数,在计算机中没有定义,不能直接使用。例如,$2\pi r$ 在表达式中应写成 2＊pi()＊r 或 2＊3.14159＊r。

④若分式中的分子、分母中有加、减运算,或分母有乘法运算时,要将分子、分母用括号括起来。因为所有括号都为圆括号,所以在使用到多层括号时,要确保配对。

例 3.2 对方程 $4x^2+5x+1=0$,按一元二次方程求根公式,写出求两个实根的表达式并分别赋值给内存变量 x_1 和 x_2。

所用到的两个赋值命令分别写为

```
x1=(-5+Sqrt(5^2-4*4*1))/(2*4)
x2=(-5-Sqrt(5*5-4*4*1))/2/4
```

以上在为 x_2 赋值的命令中,5^2 写成了 5＊5,除以(2＊4)被写为先除以 2 再除以 4,显然,这些也都是对的。也就是说,表达式的写法在遵守 Visual FoxPro 语法规则的前提下,还是具有一些多种可能性的。

本例的重点在于示范算术表达式的写法,至于是用命令方式还是用程序方式求得该方程的解,交由读者自己去具体实现。

3.4.2 字符表达式

字符表达式由字符运算符将字符型数据连接起来而形成。Visual FoxPro 字符运算常用到连接运算和包含判断两类。

1.连接运算

字符连接运算有以下两个运算符,它们的优先级相同。

● 一般连接运算符"+":将运算符前后两个字符串首尾连接形成一个新的字符串。

● 紧密连接运算符"-":连接前后两个字符串,并将前字符串尾部的空格移到合并后的新字符串尾部。

例如:

```
sm="计算机网络教程□□"
?"《" + sm + "》新书已到"
```

输出结果为

```
《计算机网络教程□□》新书已到
```

若执行下一命令:

```
?"《" + sm - "》新书已到"
```

输出结果为

```
《计算机网络教程》新书已到□□
```

当然，后一条输出命令中也可以都采用紧密连接的“－”运算符。

在实际应用中，若需要带着前一字符串尾部的空格进行连接，就要用一般连接的“＋”运算符；若需移去前一字符串尾部的空格进行连接，就要用紧密连接的“－”运算符；若前一字符串尾部无空格，则这两个连接运算符在效果上没有区别。

2. 包含判断

字符包含判断运算符为“＄”，其构成的表达式的一般形式为

＜字符表达式 1＞ $ ＜字符表达式 2＞

功能：判断字符表达式 1 是否包含在字符表达式 2 中。如果是，运算结果为逻辑真值 .T.，否则运算结果为逻辑假值 .F.。

例如：

```
sm="计算机网络 ABC□□"
? "《" $ sm, "网络" $ sm, "计网" $ sm, "ABC" $ sm, "abc" $ sm
```

输出结果为

```
.F.   .T.   .F.   .T.   .F.
```

3.4.3　日期时间表达式

日期时间表达式是指对日期型或日期时间型数据往前、往后推算及求间隔的式子。其运算符有后推运算符“＋”、前推或求间隔运算符“－”。

1. 后推日期表达式

一般形式：

＜日期型数据＞＋＜天数＞
＜天数＞＋＜日期型数据＞

其运算结果为往后若干天的日期。

例如：

```
? {^2008/08/08}+100
```

输出结果为

```
11/16/08
```

2. 前推日期表达式

一般形式：

＜日期型数据＞－＜天数＞

其运算结果为以前若干天的日期。

例如：

```
? {^2008/08/08}－100
```

输出结果为

```
04/30/08
```

3. 日期间隔表达式

一般形式：

＜日期型数据 1＞－＜日期型数据 2＞

其运算结果为两个日期之间相隔的天数。

例如：

```
? {^2008/01/01}－{^2008/08/08}, {^2009/08/08}－{^2008/08/08}
```

输出结果为

```
－220      365
```

如果设"－"运算符左边的日期为当前日期,"－"运算符右边的日期为关注日期,若运算结果为负数,表示所关注日期还差多少天到来;若运算结果为正数,则表示所关注日期已过去了多少天。

4. 后推日期时间表达式

一般形式：

＜日期时间型数据＞＋＜秒数＞
＜秒数＞＋＜日期时间型数据＞

其运算结果为往后若干秒的日期时间。

5. 前推日期时间表达式

一般形式：

＜日期时间型数据＞－＜秒数＞

其运算结果为以前若干秒的日期时间。

6. 日期时间间隔表达式

一般形式：

＜日期时间型数据 1＞－＜日期时间型数据 2＞

其运算结果为两个日期时间之间相隔的秒数。

例如：

```
? {^2008/08/08,00:00:00 AM}－{^2008/08/08,08:00:00 PM}
```

输出结果为

-72000

表示运算符左边的日期时间离右边的日期时间还差 72 000 s。

3.4.4 关系表达式

关系表达式是用关系运算符将两个同类型的数据连接起来的式子。关系表达式表示两个同类型数据之间的比较，其运算结果是逻辑值。

Visual FoxPro 的关系运算符有：小于<、小于等于<=、大于>、大于等于>=、等于=、精确等于==、不等于<>或#或!=。它们的运算优先级相同。

关系表达式一般形式为

e1<关系运算符>e2

其中，e_1 和 e_2 可以为算术表达式、字符表达式、日期时间表达式，也可以为逻辑值的表达式，但 e_1 和 e_2 必须属于同一类型。精确等于运算符"=="仅适用于字符型数据。

关系表达式常用于表示一个操作条件，表达式值为.T.时，条件成立，否则条件不成立。

1. 各种类型数据的比较规则

①数值型和货币型数据根据其代数值的大小进行比较。

②日期型和日期时间型数据进行比较时，往后的日期或时间比以前的日期或时间大。

注意：不要与后出生的人年龄小这一现象混淆了，年龄属于数值的比较。

③逻辑型数据比较时，.T.比.F.大。

④对于字符型数据，按 Visual FoxPro 设置的字符排序依据进行比较。

设置字符排序依据的方法是：选择"工具"→"选项"菜单项，在"选项"对话框的"数据"选项卡中，从"排序序列"下拉列表框中可选择 Machine，PinYin 或 Stroke 3 种选项作为字符排序的依据，如图 3.2 所示。

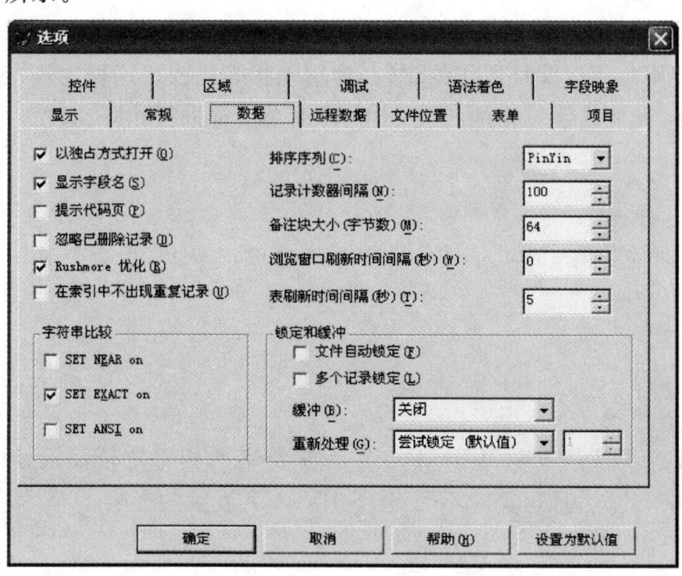

图 3.2 "数据"选项卡

若选择“Machine”,字符按照机内码顺序排序。对于西文字符而言,按其 ASCII 码值大小进行排列:空格在最前面,数字在字母之前,大写字母在小写字母之前,因此,空格最小,数字字符小于字母,大写字母小于小写字母。对于汉字字符,按其汉字机内码的大小进行排列,对常用的一级汉字而言,根据它们的拼音顺序比较大小。

若选择“PinYin”,汉字字符按照拼音次序排序。对于西文字符,空格在最前面,小写字母在前,大写字母在后。

若选择“Stroke”,汉字字符按笔画数多少排序。

在默认状态下,Visual FoxPro 中的字符型数据按拼音的排列顺序进行比较。具体的比较过程是:先取两字符串的第一个字符比较,若两者不等,其大小就决定了两字符串的大小;若相等,则各取第二个字符比较。依次类推,直到最后,若每个字符都相等,则两个字符串相等。

2. 字符串相等比较的 3 种方式

在实际应用中,字符串之间主要是作相等方面的比较。在 Visual FoxPro 中,字符串相等比较有 3 种方式。

(1)非精确相等比较

参见图 3.2 左下方,当“SET EXACT on”复选框未被勾选时,亦即为 SET EXACT OFF 状态(这是 Visual FoxPro 的默认状态),此时,字符串使用“=”运算符所作的比较,为非精确相等比较。这种比较,只按“=”右边字符串的长度逐个字符进行是否相等的比较。这时字符的大小比较也受如此设置的影响。

例如:

```
? "AB "="AB", "AB"="AB ", "AB ">"AB"
```

输出结果为

```
.T.  .F.  .F.
```

(2)精确相等比较

参见图 3.2 左下方,当“SET EXACT on”复选框已被勾选时,亦即为 SET EXACT ON 状态,此时,字符串使用“=”运算符所作的比较,为精确相等比较。这种比较,先在较短字符串的尾部加上若干空格,使两个字符串的长度一样,再逐个字符进行相等比较。这时字符的大小比较也受此影响。

例如:

```
? "AB "="AB", "AB"="AB ", "AB ">"AB"
```

输出结果为

```
.T.  .T.  .F.
```

(3)双等号相等比较

双等号运算符“==”是 Visual FoxPro 专为字符串的相等比较而设计的,用于对两字符串作完全严格的相等比较,且运算时不受 SET EXACT 设置的影响。

例如:

```
? "AB "=="AB", "AB"=="AB ", "AB "=="AB "
```

输出结果为

.F.　.F.　.T.

在 3 种方式的字符相等比较中，非精确的“＝”比较只以右边的字符串为比较目标；精确的“＝”比较是较为充分的比较，但对两字符串仅为串尾空格不同保持容忍；双等号相等比较则完全严格进行。3 种方式各有用处，问题是，对前两种方式必须明确当时的 SET EXACT 设置状态。

3.4.5　逻辑表达式

逻辑表达式是由逻辑运算符将逻辑型数据连接起来的式子，其运算结果仍然是逻辑值。

逻辑运算符有 3 个，按运算优先级从高到低的顺序排列如下。

①逻辑非.NOT.或!，可简称为“非”。

②逻辑与.AND.，可简称为“并且”。

③逻辑或.OR.，可简称为“或”。

也可以省略两端的点，写成 NOT，AND 和 OR。

逻辑非运算符是单目运算符，只作用于后面的一个逻辑型操作数，若操作数为真，则返回假，否则返回真。

逻辑与和逻辑或是双目运算符，所构成的逻辑表达式为

L1 AND L2
L1 OR L2

其中，L_1 和 L_2 均为逻辑型操作数。

对于逻辑与运算，只有 L_1 和 L_2 同时为真，表达式值才为真，只要其中一个为假，则结果为假。

对于逻辑或运算，L_1 和 L_2 中只要有一个为真，表达式即为真，只有 L_1 和 L_2 均为假时，表达式才为假。

逻辑表达式常用于表示一个多因素的操作条件，表达式值为.T.时，条件成立，否则条件不成立。

例如，对于图书表，若查询条件的数学描述为“30≤定价≤50”，则此条件的逻辑表达式应该写为

定价＞＝30 AND 定价＜＝50

或

30＜＝定价 AND 定价＜＝50

而常见的错误写法有“30＜＝定价 AND ＜＝50”、“30＜＝定价＜＝50”，这都是不合语法的。

3.4.6 表达式运算顺序及表达式应用

1. 表达式运算顺序

当一个表达式包含多种运算时，各类运算的优先级由高到低依次为

( )→算术运算→字符运算→日期时间运算→关系运算→逻辑运算

表达式中有多层括号嵌套时，里层括号更优先。

应用 Visual FoxPro 时，许多命令和语句的格式中都有“条件”语法成分，这里的“条件”就是关系表达式或者逻辑表达式。在编写复杂条件时，要注意分析问题的语义。

例如，查询基本工资与津贴之和高于 1 800 元的讲师和副教授，条件表达式应当写成

```
基本工资＋津贴＞＝1800 AND 职称＝"讲师" OR 基本工资＋津贴＞＝1800 AND 职称＝"副教授"
```

或

```
基本工资＋津贴＞＝1800 AND (职称＝"讲师" OR 职称＝"副教授")
```

或

```
(基本工资＋津贴)＞＝1800 AND (职称＝"讲师" OR 职称＝"副教授")
```

有时候，在表达式的适当地方插入括号，并不是为了改变运算次序，而是为了提高表达式书写的可读性。

2. 表达式应用举例

在对表进行各种操作时常常要表达各种条件，即对满足条件的记录进行操作，此时就要综合运用本章的知识。希望下面列举的例子能给读者带来一些思考和领悟，熟练掌握这些知识及应用能力，对以后章节的学习十分重要。

例 3.3 货品表的结构如下。

货品(货号 C6，品名 C18，单价 N7.2，生产日期 D，优惠否 L，质检情况 M)

针对货品表，写出下列条件。

①品名前两个字为“精制”的货品。

②单价大于等于 50 但小于 100 的货品。

③生产已有 30 天及以上的货品。

④实行优惠且品名中有“电”字的货品。

⑤2009 年以前生产或品名为 6 个汉字的货品。

⑥货号第 3 个字符为 9 的 6 元和 9 元的货品。

为了表示上述条件，需要知道货品的有关信息。有些信息直接可用，如单价等，这时可以直接引用有关字段；而有些信息则要加工产生，如品名中的某几个字、货品已生产的天数等，这时要利用函数、表达式进行运算后才能得出。

无论实际应用中还有多少千变万化的条件，所涉及的不外乎字符、数值、日期、逻辑类型的运算，利用各类基本运算符和函数，都可以准确表达；所以，在操作到有关的字段时，要注意该字段的类型。

以下写出各个条件所对应的表达式。

①品名为字符型字段，主要利用字符函数来运算，且注意一个汉字占两个字节。

写法 1：LEFT(品名,4)="精制"

写法 2：AT("精制",品名)=1

写法 3：品名="精制"(设系统的精确比较设置为关闭状态)

写法 4：(留给读者完成)

②由货品表结构知，单价为数值型字段，50 和 100 都属于数值型常量。

写法 1：单价>=50 AND 单价<100

写法 2：(变化不大，留给读者完成)

③货品已生产的天数与表中的生产日期字段相关，可用 DATE 函数去减生产日期求天数。

写法 1：DATE()-生产日期>=30

写法 2：生产日期<=DATE()-30

④优惠情况由逻辑型的优惠否字段记载，某字含于品名要用 $ 运算。

写法 1：优惠否=.T. AND "电" $ 品名

写法 2：优惠否 AND "电" $ 品名

写法 3：(提示：还可借助 AT 函数判断“电”在不在品名中。留给读者完成)

⑤“2009 年以前”可以由年份判定，也可由日期小于 2009 年 1 月 1 日判定。品名为 6 个汉字，则因品名字段的宽度为 18，字数少的品名会被在尾部加空格；所以，必须对品名剪去尾部空格才能推算出品名的字数。

写法 1：YEAR(生产日期)<2009 OR LEN(ALLTRIM(品名))=12

写法 2：生产日期<{^2009/01/01} OR LEN(ALLTRIM(品名))=12

写法 3：(提示：6 个汉字品名，还可认为：品名的第 12 个字符不为空格，但第 13 个字符是空格。留给读者完成)

⑥要注意，货号为字符型字段。6 元、9 元是单价，为数值型。

写法 1：SUBSTR(货号,3,1)="9" AND 单价=6 OR SUBSTR(货号,3,1)="9" AND 单价=9

写法 2：(提示：还可借助括号对写法 1 进行简化。留给读者完成)

说明：

以上练习的条件书写，是由关系表达式或逻辑表达式构成的。表达式并不能单独作为 Visual FoxPro 的命令或语句去直接使用，而是在一些命令或语句中加以运用，以细化命令或语句的操作，丰富命令或语句的功能，从而对数据进行运算和处理。

习 题 3

1. 简述数据划分类型的意义，列出 Visual FoxPro 的数据类型。

2. 字段变量与内存变量有何区别？

3. 写出下列表达式。

(1)求实数 x 的小数部分。

(2)设自然数 m 为 3 位数，求 m 的十位上的数字。

(3)设变量 xm 的值为一个汉字姓名，求 xm 中的第 2 个汉字。

(4)将变量 c 中的小写字母转换成相应的大写字母。

(5)判断 n 是否为奇数。

(6)求计算机系统当前日期的年份数。

4. 下列数据哪些是变量？哪些是常量？哪些是表达式？

1/2,1E2,"abc",abc,2000/05/04,[05/04/08],.y.

5. 在 Visual FoxPro 中，设置自己的默认文件夹，新建一个自己设计的表文件，其中含备注型或通用型字段，观察文件夹中产生了哪些文件。

6. 回答下列问题。

(1)在命令窗口输入“x,y=100”后按 Enter 键，会出现什么情况？

(2)先执行“n=0”，再执行“n=n+1”3 次，最后 n 的值是多少？

(3)先执行“a=0”，再执行输出命令“? a=10”，输出结果是什么？

(4)设置用户默认文件夹有哪些方法？

(5)设最后一条记录为当前记录，则表文件尾测试函数为什么值？

(6)字符相等比较有哪几种方式？

7. 分析下列命令执行后的输出结果，并上机验证。

(1)
```
n1=936
n2=INT(n1/100)
n3=n2%10
? n2+n3
```

(2)
```
DIMENSION a(3)
a(2)="OK"
a(3)=.NOT.a(1)
? a(1),a(2),a(3)
```

(3)
```
x=STR(123.456,7,2)
y=RIGHT(x,4)
? x-"+"-y-"=", &x+&y
```

(4)SET EXACT OFF

```
s1="数据库应用"
s2=LEFT(s1,6)
? s1=s2, s2=s1
```

8. 针对货品表,写出下列条件。

(1)品名前 3 个汉字为“中华牌”的货品。

(2)单价小于 10 或大于等于 100 的货品。

(3)记录号被 100 整除的货品。

(4)2009 年生产的且生产日期小于 2009 年 3 月 15 日的货品。

(5)未实行优惠且品名的第 3 个汉字为“电”字的货品。

9. 自己尝试构建一个表,并对字符型、数值型、日期型、逻辑型字段各写出一些条件表达式。

第4章

表的基本操作

在关系数据库应用中，通常将关系称为表。表是组织数据、建立关系数据库的基本对象，由表结构和表记录组成，表中的行也称为记录，列称为字段。

在 Visual FoxPro 中，有两类表，即自由表和数据库表。如果一个表属于某一数据库，则称其为数据库表；如果一个表不属于任何数据库而独立存在，则称其为自由表。自由表与数据库表可以相互转换：若一个自由表添加到某一数据库中时，该表成为数据库表；反过来，若一数据库表从数据库中移出，则转换为自由表。

表文件的扩展名为“dbf”。

本章介绍 Visual FoxPro 中自由表的基本操作，包括建立、使用表及索引等方面的内容。

4.1 表的建立

创建表的主要步骤为：根据需要存放的数据设计合理的表结构，将数据输入到表中，有时还需要对表中的某些关键数据进行排序。

4.1.1 设计表结构

建立表的第一步是分析表中需存放什么数据，这些数据有什么样的类型特征，在此基础上定义表的字段个数、字段名、类型、宽度及是否以该字段建立索引等。

● 字段名：表头的名称称为字段名，是每一列的标识。字段名必须以字母或汉字开头，只能使用字母(大小写无区别)、下划线、数字和汉字，而不能使用其他符号。例如，“姓名”、“NAME”、“A_123”都为合法的字段名，而“2 班名单”、“X&Y” 都是不合法的字段名。

自由表的字段名长度不能超过 10 个字符；数据库表的字段名支持长名，最多可达 128 个字符。

● 类型：指字段的数据特征。Visual FoxPro 6.0 提供了如表 4.1 所示的数据类型供字段变量选用。

表 4.1　Visual FoxPro 6.0 表中字段的数据类型

类　型	记　号	说　明	宽　度	使用示例
字符型	C	字母、汉字和数字型文本	1～254	学号或姓名:"8199101" 或 '李立'
货币型	Y	货币单位	8	工资:$1246.89
日期型	D	包含有年、月和日的数据	8	出生日期:{^1980/07/08}
日期时间型	T	包含年、月、日、时、分、秒的数据	8	上班时间:{^2015/07/20 9:15:15 AM}
逻辑型	L	"真"或"假"的布尔值	1	课程是否为必修课:.T.或 .F.
数值型	N	整数或小数	1～20	考试成绩:83.5
双精度型	B	双精度浮点数	8	高精度数据
浮点型	F	与数值型一样	1～20	
整型	I	不带小数点的数值	4	学生人数
通用型	G	OLE 对象	4	图片或声音
备注型	M	不定长度的一段文字	4	学生简历

● 宽度:指该字段所能容纳数据的最大字节数。从表 4.1 中可以看出,常用的数据类型中只有字符型、数值型和浮点型由用户自己定义宽度,其余数据类型的字段宽度均由系统给出。

● 小数位数:指数值型数据将保留几位小数。此时的字段宽度 = 整数位数+小数位数+1(小数字符号)。当数值为负数时,"-"将占去一个整数位数。

● 索引:如果对字段有排序要求,可在"索引"列中选择升序"↑"或降序"↓"。

● NULL(空值):该字段是否接受 NULL。NULL 表示不确定的值,不等同于零或空格。一个字段是否允许为空值与实际应用有关。例如,作为关键字的字段是不允许为空值的,而那些在插入记录时允许暂缺的字段值往往允许为空值。

4.1.2　创建表结构

创建表结构所需完成的操作就是设置字段的基本属性。可以使用表设计器、表向导或 SQL 命令 3 种方式来创建表结构。本小节分别介绍用菜单方式或命令方式打开表设计器建立表结构,以及通过表向导创建表结构的步骤。

1. 菜单方式

①选择"文件"→"新建"菜单项,打开如图 4.1 所示的"新建"对话框,选择"表"单选按钮,单击"新建文件"按钮。

②在打开的"创建"对话框中输入文件名并确定所需的保存位置,单击"保存"按钮。

③在打开的表设计器中输入各个字段的字段名,选择字段类型,设定字段宽度及小数位数等属性值。全部字段输入完成后单击"确定"按钮,如图 4.2 所示。

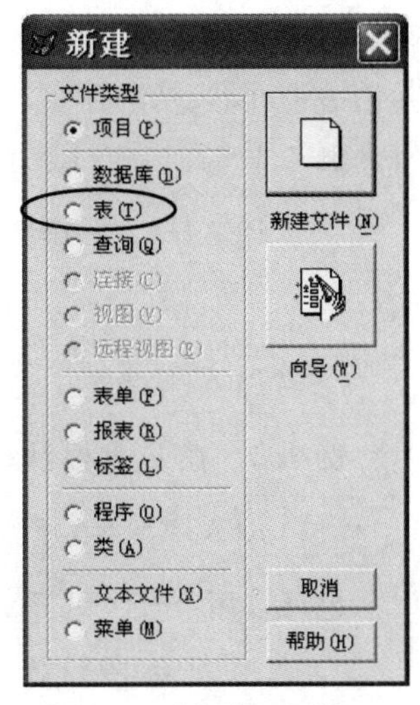

图 4.1　"新建"对话框

如果自由表中定义了备注型字段与通用型字段,系统将自动

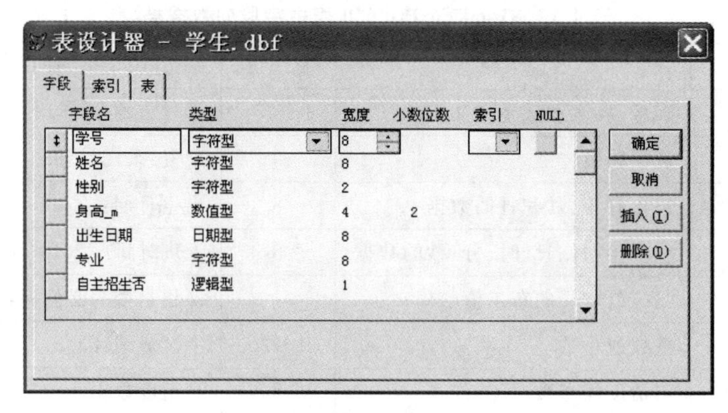

图 4.2　表设计器

生成相应的.fpt 文件(数据库表生成相应的.dbt 文件),其文件主名与相应的表的表文件主名相同。由于备注型字段与通用型字段的长度是可变的,系统将其实际内容存放在备注文件中,在表文件里每个备注型字段与通用型字段只占固定的 4 个字节。

若表中没有定义备注型字段或通用型字段,则相应的备注文件便不存在。

注意:如果备注文件被删除,或者在表文件改名或复制时没有对相应的备注文件改名或复制,则该表将无法打开。

2. 命令方式

也可以在命令窗口中使用 CREATE 命令来建立表结构。

格式:

CREATE [<**表文件名**>]

该命令执行后,屏幕上弹出表设计器,以后的操作与菜单方式相同。

说明:

①命令中的表文件名若包含路径,则在指定位置创建表,否则默认为在当前目录创建表。

②表文件名中的扩展名“dbf”可以省略。

③省略表文件名时,该命令打开“创建”对话框,提示输入表名并选择保存表的位置后,再弹出表设计器。

例 4.1　在当前目录下建立一个名为学生.dbf 的数据表。

```
CREATE 学生.dbf
```

或

```
CREATE 学生
```

例 4.2　在 D 盘根目录下建立一个名为教师.dbf 的数据表。

```
CREATE D:\教师
```

也可以用“SET DEFAULT TO D:\”命令设置路径后再建表。

3. 使用表向导创建表

使用表向导创建表时,可以通过修改向导提供的样表得到欲建表的结构,方法如下。

①选择“文件”→“新建”菜单项，打开如图 4.1 所示的“新建”对话框，选择“表”单选按钮，单击“向导”按钮，出现“表向导”对话框。

②选择一个与待建表类似的样表，再从中挑选出所需的部分字段。

③选择数据库，即确定创建自由表还是将表添加到某数据库中。

④修改字段设置。

⑤为表建立索引。

⑥选择表的保存方法，然后单击“完成”按钮。

⑦在“另存为”对话框中给出文件名并确定所需的保存位置。

4.1.3　输入记录

在表设计器中设计好表的结构，单击“确定”按钮后，系统会提示是否直接进入数据输入状态，如图 4.3 所示。

图 4.3　数据输入提示

若单击“是”按钮，则进入如图 4.4 所示的记录输入窗口。

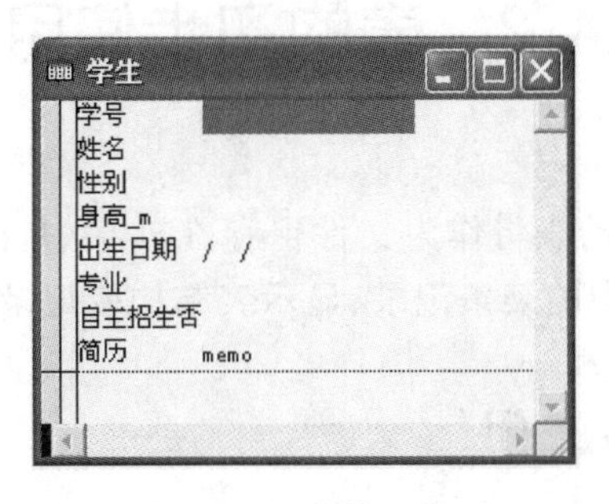

图 4.4　记录输入窗口

输入不同类型的数据时，一般遵循下列原则。

①输入数据受字段宽度限制，录满一个字段后，光标会自动移动到下一字段等待输入；若输入的信息不足字段的宽度，需按 Enter 键或 Tab 键才能把光标移到下一个字段。

②逻辑型字段的宽度为 1，只能接收 Y，N，T，F(不区分大小写)。

③日期型数据必须与系统的日期格式相符，否则系统会提示输入的日期无效。例如，默认的系统日期格式为美国日期，此时输入日期格式应为 MM/DD/YY。

④双击备注型字段(memo)，即进入 Visual FoxPro 的全屏幕文本编辑方式，输入完相应的文本内容后可单击“关闭”按钮，或按 Ctrl＋W 快捷键，两种操作都将保存所输入的文本内容并返回到记录输入窗口。如果按 Esc 键，则不保存输入的文本内容，返回记录输入窗口。

⑤通用型字段的内容是来自于 Windows 其他应用程序的 OLE 数据，有两种接收数据的方式，即选择“编辑”→“插入对象”菜单项或使用剪贴板粘贴。

具体操作步骤为：双击该通用型字段(gen)即进入通用型字段编辑窗口，选择“编辑”→“插入对象”菜单项，出现“插入对象”对话框。若插入的对象是新建的，则选择“新建”单选按钮，并从“对象类型”列表框中选择要创建的对象类型，如图 4.5 所示；若插入的对象已经存在，则选择“由文件创建”单选按钮，在“文件”文本框中输入相应路径及文件名或通过“浏览”按钮进行浏览查找。或者选择“编辑”→“选择性粘贴”菜单项，则剪贴板中的数据被粘贴到通用型字段编辑窗口。最后关闭通用型字段编辑窗口。

注意：备注型字段与通用型字段输入数据后，“memo” 或“gen”变成“Memo” 或“Gen”。

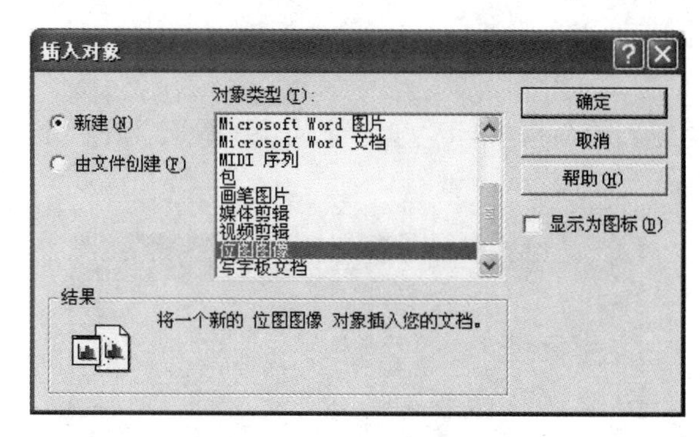

图 4.5 “插入对象”对话框

4.2 表的初步使用

在 Visual FoxPro 中建立的表将作为文件保存在外存中，因此常称表为表文件。表的初步使用包括打开表、定位到表中的某条记录、显示表结构或记录及关闭表等操作。

4.2.1 表的打开与关闭

打开表是将指定的表从外存读入内存，而关闭表则是撤销该表对内存的占用。

1. 打开表

对表进行各种操作时，首先要打开表。可以分别采用菜单方式或命令方式完成打开表的操作。

(1)菜单方式

菜单方式打开表的步骤如下。

①选择“文件”→“打开”菜单项。

②在出现的“打开”对话框中选择需要的表名，单击“确定”按钮，便可打开对应的表文件，如图 4.6 所示。

注意：在“打开”对话框中除了选择文件所在路径、文件名及文件类型外，打开方式的选择

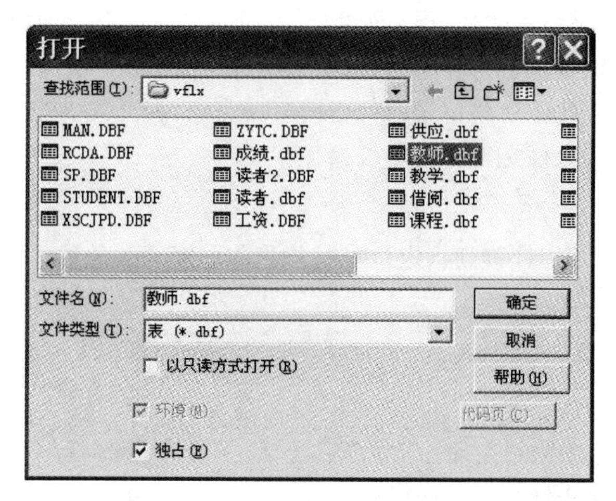

图 4.6　"打开"对话框

也很重要。若选择"以只读方式打开"复选框,表中数据只能浏览而不能修改;若选择"独占"复选框,则不允许其他用户在同一时刻也使用该表。

打开表后,该表中的数据被调入内存,状态栏上会显示表名、表中记录数等信息,但是用户还需要通过浏览或其他操作才能够看到表中的数据。

(2)命令方式

格式:

USE ＜表文件名＞[EXCLUSIVE][SHARED][NOUPDATE]

说明:

①表文件名:指定要打开的表的名称。

②EXCLUSIVE:以独占的方式打开表。

③SHARED:在网络上以共享的方式打开表,此时表以只读方式打开,不能修改。

④NOUPDATE:以只读方式打开,不能修改。

⑤若不选择任何参数,表示关闭当前工作区中已打开的表。

例 4.3　打开 C 盘 VFLX 文件夹下名为教师.dbf 的表。

```
USE C:\VFLX\教师
```

执行该命令后,状态栏会出现当前表所在位置(如本例为 C:\VFLX)、表名、表中总记录数、当前记录数等信息。

2. 关闭表

表操作完毕后,应及时关闭,以免数据丢失。

格式:

USE

4.2.2　记录的定位方式

根据表中记录输入的先后顺序,系统给每条记录提供了一个顺序编号,称之为记录号。打开的表都自动设置了一个记录指针，用来保存当前记录号。可通过 RECNO 函数得到当前记录号。表刚打开时，默认当前记录为第一条记录。

进行数据处理时，往往需要将记录指针指向某条记录，使之成为当前记录。下面介绍记录的绝对定位、相对定位和条件定位 3 种定位操作。

1. 绝对定位

绝对定位是指把记录指针移到指定位置时与当前位置无关的操作方式。

格式：

```
GO | GOTO n | TOP | BOTTOM
```

说明：

①命令动词 GO 与 GOTO 等价。

②“GO n”表示记录指针移动到记录号为 n 的记录，GO 可省略。

③TOP 和 BOTTOM 分别表示表中最前一条记录与最后一条记录。

例 4.4 将学生档案表的记录指针定位到 3 号和 7 号记录。

```
USE 学生档案
GO 3                         && 记录指针定位于 3 号记录
7                            && 记录指针定位于 7 号记录
```

2. 相对定位

相对定位是指记录指针从当前位置开始，向前或向后移动若干条记录。

格式：

```
SKIP [<n>]
```

说明：

n 为正值则向表尾移动，n 为负值则向表首移动，省略 n 时记录指针向表尾移动一条记录。

例 4.5 将学生档案表绝对定位到 5 号记录，再相对定位到 3 号和 4 号记录。

```
USE 学生档案
GO 5
SKIP -2                      && 记录指针定位于 3 号记录
SKIP                         && 记录指针定位于 4 号记录
```

3. 条件定位

条件定位是指按一定的条件在整张表或某个指定范围内查找符合该条件的记录，并将记录指针定位在符合条件的第一条记录上。

若存在满足条件的记录，此时 FOUND 函数的值为真；如果没有满足条件的记录，则记录指针定位在文件结束位置，此时 FOUND 函数的值为假。

格式：

```
LOCATE FOR <条件> [范围]
```

说明：

①若指定了范围，则在指定范围内查找满足条件的记录，否则默认范围是 ALL。

②该命令只能查找第一条满足条件的记录。若表中有多条满足条件的记录时,使用 LOCATE 命令找到一条满足条件的记录后,可以使用 CONTINUE 命令继续向后查找满足条件的记录。

例 4.6　查找学生档案表中入学成绩为 600 分以上(含 600 分)的记录。

```
USE 学生档案
LOCATE FOR 入学成绩>=600          && 记录指针定位在第一条满足条件的记录上
DISP                              && 显示该条记录
CONTINUE                          && 继续查找入学成绩超过 600 分的记录
DISP                              && 显示第二条满足条件的记录
```

4.2.3　表的显示

表由表结构和表记录两部分组成。表的显示也有两类命令:显示表结构和显示表记录。

1. 显示表结构

格式:

LIST | DISPLAY STRUCTURE [TO PRINTER] | [TO FILE]

说明:

①DISPLAY 和 LIST 命令都可以完成显示功能,只是显示方式不同。DISPLAY 每显示一屏信息时暂停一次,按任意键后继续显示剩余的结构信息;而 LIST 没有周期性暂停,连续向下显示,直到结构信息显示完毕为止。

②TO PRINTER 子句表示将操作结果送到打印机。

③TO FILE 子句表示将操作结果输出到指定的磁盘文件中。

例 4.7　显示学生表的表结构,写出完成操作的命令。

```
USE 学生
LIST STRUCTURE
```

通过显示表结构的命令可以在 Visual FoxPro 的主窗口查看到表的存放路径、表中的记录数、最近更新的时间及表的具体结构,如图 4.7 所示。

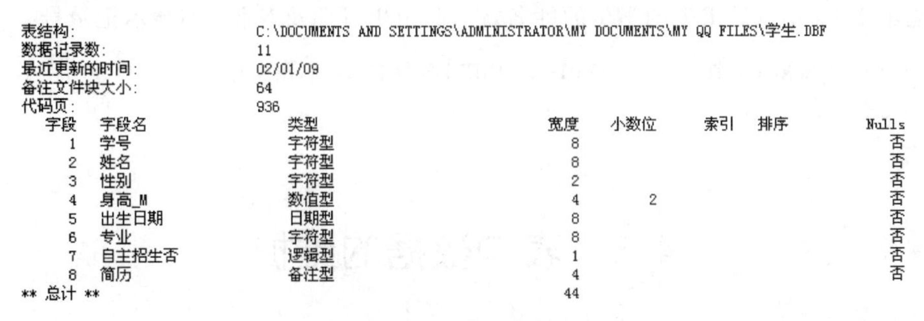

```
表结构:              C:\DOCUMENTS AND SETTINGS\ADMINISTRATOR\MY DOCUMENTS\MY QQ FILES\学生.DBF
数据记录数:          11
最近更新的时间:      02/01/09
备注文件块大小:      64
代码页:              936
```

字段	字段名	类型	宽度	小数位	索引	排序	Nulls
1	学号	字符型	8				否
2	姓名	字符型	8				否
3	性别	字符型	2				否
4	身高_M	数值型	4	2			否
5	出生日期	日期型	8				否
6	专业	字符型	8				否
7	自主招生否	逻辑型	1				否
8	简历	备注型	4				否
** 总计 **			44				

图 4.7　学生表的结构显示

注意:表的总计宽度比各字段宽度之和大 1,这是因为在每个表建立时,Visual FoxPro 都在表结构中为数据的逻辑删除预设了一个标记位。

2.显示表记录

格式：

LIST| DISPLAY [OFF] [FIELDS <字段名列表>] [<范围>] [FOR <条件>] [WHILE <条件>] [TO PRINTER | TO FILE <文本文件名>]

说明：

①使用 OFF 时，不显示记录号。

②范围为可选项，选择时为 ALL，RECORD N，NEXT N，REST 中的一个参数，表示记录显示的范围。

③若省略字段名列表，则显示当前表中的所有字段，否则显示指定的字段。如果备注型字段名出现在字段名列表中，则它的内容按 50 个字符列宽显示，若不指定则不显示备注型字段的内容。

④TO PRINTER | TO FILE <文本文件名>用于指定记录列表的输出方向。TO PRINTER 指定输出到打印机；TO FILE <文本文件名>指定输出到所指定的文本文件中。

⑤DISPLAY 每显示一屏记录时暂停一次，按任意键后继续显示剩余的记录；而 LIST 没有周期性暂停，连续向下显示，直到记录显示完毕为止。

⑥若省略所有可选项，DISPLAY 命令显示当前记录，即范围为 NEXT 1；而 LIST 命令显示全部记录，即范围为 ALL。

例 4.8 对当前文件夹中的学生表，写出完成如下操作的命令。

①显示表中前 3 条记录。

```
USE 学生
LIST NEXT 3
```

②显示表中所有记录号为偶数的记录。

```
LIST FOR RECNO()% 2=0
```

③显示自动化专业男生的记录。

```
LIST FOR 专业="自动化" AND 性别="男"
```

④显示 1996 年以后出生的学生的姓名，性别，出生日期及专业，不显示记录号

```
LIST FOR 出生日期>={^1996-01-01} FIELDS 姓名,性别,出生日期,专业 OFF
USE
```

4.3 表中数据的维护

在表中的数据输入完成之后，一个表内所保存的信息也基本确定了，但随着时间的推移，表中的数据亦可能需要修改。修改工作可以分成两个方面，若新的数据无法在表中体现或是某些数据不需在表中体现，需要进行表结构的修改，如在表中添加身份证号字段；若是原有数

据值发生了变化，则需要对表中的记录进行修改。

4.3.1　修改表结构

修改表结构主要是增加或删除字段，修改字段的类型及宽度，以确保表结构正确、合理。修改表结构的操作主要通过表设计器来完成。

打开需修改的表后，打开表设计器有两种方式。

1. 菜单方式

选择“显示”→“表设计器”菜单项。

2. 命令方式

格式：

MODIFY STRUCTURE

在表设计器中单击某字段后，可以直接修改该字段的字段名、类型及宽度。

单击“插入”按钮，可在当前字段前增加一个新字段，“删除”按钮，可以删除当前字段。

移动鼠标到字段名左侧出现双向箭头↕时按住鼠标左键上下移动，可调整字段的相对位置。

修改完毕单击“确定” 按钮并在消息框中单击“是”按钮确认修改，单击“取消” 按钮则放弃此次修改。

4.3.2　修改表中记录

1. 浏览窗口中的操作

打开一个表，选择“显示”→“浏览”菜单项，该表的记录数据出现在浏览窗口中，浏览状态下也可以对表中记录进行修改。

显示记录的格式分为编辑和浏览两种。编辑格式下记录竖直排列，多行显示一条记录，每行显示一个字段；浏览格式以行方式显示记录，每行显示一条记录，每列显示一个字段，一个屏幕上可显示多条记录。这两种显示格式可通过“显示”菜单切换。

注意：必须在打开表时设置为独占方式才能够对表中记录进行修改。

也可用 BROWSE，CHANGE 或 EDIT 命令在窗口中查看修改数据。这里重点介绍 BROWSE 命令。

格式：

BROWSE [FIELDS ＜字段名表＞] [FREEZE ＜字段名＞] [LOCK ＜字段数＞] [FOR ＜条件＞] [NOAPPEND] [NODELETE][NOEDIT/NOMODIFY][WIDTH＜宽度＞]

功能：以浏览方式显示记录数据，每行为一条记录，每列为一个字段。浏览窗口如图 4.8 所示。

说明：

①FIELDS ＜字段名表＞指定显示的字段和顺序。字段名表中还可以包括由基本字段通

学生档案

学号	民族	入学成绩	特长
07170102	汉	597	唱歌跳舞
07261130	回	561	武术
07640301	汉	516	乒乓球
07582107	汉	603	足球绘画
07582203	土家	591	摄影唱歌
07341519	蒙	496	篮球
08261217	维	473	唱歌跳舞
08341604	汉	555	小品相声
08261218	藏	430	唱歌
08582315	汉	589	羽毛球
08640516	汉	601	游泳跳舞

图 4.8　浏览窗口

过运算符组合而成的复合字段。

②FREEZE <字段名>用来锁定一个供修改的字段，只允许光标在该字段上移动。

③LOCK <字段数>用于指定在屏幕上显示的从左到右的若干个字段不随窗口移动。主要用来锁定关键字段。

④FOR <条件>指对满足条件的记录进行显示和修改。

⑤NOAPPEND 表示禁止追加记录。

⑥NODELETE 表示禁止删除记录。

⑦NOEDIT/NOMODIFY 表示禁止修改记录。

⑧WIDTH <宽度>表示限制浏览窗口中所有字段的显示字符宽度。该选项并不修改表结构中字段的宽度，只修改字段在浏览窗口中的显示方式。

例 4.9　用 BROWSE 命令查看学生档案表中的学号、民族、入学成绩、特长，并锁定入学成绩字段进行修改。

```
USE 学生档案
BROWSE FREE 入学成绩 FIELDS 学号,民族,入学成绩,特长
USE
```

显示结果如图 4.8 所示。FIELDS 子句指定在浏览窗口中显示学号、民族、入学成绩、特长 4 个字段的数据；FREEZE 子句锁定入学成绩字段，只能上下移动修改该字段的值。

2. 成批修改数据

有时候需要对表中的多条记录按照某种规律修改其数据，完成此操作最方便的是成批替换命令。

格式：

REPLACE [<范围>] 字段名 1 WITH 表达式 1 [,字段名 2 WITH 表达式 2 …][FOR <条件>] [WHILE <条件>]

功能：根据指定的条件和范围，用表达式的值更新指定字段的内容。

说明：

①WITH <表达式 1>指定用来进行替换的表达式或值。WITH 后面的表达式的类型必须与 WITH 前面的字段类型一致。

②若省略了范围和 FOR/WHILE 条件时，则只对当前记录进行修改。

例 4.10　用 REPLACE 命令将学生档案表中所有非汉族学生的入学成绩增加 15 分。

```
USE 学生档案
REPLACE ALL 入学成绩 WITH 入学成绩+15 FOR 民族<>"汉"
USE
```

4.3.3　追加记录

打开表后，可用以下几种方式在表尾添加新记录。

(1)菜单中的追加方式

选择“显示”→“浏览”菜单项，这时当前表的内容显示在浏览窗口中。再选择“显示”→“追加方式”菜单项，即可以在表尾连续追加多条记录。

(2)菜单中的追加新记录方式

在浏览窗口打开的情况下，选择“表”→“追加新记录”菜单项，可以在表尾添加一条记录。

(3)命令方式追加记录

格式：

APPEND [BLANK]

执行该命令可以在当前表的末尾添加一条或多条记录，相当于选择“显示”→“追加”菜单项。

有 BLANK 选项时，添加一条空白记录。

(4)命令方式追加文件

从源文件中将符合要求的记录添加在当前表的尾部。该操作相当于选择“表”→“追加记录”菜单项。

格式：

APPEND FROM <文件名> [FIELDS 字段名表] [FOR 条件] [WHILE <条件>] [[TYPE]<文件类型>]

说明：

①文件名用于指定源文件的名字。若没有扩展名时，默认为“dbf”。

②源文件为 Excel 文件时，文件类型为 XLS；若源文件为文本文件时，文件类型为 SDF 或 DELIMITED。

例 4.11　在学生表尾添加一条空白记录。

```
USE 学生
APPEND BLANK                    && 在表尾添加一条空白记录
USE
```

例 4.12　在学生表尾添加 3 条学生记录。

```
USE 学生
APPEND
```

```
USE
```

执行该命令后出现浏览窗口，依次输入 3 个学生的信息后关闭该窗口则完成追加操作。

注意：追加命令 APPEND 与记录指针位置无关，执行该命令后在表尾添加新记录。

例 4.13 将 C 盘 VFLX 文件夹中的 STUDENT 表中的学生信息添加到学生表中。

```
APPEND FROM C:\VFLX\STUDENT        && 将 STUDENT 表中的信息添加到学生表的最后
```

注意：学生表为当前表，两个表不要求字段完全相同，追加记录时相同字段名的信息会添加进去。

4.3.4 插入记录

追加记录只能将新记录添加到表尾，如果要在记录的中间添加新记录，则需要使用插入功能。插入记录前，先移动记录指针至插入位置，再使用 INSERT 命令进行插入。

格式：

INSERT [BLANK] [BEFORE]

功能：在当前记录之前或之后插入一条或多条新记录。

说明：

①BEFORE 表示新记录插在当前记录之前。若无此选项，则新记录插在当前记录之后。

②BLANK 表示插入一条空白记录。

例 4.14 在学生档案表的第 4 条记录之前插入一条新记录，然后在第 6 条记录后插入一条空白记录。

```
USE 学生档案
GO 4
INSERT BEFORE                    && 打开编辑窗口输入记录
GO 6
INSERT BLANK                     && 直接插入空白记录
USE
```

4.3.5 删除记录

一张表用非只读方式打开后，可通过菜单在浏览窗口(或编辑窗口)中或从命令窗口中用命令直接对其记录进行删除操作。删除有两种方式：逻辑删除与物理删除。

1. 逻辑删除

所谓逻辑删除，就是并不真正将记录从表中移出，而是在要删除的记录前加上删除标记。

(1)直接设置

浏览窗口中每条记录左侧的矩形区是设置删除标记的位置，单击此处，该矩形会变黑，这就是删除标记，如图 4.9 所示。

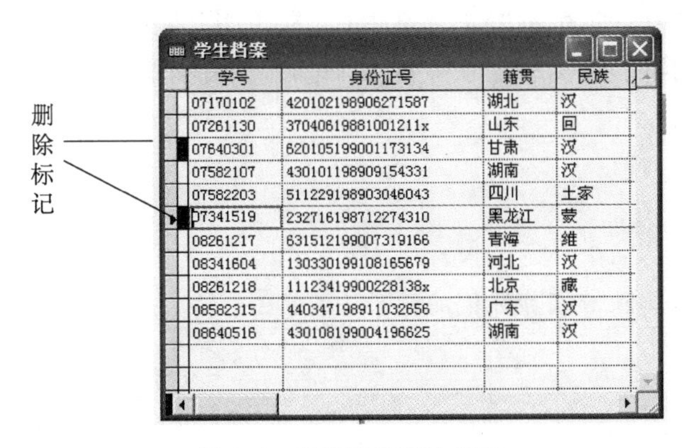

学号	身份证号	籍贯	民族
07170102	420102198906271587	湖北	汉
07261130	37040619881001211x	山东	回
07640301	620105199001173134	甘肃	汉
07582107	430101198909154331	湖南	汉
07582203	511229198903046043	四川	土家
07341519	232716198712274310	黑龙江	蒙
08261217	631512199007319166	青海	维
08341604	130330199108165679	河北	汉
08261218	11123419900228138x	北京	藏
08582315	440347198911032656	广东	汉
08640516	430108199004196625	湖南	汉

图 4.9　直接设置删除标记

(2)命令方式

格式：

DELETE [<**范围**>] [**FOR** <**条件**>] [**WHILE** <**条件**>]

功能：对当前表中在指定范围内满足条件的记录设置删除标记“ * ”。若省略范围和 FOR/WHILE 条件选项，则只对当前记录有效。

例 4.15　在学生档案表中逻辑删除 10 级或者民族为“汉”的学生记录。

```
USE 学生档案
DELETE FOR 学号=“10” .OR. 民族="汉"
USE
```

(3)菜单方式

选择“表”→“删除记录”菜单项后，出现如图 4.10 所示的“删除”对话框，设置范围和条件后单击“删除”按钮，即可为符合条件的记录添加删除标记。

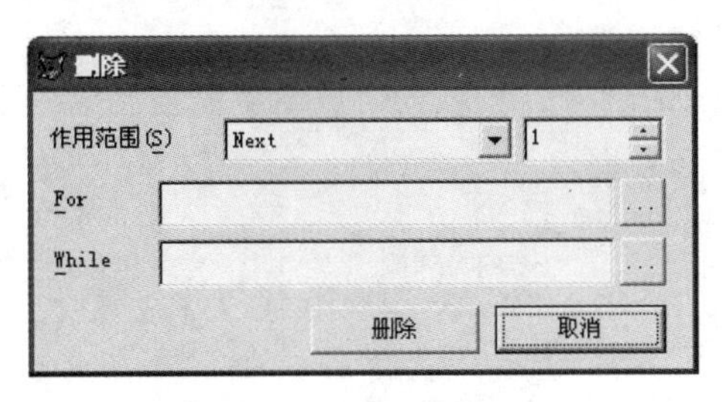

图 4.10　“删除”对话框

用户可以通过逻辑删除来对那些暂时不需要参与操作的记录进行屏蔽。通过“SET DELETE ON(OFF)”可以屏蔽(解除屏蔽)带删除标记的记录。

2. 取消删除标记

选择“表”→“恢复记录”菜单项或在浏览窗口中直接单击黑色矩形，都可取消删除标记。亦可采用命令方式。

格式：

RECALL [<**范围**>] [**FOR** <**条件**>] [**WHILE** <**条件**>]

功能:对当前表中在指定范围内满足条件的记录取消其删除标记“*”。

当省略所有的选项时,若当前记录有删除标记,则恢复当前记录,否则该命令不起作用。

3. 物理删除

格式:

```
PACK
```

功能:从表中彻底删除带删除标记的记录。

4. 清空表

格式:

```
ZAP
```

功能:删除表中的全部记录,仅保留表结构,相当于同时执行 DELETE ALL 和 PACK 两条命令。

注意:对于 ZAP 命令的使用要慎重,以免误删了表中的全部数据。使用此命令时,系统将提示用户确认是否真的要彻底删除表中的全部数据。

4.3.6 复制表

1. 复制表结构

格式:

```
COPY STRUCTURE TO <表文件名> [FIELDS <字段名表>]
```

功能:将当前打开的表的表结构的部分或全部复制到由表文件名所指定的表中,其中字段数和字段顺序由字段名表决定。

例 4.16 将学生档案表的学号、民族、入学成绩字段复制成一个新表 CLA,新表中只包含其结构定义,而不包含其记录数据。

```
USE 学生档案
COPY STRUCTURE TO CLA FIELDS 学号,民族,入学成绩
USE CLA                                 && 打开复制生成的新表
LIST STRUCTURE                          && 显示表结构
USE
```

2. 表文件的复制

格式:

```
COPY TO <文件名> [范围] [FIELDS <字段名表>][FOR 条件][WHILE 条件]
```

功能:将当前打开的表中在指定范围内满足条件的记录,按指定的字段复制生成一个新表。

例 4.17　将学生档案表中所有汉族学生的学号、民族、入学成绩、特长字段复制到表 HZX 中。

```
USE 学生档案
COPY TO HZX FOR 民族="汉" FIELDS 学号,民族,入学成绩,特长
USE HZX
LIST
USE
```

4.4　表的排序与索引

默认状态下,表中的记录是按照输入的顺序存放并处理的。如果希望按照某种规律重新组织数据,如在学生档案表中按入学成绩的高低重新排列数据,有两种方式完成这种操作,即排序与索引。排序时,表中记录按照某种标准从低到高或从高到低生成一个新的表。索引在保持原表中记录的物理位置不变的前提下,在表中数据与排序标准之间建立一种对应关系,并按照这种排序标准显示记录。

4.4.1　排序

格式:

SORT TO <文件名> ON <字段名 1> [/A | /D] [/C] [, <字段名 2> [/A | /D] [/C] …] [ASCENDING|DESCENDING] [<范围>] [FOR <逻辑表达式>] [WHILE <逻辑表达式>] [FIELDS <字段名列表>]

功能:将当前表中指定范围内满足条件的记录,以字段名 1、字段名 2 等作为关键字重新排序后,放在文件名所指定的表中。

说明:

①ON <字段名 1>用于在当前表中指定关键字段,字段值决定了记录在新表中的顺序,排序时可以多关键字并列,当第一关键字相同时由第二关键字决定记录顺序。

②/A 指定按升序排序,/D 指定按降序排序。如果在字符型字段名后面包含/C,则忽略大小写。

③若字段名 1、字段名 2……没有设置/A 或/D,用 ASCENDING 选项可统一设定为升序排列,用 DESCENDING 选项则统一设定为降序排列。省略 ASCENDING 和 DESCENDING 选项,则默认为升序排列。

④默认范围为 ALL。

例 4.18　将学生档案表中的记录按入学成绩从高到低排序,生成新表 RXFS. dbf。

```
USE 学生档案
SORT TO RXFS ON 入学成绩/D             && 降序
```

```
USE RXFS                                    && 打开新表
LIST
USE
```

4.4.2 索引概述

为了达到与排序同样的效果，又减少数据冗余，可使用索引技术。索引操作时根据关键字的值进行排序，但它并不改变表中记录的物理顺序，而是建立一个由关键字的值和它对应的记录号组成的索引表，确定了记录的逻辑顺序。使用索引可以提高表的查询速度。

1. 索引文件的种类

Visual FoxPro 提供了两种索引文件：单索引文件和复合索引文件。

(1)单索引文件

单索引文件是指一个索引文件中只能保存一个索引，其扩展名为“idx”。采用单索引时，对于每个索引都要建立一个文件。

(2)复合索引文件

复合索引文件可以存储多个索引，其扩展名为“cdx”。复合索引文件中的每个索引用一个索引标志(index tag)来表示。一个复合索引文件中可包含的索引的数目仅受内存空间的限制。

Visual FoxPro 中默认建立的复合索引文件叫作结构复合索引文件，它的文件名与表名相同，其扩展名为“cdx”。结构复合索引文件的特点在于该文件一旦建立，将随着表的打开而同时自动打开，当对表中的记录进行修改时，全部索引也将自动更新，所以一般情况下使用结构复合索引文件更为方便。

2. 索引的类型

在 Visual FoxPro 中，有 4 种索引类型：候选索引、主索引、普通索引、唯一索引。

- 候选索引：指在指定的关键字段或表达式中不允许有重复值的索引。例如，学生档案表中的学号字段，不可能有两个相同的学号存在。在数据库表和自由表中均可为每个表建立多个候选索引。
- 主索引：决定表中记录的排列顺序。组成主索引关键字的字段或表达式，在表的所有记录中不能有重复的值。主索引只适用于数据库表的结构复合索引，在自由表中不可以建立主索引。数据库中的每个表可以且只能建立一个主索引。
- 普通索引：可以决定记录的排列顺序，但是允许字段中出现重复值。在一个表中可以建立多个普通索引。
- 唯一索引：组成索引的关键字段或表达式在表中可以有重复值，但在索引对照表中，具有重复值的记录仅存储其中的第一个。

4.4.3 建立索引文件

在一个表中可以建立多个索引，各索引代表处理记录的不同顺序。

1.标准索引操作

格式:

INDEX ON <索引关键表达式> TO <索引文件名> FOR <条件> [UNIQUE] [ADDITIVE]

功能:根据索引关键字表达式的值建立一个单索引文件,其扩展名为“idx”。

说明:

①索引关键表达式可以是字段名,也可以是含有当前表中字段的合法表达式。表达式值的数据类型可以是字符型、数值型、日期型、逻辑型。若在表达式中包含有几种类型的字段名,常常需要使用类型转换函数将其转换为相同类型的数据。

②指定 UNIQUE 选项时,相当于建立唯一索引。若有多条记录的索引关键表达式的值相同时,则只把第一次遇到的记录加入到索引文件中进行排序。省略该选项时,则把所有遇到的记录值都加入到索引文件中。

③若省略 ADDITIVE 选项,当为一个表建立新的索引文件时,除结构复合索引文件外,所有其他打开的索引文件都将会被关闭;若选择此选项,则已打开的索引文件仍然保持打开状态。

④FOR <条件>用于指定一个条件,只显示和访问满足这个条件的记录,索引文件只为那些满足条件的记录创建索引关键字。

⑤单索引文件只能按索引关键字表达式的值升序排序。

例 4.19　对学生表按姓名建立索引文件 XMWJ.idx。

```
USE 学生
INDEX ON 姓名 TO XMWJ
LIST
```

屏幕上显示的排序结果如图 4.11 所示:

记录号	学号	姓名	性别	身高_M	出生日期	专业	自主招生否	简历
9	08341604	李甲一	男	1.77	08/16/91	自动化	.T.	Memo
4	07582107	李四海	男	1.78	09/15/89	建筑学	.T.	memo
1	07170102	刘一	女	1.60	06/27/89	法学	.T.	Memo
8	08640516	欧阳李丽	女	1.60	04/19/90	生物工程	.T.	memo
7	08261217	田七彩	女	1.59	07/31/90	财务管理	.F.	memo
5	07582203	王五环	女	1.73	03/04/89	建筑学	.F.	memo
11	08582315	王一丙	男	1.70	11/03/89	建筑学	.F.	memo
2	07261130	杨二虎	男	1.72	10/01/88	财务管理	.F.	memo
3	07640301	张三思	男	1.69	01/17/90	生物工程	.F.	memo
10	08261218	张乙	女	1.64	02/28/90	财务管理	.F.	memo
6	07341519	赵六	男	1.80	12/27/87	自动化	.F.	memo

图 4.11　按照姓名升序排列的记录

从显示结果可以看出,记录的物理顺序并没有改变,因为相应记录的记录号并没有因为建立索引而改变,只是输出显示的顺序改变了。

例 4.20　对学生表按第一关键字“专业”、第二关键字“身高_m”建立索引文件 ZYSG.idx。

```
INDEX ON 专业+STR(身高_m,4,2)TO ZYSG
```

注意:在索引关键字表达式中各项必须是相同的数据类型,一般来说最终都转换为字符型,所以本例中使用 STR 函数将身高_m 由数值型转换为字符型。

例 4.21 对学生表按专业和出生日期建立索引文件 ZYRQ.idx。

```
INDEX ON 专业＋DTOC(出生日期)TO ZYRQ
LIST
USE
```

注意:DTOC 函数将出生日期由日期型转换为字符型。

2. 结构复合索引文件

建立结构复合索引文件有两种方式,可以通过表设计器建立,也可采用命令方式建立。

(1)在表设计器中建立

在表设计器中,可以通过“字段”选项卡选择字段的升序或降序建立普通索引。若要建立较为复杂的或是其他类型的索引,则通过表设计器中的“索引”选项卡建立,如图 4.12 所示。

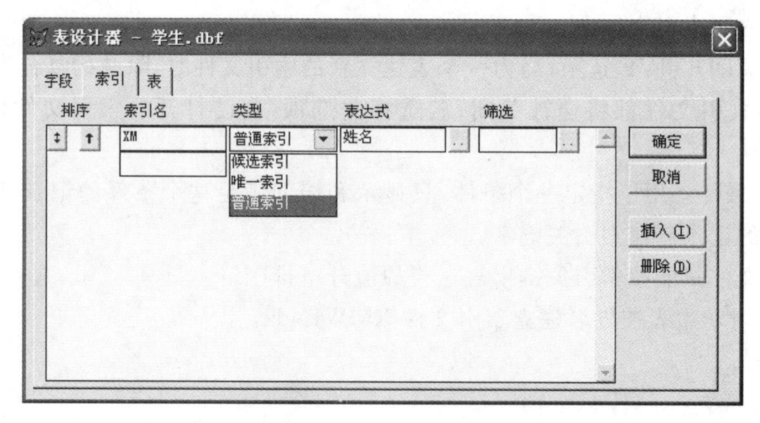

图 4.12 “索引”选项卡

建立索引时,在“索引名”文本框中输入索引标志名,在“类型”下拉列表框中确定一种索引类型,在“表达式”文本框中输入索引关键字表达式,可以在“筛选”文本框中确定参加索引的记录条件。默认排序为升序,可通过单击“排序”下的按钮改变为降序。确认以上各项设置无误后,单击“确定”按钮完成建立索引的操作,同时关闭表设计器。

注意:使用表设计器建立索引后,浏览窗口显示的数据没有排序,必须将所建索引设置成主控索引后才显示排序后的信息(4.4.4 使用索引文件中介绍了设置主控索引的方法)。

(2)命令方式

格式:

INDEX ON <索引关键表达式> TAG <标记名> [FOR <条件>] [ASCENDING | DESCENDING] [UNIQUE] [ADDITIVE]

说明:

①ASCENDING 和 DESCENDING 用于指定记录的排序方式,前者为升序,后者为降序。省略此选项时默认为升序。

②第一次建立结构复合索引时,将产生一个与表同名而其扩展名为“cdx”的结构复合索引文件。结构复合索引文件一旦建立,将随着表的打开而打开,但不指定当前索引时对记录的操作顺序无影响。

③如果结构复合索引文件丢失了，表将不能被打开。

例 4.22　对学生档案表按学号降序建立结构复合索引文件。

```
USE 学生档案
INDEX ON 学号 TAG XH DESCENDING
LIST
USE
```

3. 独立复合索引文件

格式：

INDEX ON <索引关键表达式> TAG <标记名> OF 复合索引文件名 [FOR <条件>] [ASCENDING | DESCENDING] [UNIQUE] [ADDITIVE]

独立复合索引文件建立时要由用户给出复合索引文件名，并且它不随表的打开而打开，该文件丢失也不影响表的打开。

4.4.4　使用索引文件

1. 打开索引文件

(1)打开表的同时打开索引文件

格式：

USE <表文件名> INDEX <索引文件名表>

索引文件名表可以包含多个索引文件，其中只有第一个索引文件对表的操作起控制作用，称为主控索引文件。

(2)打开单索引或非结构复合索引文件

格式：

SET INDEX TO [<索引文件名表>] [ADDITIVE]

该命令为当前表打开若干个索引文件。若省略 ADDITIVE 选项，则打开索引文件时，除结构复合索引文件之外原先打开的索引文件全部被关闭。

2. 设置主控索引

主控索引是指目前起作用的索引。如果在打开索引文件之后需要指定主控索引，或者希望改变主控索引，可在浏览状态下选择“表”→“属性”菜单项，在“工作区属性”对话框中通过“索引顺序”下拉列表框指定当前表的主控索引，如图 4.13 所示。

也可使用命令设置主控索引。

格式：

SET ORDER TO [<数值表达式>/<标准索引文件名>]/[TAG] <索引标记> [OF <复合索引文件名>] [ASCENDING/DESCENDING]

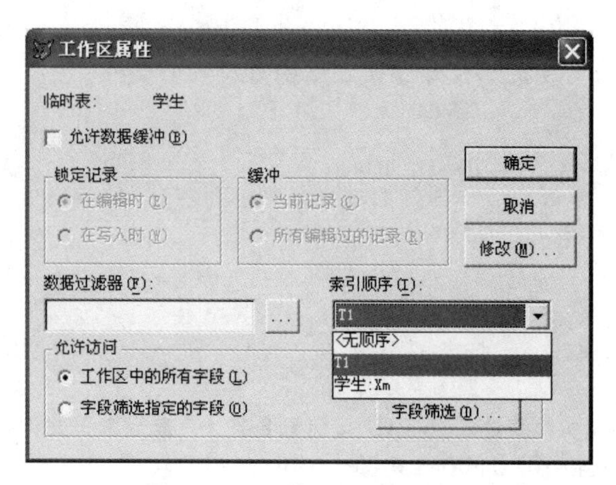

图 4.13 “工作区属性”对话框

说明：

①数值表达式:指定的是在 USE 或 SET INDEX 中列出的索引文件或标识的序号。

②标准索引文件名:指定作为主控索引文件的标准索引文件名。

③[TAG] ＜索引标记＞ [OF ＜复合索引文件名＞]指定复合索引文件中的一个索引标识为主控索引,标识名来自结构复合索引文件或任何打开的独立复合索引文件。如果在各打开的独立复合索引文件中存在相同的标识名,应使用 OF ＜复合索引文件名＞来指定包含此标记的复合索引文件。

④当数值表达式的值为 0 时,或省略所有可选项时,恢复表的自然顺序,但不关闭索引文件。

⑤Visual FoxPro 允许在 SET ORDER 命令中使用 ASCENDING 或 DESCENDING 暂时转换主控索引为升序或降序。

3. 删除索引

打开表设计器,可以在“索引”选项卡中删除不需要的索引标识。

也可用命令删除指定的索引或全部索引。

格式：

```
DELETE TAG ALL | 索引标识 1 [, 索引标识 2 ] …
```

ALL 表示全部标识,同时删除该结构复合索引文件。

4. 关闭索引文件

使用完后应关闭索引文件。由于索引文件是依赖于表而存在的,所以关闭表时,索引文件也将关闭。另外,专门关闭索引文件的命令有以下两种。

格式 1：

```
SET INDEX TO
```

功能:关闭当前工作区中打开的索引文件。

格式 2：

```
CLOSE INDEX
```

功能:关闭所有工作区中打开的索引文件。

4.4.5　索引查找

与前面介绍的条件定位相比,索引查找命令可以更快速地将记录指针定位于满足条件的记录。这是因为索引查找命令的执行前提是已经建立索引。下面介绍两条索引查找命令。

1. FIND 命令

格式:

FIND 字符串/常数

功能:在已经建立索引并且相应索引文件已打开的表中查找索引关键值与指定的字符串或数值型常量相匹配的第一条记录。如果找到,则把记录指针指向该记录;如果没有找到与其相符的记录,则将记录指针指向表的末尾。

说明:

①FIND 命令是在索引文件中查找,找到后根据记录号从表中读出相应的记录。因为一个表在同一时刻只能有一个索引文件或一个索引标记为主控索引,因此,利用 FIND 命令来查找记录时,只能查找主控索引字段的值。

②查找的值可以是字符串,也可以是数值。通常字符串可以不用定界符括起来,但是当字符串以空格开始时,则必须用定界符括起来。如果要查找的字符串以定界符开头时,就必须用不同的定界符将其括起来。

③查找的值如果是字符串,它可以是索引关键表达式值的全部或前几个字符,但不能是中间的或是后面的字符。

④查找字符串时,只要索引表达式(建立索引文件时使用的索引表达式)是字符型的,就可以使用 FIND 命令查找,并要求组成索引表达式的字段必须是字符型的。

⑤执行 SET EXACT OFF 命令后,再用 FIND 命令查找字符串时,字符串可以是索引表达式值的全部或是从首字符开始的一个子字符串。如果执行了 SET EXACT ON 命令后再用 FIND 命令来查找字符串,则字符串只能和索引表达式的值精确匹配,即只能是索引表达式值的全部。

⑥建立索引文件时,索引表达式可以是由多个字段组成的表达式。若字段之间用“+”连接,用 FIND 命令查找时,查找内容应当是包含空格符在内的索引表达式值的全部或是从首字符开始的一个子字符串。究竟是用哪一种,这取决于 SET EXACT 命令的设置。若字段之间用“-”连接,用 FIND 命令查找时,查找内容应当是不包含空格符在内的索引表达式值的全部或是从首字符开始的一个子字符串。

⑦FIND 命令只能使记录指针定位于第一条符合条件的记录。当符合条件的记录不只一条时,因为记录是根据索引关键表达式排序了的,因此符合条件的记录是在一起的,在使用 FIND 命令查找到满足条件的第一条记录后,可用 SKIP 命令配合 DISP 命令继续查找并显示,直到发现某条记录不满足条件时为止,此记录以后的记录肯定不符合条件。

注意:继续查找时不能用 CONTINUE 命令,因为 CONTINUE 命令只能和 LOCATE 命令一起配合使用。

2. SEEK 命令

格式：

SEEK <表达式>

功能：在打开的索引文件中快速查找与表达式相匹配的第一条记录。

说明：

①SEEK 命令的查找对象可以是索引关键字表达式允许的数据类型，但若 SEEK 命令中的表达式是字符串常量时，必须加定界符。

②SEEK 命令与 FIND 命令的功能基本相同，但 SEEK 命令的功能更强，SEEK 命令不仅可以查找字符串和常数，它还可以查找字符型、数值型、日期型或逻辑型表达式的值。

③SEEK 命令中的表达式必须和索引表达式的类型相同。

例 4.23 利用 FIND 命令查找学生档案表中学生的入学成绩信息。

```
USE 学生档案
REPLACE 入学成绩 WITH 555 FOR RECN()=3
INDEX ON 入学成绩 TO RXFS        && 按入学成绩排序
FIND 555                         && 将记录指针定位到第一条入学成绩为 555 的记录
DISPLAY
SKIP                             && 将记录指针移动到下一条记录
DISPLAY                          && 显示发现该记录的入学成绩也为 555
SKIP                             && 记录指针继续向下移动
DISPLAY                          && 此记录的入学成绩已不是 555 分，证明此表中入学成绩
USE                              && 为 538 的学生只有两名
```

查找结果如图 4.14 所示。

```
记录号 学号      身份证号              籍贯  民族    入学成绩 入团日期
     3 07640301  620105199001173134    甘肃  汉           555 06/01/05

记录号 学号      身份证号              籍贯  民族    入学成绩 入团日期
     8 08341604  130330199108165679    河北  汉           555 10/20/06

记录号 学号      身份证号              籍贯  民族    入学成绩 入团日期
     2 07261130  37040619881001211x    山东  回           561 11/10/04
```

图 4.14 查找结果

3. 查找命令的比较

前面分别介绍了条件定位命令 LOCATE，索引查找命令 FIND 和 SEEK，表 4.2 比较了这 3 条命令的特点、使用范围及查找速度。

表 4.2 查找命令的比较

	LOCATE	FIND	SEEK
查询内容	可以是字符型、数值型、日期型、逻辑型表达式，还可以查找备注型字段	字符串常量或常数	可以是字符型、数值型、日期型表达式或逻辑型字段

续表

	LOCATE	FIND	SEEK
对表的要求	无论是否建立了索引文件,都可方便地查询	必须建立并打开索引文件,只能在主控索引文件中查询	同左
命令特点	可使用范围子句限定查询范围,可与 CONTINUE 命令配合使用,找出表中全部符合条件的记录	在整个表中查询,只能找出满足条件的第一条记录	同左
查询速度	慢	快	快

4.5　表中数据的统计与计算

4.5.1　统计记录的条数

格式:

COUNT [<范围>] [FOR <条件>] [WHILE <条件>] [TO <内存变量>]

功能:统计当前表中指定范围内满足条件的记录条数,并存于内存变量中。

说明:

①省略范围和 FOR/WHILE 条件时,统计当前表中所有记录的条数。

②TO 内存变量选项是将统计结果存放于内存变量中。

例 4.24　统计学生档案表中汉族学生的人数。

```
USE 学生档案
COUNT FOR 民族="汉" TO MZ      && 在状态行显示"6 记录"
?MZ                           && 显示结果为 6
USE
```

4.5.2　数值字段的求和

格式:

SUM [<范围>] [<数值型表达式表>] [FOR <条件>] [WHILE <条件>] TO <内存变量表>

功能:对当前表中指定范围内满足条件的记录的数值型字段或是包含字段的数值型表达式累加求和,并把结果存放在对应的内存变量表中。

说明：

①若使用选项数值型表达式表，则只对数值型表达式表中的各表达式累加求和，否则将对当前表中的所有数值型字段累加求和，数值型字段之间或表达式之间用逗号分隔开。

②若使用 TO ＜内存变量名表＞，则可将求出的各表达式的值依次赋给各内存变量，但要注意，表达式表中的表达式的个数应该与内存变量表中的变量个数相等。若省略数值型表达式表，则内存变量的个数应该与数值型字段的个数相等，否则将出错。

③省略范围和 FOR/WHILE 条件，则对所有记录的相应字段求和。

例 4.25 设有如图 4.15 所示的表成绩.dbf，要求计算出每条记录的总分和平均分，并对计算机和总分字段求和，然后再利用求和命令对表达式"计算机＋英语＋高数＋体育"求和。

成绩

学号	姓名	专业	计算机	英语	高数	体育	总分	平均分
07170102	刘一	法学	86.0	88.0	91.0	90.0	0.0	0.0
07261130	杨二虎	财务管理	74.0	73.0	75.0	95.0	0.0	0.0
07640301	张三思	生物工程	89.0	82.0	84.0	73.0	0.0	0.0
07582107	李四海	建筑学	87.0	85.0	81.0	75.0	0.0	0.0
07582203	王五环	建筑学	91.0	96.0	90.0	86.0	0.0	0.0
07341519	赵六	自动化	60.0	70.0	47.0	90.0	0.0	0.0
08261217	田七彩	财务管理	80.0	72.0	90.0	68.0	0.0	0.0
08640516	欧阳李丽	生物工程	91.0	95.0	80.0	89.0	0.0	0.0
08341604	李甲一	自动化	88.0	74.0	87.0	82.0	0.0	0.0
08261218	张乙	财务管理	85.0	83.0	78.0	69.0	0.0	0.0
08582315	王一丙	建筑学	76.0	83.0	66.0	91.0	0.0	0.0

图 4.15 成绩表数据一览

①先用 REPLACE 命令计算出每条记录的总分和平均分。

```
USE 成绩
REPLACE ALL 总分 WITH 计算机+英语+高数+体育
REPLACE ALL 平均分 WITH 总分/4
BROWSE
```

其结果如图 4.16 所示。

成绩

学号	姓名	专业	计算机	英语	高数	体育	总分	平均分
07170102	刘一	法学	86.0	88.0	91.0	90.0	355.0	88.8
07261130	杨二虎	财务管理	74.0	73.0	75.0	95.0	317.0	79.3
07640301	张三思	生物工程	89.0	82.0	84.0	73.0	328.0	82.0
07582107	李四海	建筑学	87.0	85.0	81.0	75.0	328.0	82.0
07582203	王五环	建筑学	91.0	96.0	90.0	86.0	363.0	90.8
07341519	赵六	自动化	60.0	70.0	47.0	90.0	267.0	66.8
08261217	田七彩	财务管理	80.0	72.0	90.0	68.0	310.0	77.5
08640516	欧阳李丽	生物工程	91.0	95.0	80.0	89.0	355.0	88.8
08341604	李甲一	自动化	88.0	74.0	87.0	82.0	331.0	82.8
08261218	张乙	财务管理	85.0	83.0	78.0	69.0	315.0	78.8
08582315	王一丙	建筑学	76.0	83.0	66.0	91.0	316.0	79.0

图 4.16 求总分和平均分后的成绩表

②对计算机和总分字段求和。

```
SUM ALL 计算机,总分
```

其结果如图 4.17 所示。

计算机	总分
907.00	3585.00

图 4.17　计算机和总分字段求和结果

③对表达式“计算机＋英语＋高数＋体育”求和。

```
SUM 计算机＋英语＋高数＋体育
USE
```

其结果如图 4.18 所示。

计算机+英语+高数+体育
3585.00

图 4.18　表达式求和结果

4.5.3　数值字段的求均值

格式：

AVERAGE［＜范围＞］［＜数值型表达式表＞］［FOR ＜条件＞］［WHILE ＜条件＞］［TO ＜内存变量表＞］

功能：对当前表中指定范围内满足条件的记录的数值型字段求算术平均值，并把结果存入内存变量表中。

说明：

①若省略范围，则约定为 ALL；若省略数值型表达式表，则约定为当前表中的所有的数值型字段；若省略内存变量表，则不保留结果；若系统设置为 SET TALK ON，则只显示计算结果，否则不显示。

②AVERAGE 和 SUM 命令的子句完全相同，使用时可参照相应说明。

例 4.26　对例 4.25 中的表成绩.dbf 的计算机、英语、高数、体育字段计算平均值。

```
USE 成绩
AVERAGE 计算机,英语,高数,体育
USE
```

其结果如图 4.19 所示。

计算机	英语	高数	体育
82.45	81.91	79.00	82.55

图 4.19　计算平均值结果

4.5.4 分类汇总

格式：

TOTAL TO <新表文件名> ON <索引表达式> [FIELDS <字段名表>] [<范围>] [FOR <条件>] [WHILE <条件>]

功能：执行该命令将产生一个新的表文件，该文件按指定的索引表达式来分类汇总。即将当前表中索引表达式值相同的记录汇总成一条记录，该记录中属于字段名表指定的数值型字段的值由各条同类记录对应字段之值求和产生，其余字段的值取同类记录中第一条记录对应字段的值。

说明：

当前表必须按索引表达式建立了索引，并且索引已打开、有效。

例 4.27 对表成绩.dbf 按专业进行分类汇总，汇总统计出总分和平均分，并将结果存入新表 XSHZ.dbf 中。

```
USE 成绩
INDEX ON 专业 TO ZY
TOTAL TO XSHZ ON 专业 FIELDS 总分,平均分
USE XSHZ
LIST OFF
```

其结果如图 4.20 所示。

学号	姓名	专业	计算机	英语	高数	体育	总分	平均分
07261130	杨二虎	财务管理	74.0	73.0	75.0	95.0	942.0	235.6
07170102	刘一	法学	86.0	88.0	91.0	90.0	355.0	88.8
07582107	李四海	建筑学	87.0	85.0	81.0	75.0	1007.0	251.8
07640301	张三思	生物工程	89.0	82.0	84.0	73.0	683.0	170.8
07341519	赵六	自动化	60.0	70.0	47.0	90.0	598.0	149.6

图 4.20 分类汇总结果

从图 4.20 可以看出，在 XSHZ.dbf 表中只有 5 条记录，即只有 5 个专业。每条记录只有专业、总分、平均分有效，其他字段均无意义，而总分和平均分为相同专业的学生的总分和平均分总和。

4.6 多表操作

在实际应用中，经常会遇到通过多个表来反映的复杂的数据关系，此时涉及多表操作的问题。

4.6.1　工作区

1. 工作区的概念

打开一个表的实质是在内存中开辟一个区域，去存放被打开表的数据。工作区就是保存表及其相关信息的一片内存空间。

一个工作区中同一时刻只能打开一个表。在工作区中打开新表的同时，前一个被打开的表将会自动关闭。

Visual FoxPro 允许同时最多开辟 32 767 个工作区，打开 32 767 个表。

用户可使用 SELECT 命令选择任意一个工作区，对该工作区中的表进行操作。当前被选择的工作区称为当前工作区，任何时刻用户只能选择一个工作区成为当前工作区。

对当前工作区中的表的操作，不影响其他工作区中的表。

2. 工作区号与别名

不同工作区可以用编号或别名来加以区分。

32 767 个工作区可用相应的数字 1～32 767 标识，前 10 个工作区还可用字母 A～J 标识。也就是说，1 号工作区即是 A 工作区，2 号工作区即是 B 工作区，依次类推。

也可以在打开表的同时命名表别名。

格式：

USE 表名 ALIAS 别名

因为一个工作区中只能打开一个表，此时表的别名也可以作为工作区的别名，因此表别名可用于选择工作区。

3. 选择工作区

(1)先选择工作区，后打开表

格式：

SELECT 别名|工作区号

说明：

①工作区号的范围为 1～32 767；可以使用系统为前 10 个工作区规定的别名 A～J，也可以使用打开表时命名的别名选择工作区。如果没有命名别名，则表名就是别名，直接使用表名即可。

②SELECT 0 为选择最小可用工作区。假设已经打开了 1 号和 2 号工作区，则最小可用工作区为 3 号工作区，SELECT 0 相当于 SELECT 3。

(2)打开表的同时选择工作区

格式：

USE 表名 IN 工作区

在指定的工作区打开表。利用此种方式，被打开的表名就是表的别名。表别名可用于选择工作区。

例 4.28 选择工作区的几种方式。

```
SELECT A                  && 即选择 1 号工作区
USE 职工档案 ALIAS da      && 此后 da 和 A 都代表 1 号工作区
USE 工资情况 IN 2          && 在 2 号工作区打开工资情况表,表名即是工作区的别名
SELECT da                 && 通过别名选择工作区
BROWSE                    && 显示职工档案表的记录
SELECT 工资情况            && 即选择 2 号工作区
BROWSE
SELECT A                  && 即选择 1 号工作区
USE                       && 关闭 1 号工作区的表,即职工档案表
SELECT 2
USE                       && 关闭 2 号工作区的表,即工资情况表
```

系统启动后若用户没有选择工作区,则系统自动选择 1 号工作区为当前工作区。也就是说,此前所进行的表操作都是在 1 号工作区进行的。

同一个表可在不同的工作区中同时打开。

4."数据工作期"窗口的操作

"数据工作期"窗口是 Visual FoxPro 提供的多表操作的动态工作环境。利用它可以打开、关闭和浏览多个数据库表或自由表,并可设置表属性,建立表的关联。

选择"窗口"→"数据工作期"菜单项或在命令窗口中输入 SET 命令,即可打开如图 4.21 所示的"数据工作期"窗口。该窗口分成 3 个区域。左边的"别名"列表框用于显示打开的表,并可从中选择一个当前表;右边的"关联"列表框用于显示表的关联状况;中间为 6 个按钮,其功能如下。

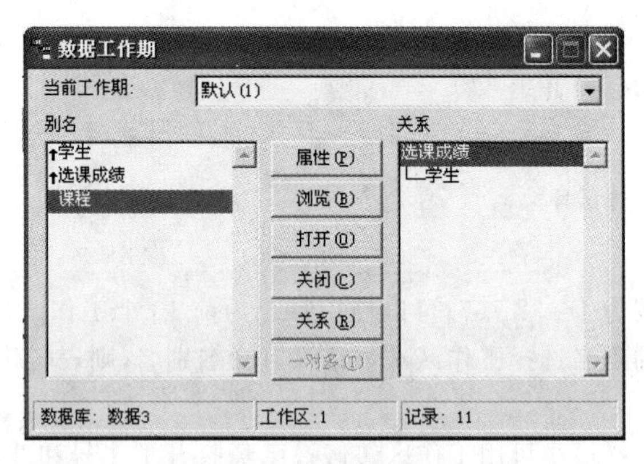

图 4.21 数据工作期窗口

- 属性:用于打开工作区的"属性"对话框,完成索引顺序选择、修改表结构等操作。
- 浏览:为当前表打开浏览窗口,完成数据浏览或编辑操作。
- 打开:弹出"打开"对话框来打开表,若存在打开的数据库,则可打开数据库表。
- 关闭:关闭当前表,释放相应工作区。
- 关系:以当前表为父表与其他表建立关联。

● 一对多：系统默认表之间以一对多联系关联，可用此按钮建立一对多的关联。

4.6.2 表的关联

如果不在表间建立关联，各个工作区中的表的记录指针保持相对独立。建立关联后，当前表的记录指针的移动，能引起别的表按某种条件相应地移动记录指针。建立关联后，称当前表为父表，与父表建立关联的表为子表。

1. 一对一的关联

格式：

```
SET RELATION TO[<关联表达式 1>]INTO(工作区号 1)|(别名 1)
[,<关联表达式 2>INTO(工作区号 2)|(别名 2)]…] [ADDITIVE]
```

功能：该命令使当前表与 INTO 子句所指定的工作区中的表按关联条件建立关联。

说明：

①INTO 子句指定子表所在的工作区，关联表达式用于指定关联条件。

可以使用索引表达式建立关联。首先在子表中按某表达式建立索引并指定为主控索引，然后使用某关联表达式建立关联。当关联成功后，每当父表的记录指针移动时，Visual FoxPro 就在子表中查找索引表达式值与父表中关联表达式值相匹配的记录。若找到了，则记录指针指向找到的第一条记录；若没有找到，则记录指针指向文件尾。

注意：索引表达式和关联表达式不一定相同，当然大多数情况下是相同的。

也可以使用数值表达式建立关联。当父表的记录指针移动时，子表的记录指针移至和父表中数值表达式值相等的记录。

②若选择 ADDITIVE 选项，则在建立新的关联的同时保持原先的关联，否则会去掉原先的关联。

③省略所有选项时，SET RELATION TO 命令将取消与当前表的所有关联。

2. 一对多的关联

前面介绍了一对一的关联，这种关联只允许访问子表满足关联条件的第一条记录。如果子表中有多条记录和父表的某条记录相匹配，当需要访问子表的多条匹配记录时，就需要建立一对多的关联。

格式：

```
SET SKIP TO[(别名 1)[,(别名 2)…]]
```

功能：该命令使当前表和它的子表建立一对多的关联。

说明：

①别名指定子表所在的工作区。如果省略所有选项，则取消父表建立的所有一对多的关联。

②一个父表可以和多个子表分别建立一对多的关联。因为建立一对多的关联的表达式仍

是建立一对一的关联的表达式，所以建立一对多的关联应分两步完成：先使用命令 SET RELATION 建立一对一的关联(使用索引方式建立关联)，再使用命令 SET SKIP 建立一对多的关联。

3. 使用“数据工作期”窗口建立关联

①打开“数据工作期”窗口。

②在“数据工作期”窗口中打开需要关联的两个表，如在如图 4.21 所示的“数据工作期”窗口中打开选课成绩表(父表)和学生表(子表)，注意子表应按关联条件建立索引并指定为主控索引，如按学号建立索引。

③选择进行关联的父表，并单击“关系”按钮。

④选择子表，并建立关联条件(学号)。

⑤如果此关联为一对多的关联，则需单击“一对多”按钮进行设置。

在如图 4.21 所示的“数据工作期”窗口右边的“关系”列表框中显示了按此方法建立的选课成绩表(父表)和学生表(子表)的关联状况。

习 题 4

1. 数据库表与自由表是完全不同的两种表，因此两者之间无法转换，这种说法对吗？
2. 创建表的主要操作是什么？
3. 插入记录与追加记录如何完成？两者有什么不同？
4. 用什么命令可以成批修改表中数据，如给少数民族学生加 5 分。
5. 逻辑删除记录与物理删除记录有什么不同？
6. 移动记录指针的命令有哪些？有什么区别？
7. GO TOP 一定定位到记录号为 1 的记录吗？
8. 比较排序与索引操作的异同点。
9. 索引有哪几种类型？各有什么特点？
10. 可以使用“数据工作期”窗口同时打开多个表吗？可以同时在多个工作区中打开一个表吗？

第5章

数据库及数据库表的操作

数据库是存储和管理数据对象的容器，这些数据对象包括表、表与表之间的关联、基于表的视图等。数据库的主要作用是可以保障数据库中相关表的数据完整性。

在 Visual FoxPro 中，数据库文件的扩展名为“dbc”。

本章主要介绍 Visual FoxPro 数据库的建立和数据库表的数据完整性设置。

5.1　创建数据库

为了全面保障表的数据完整性及建立检索数据的视图，必须先创建数据库。

5.1.1　建立数据库文件

1. 用菜单或工具按钮建立数据库

选择“文件”→“新建”菜单项，或者单击工具栏上的“新建”按钮，然后在“新建”对话框中选择“数据库”单选按钮，单击“新建文件”按钮，弹出“创建”对话框，用户可以在其中定义新建数据库的名字和保存位置。

2. 用命令建立数据库

也可以在命令窗口中输入命令，用命令方式来建立一个数据库。

格式：

CREATE DATABASE [<**数据库名**>]

注意：用命令方式建立数据库后，使用 MODIFY DATABASE 命令启动数据库设计器后才能进入数据库编辑状态。

用以上两种方式建立数据库后，系统除生成一个扩展名为“dbc”的数据库文件外，还自动建立一个扩展名为“dct”的数据库备注文件和扩展名为“dcx”的数据库索引文件。

一个新建的数据库创建好以后，里面是空的，没有包含表和其他数据库对象。

5.1.2 在数据库中添加或移出表

1. 添加表

对于新创建的或打开的数据库，可以向数据库中添加表。该操作能将自由表转换成数据库表。

向数据库中添加表的方法是：单击“数据库设计器”工具栏上的“添加表”按钮，在“打开”对话框中选择要添加的表，单击“确定”按钮后，自由表被添加到数据库中，成为数据库表。

也可以通过“数据库”菜单或快捷菜单中的“添加表”命令，将表添加到数据库中。

说明：

启动数据库设计器后才能进入数据库编辑状态。

2. 移出表

将数据库表移出数据库后，该表成为自由表。

移出数据库表的方法是：在数据库设计器中选中一个数据库表，单击“数据库设计器”工具栏上的“移去表”按钮，或选择“数据库”→“移去”菜单项，或选择快捷菜单中的“删除”命令，出现如图5.1所示的删除确认对话框。单击“移去”按钮，将该数据库表从数据库中移出，使之成为自由表；单击“删除”按钮，从磁盘上永久删除该表文件。

注意：一个数据库表只能属于一个数据库。如果想将某个数据库表添加到其他数据库中，必须从原数据库中移出该表，使之成为自由表后，再添加到另外的数据库中。

图5.1 删除确认对话框

5.2 数据库的操作

5.2.1 打开与关闭数据库

要使用数据库必须先打开它，且用完后必须关闭数据库以释放其所占的内存空间。

1. 打开数据库

(1)菜单方式

选择“文件”→“打开”菜单项打开数据库，同时启动数据库设计器。

(2)命令方式

格式1：

```
OPEN DATABASE [<数据库名>]
```

这种方式只打开数据库，但不启动数据库设计器。

格式2：

```
MODIFY DATABASE [<数据库名>]
```

这种方式在打开数据库的同时启动数据库设计器，可完成数据库对象的建立、修改和删除等操作。

打开一个数据库时，表和表之间的关联由存储在该数据库中的信息来控制，并且 Visual FoxPro 首先在已打开的数据库中搜索所需的任何数据库对象，只有在当前数据库中没有找到所需的数据库对象时，Visual FoxPro 才在系统指定的默认搜索路径上查找。

Visual FoxPro 在同一时刻可以打开多个数据库，但在同一时刻只有一个当前数据库，可以用命令指定某一个数据库为当前数据库。

格式：

```
SET DATABASE TO [ <数据库名 > ]
```

2. 关闭数据库

数据库操作完毕后，必须将其关闭，以确保数据的安全性。

格式：

```
CLOSE [ALL | DATABASE ]
```

ALL 用于关闭所有对象，DATABASE 关闭当前数据库及其中的数据库表。

5.2.2 删除数据库

格式：

```
DELETE DATABASE [<数据库名>] [DELETETABLES][RECYCLE]
```

注意：被删除的数据库必须处于关闭状态。

由于数据库文件并不真正包含数据库表及其他数据库对象，只是在数据库文件中登录了相关的条目信息，数据库表或其他数据库对象是独立存放在磁盘上的。删除数据库文件时，相应的数据库表成为自由表。

若选择 DELETETABLES 选项，在删除数据库文件的同时从磁盘上删除该数据库所含的表。

若选择 RECYCLE 选项，则将删除的数据库文件和表文件等放入 Windows 的回收站中，需要时还可以还原。

5.3 数据库表的操作

5.3.1 在数据库中建立表

5.1.2 小节介绍了将已有的自由表添加到数据库中的方法，根据需要也可在数据库中直接建立新表，下面介绍直接建立数据库表的步骤。

打开数据库设计器，选择“数据库”菜单或快捷菜单中的“新建表”命令，在“新建表”对话框中单击“新建表”按钮，然后在“创建”对话框中输入表名并单击“保存”按钮，会出现如图 5.2 所示的表设计器。

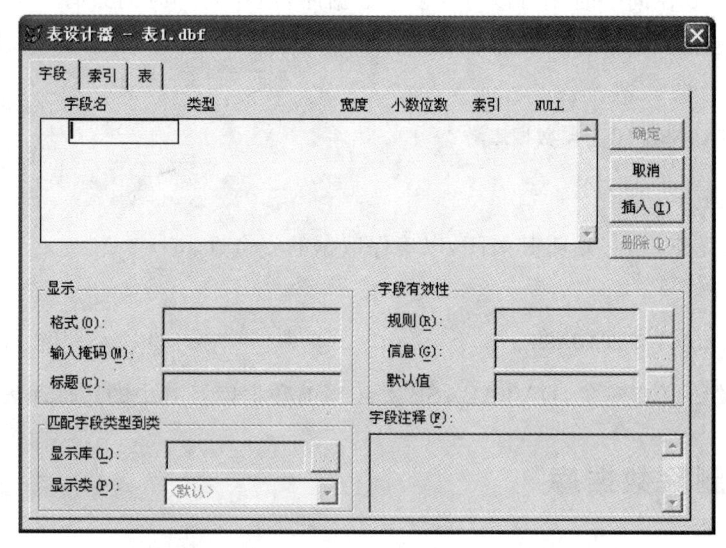

图 5.2　表设计器

从图 5.2 中可以看出，建立数据库表时也要确定字段名、类型、宽度等表结构内容，这部分设置除了允许长字段名(最多可达 128 个字符)外其他规则与自由表相同。

与自由表设计器相比，数据库表设计器中增添了“显示”、“字段有效性”、“记录有效性”等属性设置，用户可利用这些设置，按照数据要求，为数据库表建立字段级规则和记录级规则。这些属性被作为数据库表的一部分保存起来，并且一直为数据库表所拥有，直到数据库表从数据库中移出为止。

5.3.2 数据库表的设置

下面讨论在数据库表中如何设置字段的显示属性和有效性规则。

1. 字段的显示属性

字段的显示属性包括显示格式、输入掩码和标题。

(1)显示格式

格式代码控制字段在各种输入环境中的显示格式,而存储信息不变。例如,在“格式”文本框里输入“A”,则在录入该字段时仅允许输入文字、字母和部分符号,禁止输入数字、空格和标点符号。如果在“格式”文本框里输入“!”,则该字段中输入的小写字母全部转换为大写字母。

Visual FoxPro 中常用的格式代码如表 5.1 所示。

表 5.1　格式代码及其功能

格式代码	功　能	格式代码	功　能
A	只允许输入字符,不允许输入数字、空格和标点符号	R	显示文本框的格式掩码
D	使用当前系统设置的日期格式	T	禁止在字符串的前后输入空格
E	使用英国日期格式	!	将小写字母转换为大写字母
K	光标移至该字段选择所有内容	^	用科学计数法表示数值型数据
L	显示数值前导的 0	$	显示货币符号

(2)输入掩码

输入掩码指定字段中输入数据的格式,同时还可以减少输入错误,如表 5.2 所示。

表 5.2　掩码字符及其功能

掩码字符	功　能	掩码字符	功　能
X	允许输入任何字符	.	指出小数点位置
9	允许输入数字和正号及负号	,	十进制整数部分用逗号分隔
#	允许输入数字、空格和字符	$	显示货币符号
*	数值左边显示“*”	$$	显示的货币符号与数字联在一起

注意:输入掩码必须按位指定,如某数值型字段的“输入掩码”文本框设置为“*99.99”,则该字段可输入－99.99～999.99 之间的所有数值,整数不足 3 位时会在左边显示“*”。

(3)标题

通过标题设置可在浏览表时用标题代替意义不够直观的字段名。例如,在定义字段名时,可采用英文字母以避免编程时的中英文切换,而在“标题”文本框内输入中文,以使用户浏览数据更方便。

2. 有效性规则

有效性规则是一个与字段或记录相关的表达式,用于限制用户输入数据必须满足的条件。用户在输入数据时系统会把输入的值与所定义的规则表达式进行比较,如果输入的值不满足规则要求,则拒绝该值,从而保障数据的域完整性。

有效性规则对输入到表中的信息进行全面控制,无论数据是通过浏览窗口、表单,还是通过命令以编程方式来输入的。

(1)字段有效性

字段有效性规则用于约束字段,检查单个字段中输入的数据是否有效、合法。通过“字段有效性”区域的设置可以控制输入到数据库表字段中的数据,并提醒用户在数据输入时应当引

起注意的问题。

“字段有效性”区域的主要设置有下面几项。

● 规则:“规则”文本框内可以直接输入逻辑表达式,也可以用表达式设计器设计。

● 信息:当输入的数据不满足有效性规则时,反馈给用户的提示信息。

● 默认值:向数据库表追加或插入数据记录时,默认情况下系统自动为该字段设置的值。

例 5.1 数据库学生信息. dbc 包含 3 张表:学生. dbf、选课成绩. dbf 和课程. dbf。打开学生信息. dbc,为学生表的性别字段建立有效性规则,要求该字段只允许输入“男”或“女”,若输入其他数据则出现“性别为‘男’或‘女’”的提示信息。

建立有效性规则和提示的步骤如下。

①在数据库设计器中,选择学生表,然后选择“数据库”→“修改”菜单项,打开表设计器。

②选择“性别”字段,然后在“字段有效性”区域的“规则”文本框中输入“性别=″男″ OR 性别=″女″”(也可单击“规则”文本框右侧的 按钮,打开表达式生成器,使用其中的“函数”区域和“字段”区域也可生成表达式)。

③提示规则说明在图 5.3 中的“字段有效性”区域的“信息”文本框中设置,可设为“性别为′男′或′女′”,如图 5.3 所示。

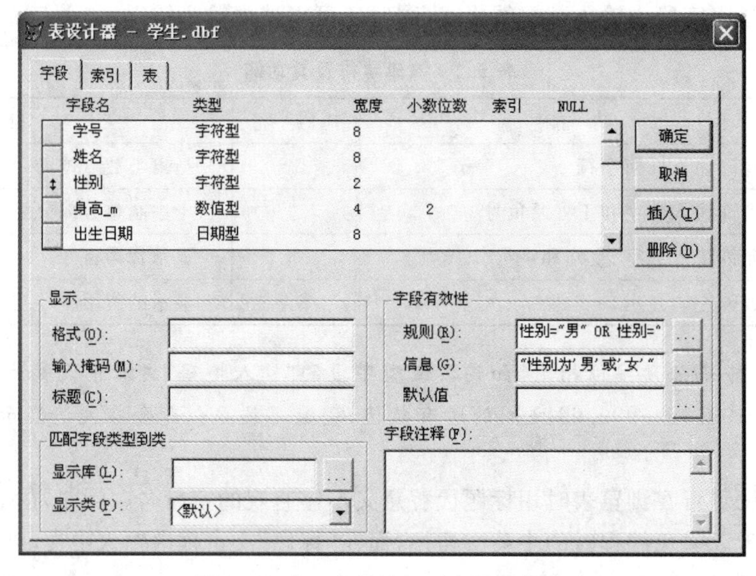

图 5.3 建立有效性规则和提示信息

(2)记录有效性

记录有效性规则定义了同一记录中不同字段之间必须满足的逻辑关系,是对一条记录的约束,当插入或修改记录时被激活。

在数据库表设计器中,通过“表”选项卡中的“记录有效性”区域中的“规则”和“信息”文本框,可以为数据库表设置记录有效性规则及违反该规则后显示的相应提示信息。

记录有效性规则只有在整条记录输入完毕后才开始检查数据的有效性。

(3)触发器

在数据库表设计器中,通过“表”选项卡中的“触发器”区域可以分别设置插入触发器、更新触发器和删除触发器的规则。用户在进行操作时,若不满足规则便会出现错误提示信息。

5.4　建立数据库表间的关系

Visual FoxPro 作为一种关系数据库管理系统，在需要同时使用数据库中多个表的数据时，可以方便地将数据库中不同表的数据进行重新组合，并建立各种关系。用户可以利用这些关系来查找所需要的有联系的信息，并且可以根据两个表之间的关系建立参照完整性。

数据库表之间可以基于索引建立一种永久关系，这种关系被作为数据库的一部分保存在数据库中。当在查询设计器或视图设计器中使用表时，这种永久关系将作为表间的默认连接条件来保持数据库表之间的联系。

建立永久关系必须首先明确父表和子表，并在表中建立索引。父表的索引类型必须是主索引或候选索引，这样一来父表将得到实体完整性的保障。若子表的索引类型也为主索引或候选索引，则建立起来的是一对一关系。若子表的索引类型为普通索引，则建立起来的是一对多关系。

利用数据库设计器来建立永久关系，只要在数据库表间进行连线即可，而删除永久关系也只需去掉连线。连线的规则为：在数据库设计器中，从一个表的主索引或候选索引拖到另一个表的相关索引项(是产生连线的过程)。此时两表建立了永久关系，如图 5.4 所示。

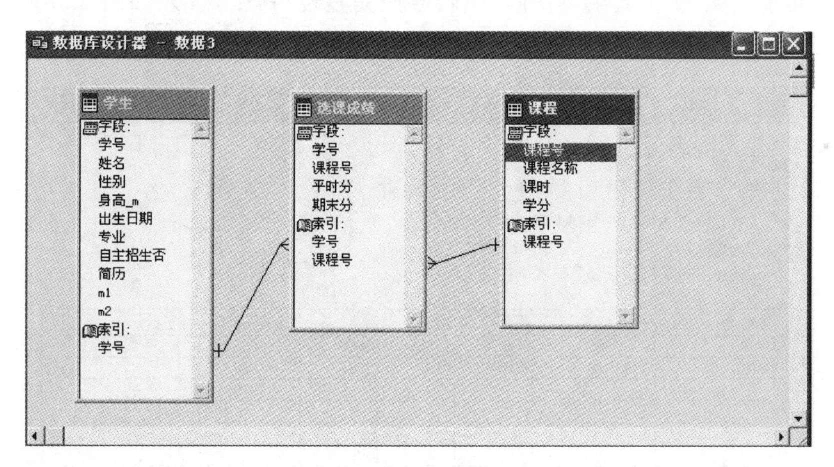

图 5.4　表间的永久关系

右击连线，可通过快捷菜单删除关系或编辑关系。

在此有必要指出，数据库表之间的永久关系和第 4 章中介绍的在不同工作区中打开的表之间的关联是两种不同的设置。二者之间的主要区别如下。

①数据库表之间建立的永久关系长期保存在数据库中，一旦建立，以后直接使用即可。表的关联没有保存在文件中，只是一种临时联系，再次打开表时需要重新建立关联。

②永久关系反映了数据库表之间的默认连接条件，而表的关联则反映了不同工作区的表记录指针之间的联动关系。

5.5 设置参照完整性

数据库表之间建立了永久关系后，可以建立数据编辑时的约束规则，亦即参照完整性规则，用于控制数据一致性。

在 Visual FoxPro 中，引起数据不一致的情况主要归结为 3 种：记录被插入、更新和删除。可以用参照完整性生成器来建立规则，以便控制记录如何在相关表中插入、更新或删除，从而保证数据的完整性。

5.5.1 设置参照完整性的步骤

设置参照完整性的步骤如下。

(1)清理数据库

在建立参照完整性之前必须首先完成清理数据库的操作，具体方法为选择“数据库”→“清理数据库”菜单项，该操作物理删除数据库各表中带删除标记的记录。

(2)打开参照完整性生成器

选择“数据库”菜单或快捷菜单中的“编辑参照完整性”命令，进入如图 5.5 所示的参照完整性生成器。

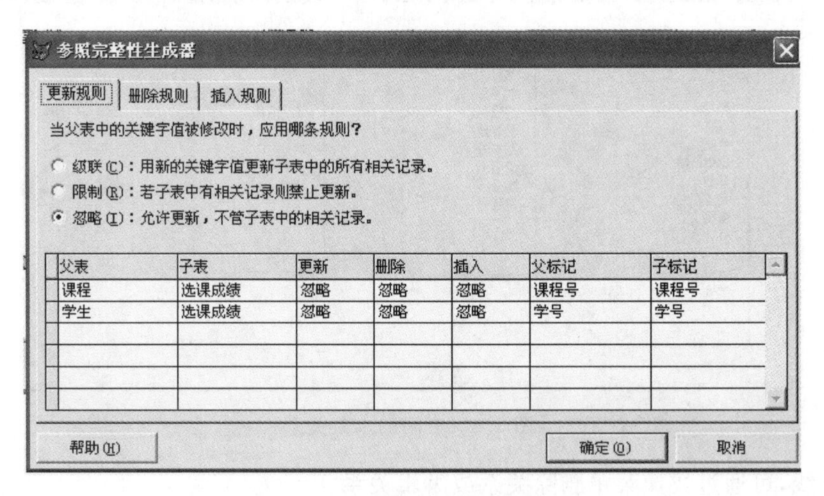

图 5.5　参照完整性生成器

(3)设置规则

通过选择“更新规则”、“删除规则”、“插入规则”选项卡来确定对其规则进行编辑。

在完成各种规则的设置后单击“确定”按钮，在弹出的提示对话框中单击“是”按钮保存所进行的修改，生成参照完整性代码，退出参照完整性生成器。这样，就可利用两表的关系参照制约来控制两表数据的完整性和一致性。

5.5.2　参照完整性规则的内容

1. 更新规则

更新规则规定了父表记录的连接字段(主关键字)值是否允许更新,以及当更新父表的连接字段值时,如何处理子表中的记录。

- 级联:当更改父表记录的连接字段值时,子表中的相关记录将会相应更新。
- 限制:若子表中有相应记录,则禁止更改父表中的连接字段值。
- 忽略:不进行参照完整性检查,可以随意更新父表记录的连接字段值,子表中的相关记录不更新。

2. 删除规则

删除规则规定了父表记录是否允许删除,以及当删除父表中的记录时,如何处理子表中的相关记录。

- 级联:当删除父表中的某一记录时,删除子表中的所有相关记录。
- 限制:若子表中有相关记录,则禁止删除父表中的记录。
- 忽略:不进行参照完整性检查,删除父表记录时与子表无关。

3. 插入规则

插入规则规定了当插入子表中的记录时,是否进行参照完整性检查。

- 限制:若父表中没有匹配的连接字段值,则禁止插入子表中的记录。
- 忽略:不进行参照完整性检查,随意在子表中插入记录。

习　题　5

1. 什么是自由表?什么是数据库表?两者之间有何关系?又有哪些不同之处?

2. 设置字段的有效性规则、字段的默认值、字段的显示标题会给数据库表的操作带来什么好处?

3. 设置字段有效性规则和记录有效性规则属于关系完整性约束中的________完整性。

4. 如何建立表间的永久关系?

5. 参照完整性设置主要有哪些步骤?

第6章

视图与查询的设计

从一个或多个表中提取所需要的数据进行检索是数据处理中最常用的操作之一，在 Visual FoxPro 中，可以快速、方便地设计相应的视图或查询来实现数据检索。视图和查询有很多类似之处，创建视图与创建查询的步骤也非常相似。视图兼有表和查询的特点，是在数据库的基础上建立的一个虚拟表，视图从指定表或另一个视图中提取资料，在视图中可以更新数据，可以把更新结果存回到源表中。视图必须依附于数据库，不能独立存在，只有在视图所依附的数据库打开后才可以创建视图和使用视图。查询可以根据表或视图来定义，所以查询和视图有很多交叉的概念和作用。查询实际上是指扩展名为“qpr”的查询文件，其主体是 SQL SELECT 命令。视图和查询的设计可以用相应的设计器来实现，也可以使用 SQL(structured query language，结构化查询语言)实现。本章主要讲解视图设计器与查询设计器的应用。

6.1 视图设计

Visual FoxPro 的视图概念与一般关系数据库系统的视图概念有相似之处，也有不同之处，本节将重点介绍 Visual FoxPro 视图的概念、建立和使用。

6.1.1 视图的概念

视图是一种定制的虚拟表，兼有表和查询两者的特点。从应用的角度来讲，视图类似于表，具有表的属性，对视图的所有操作，如视图的打开与关闭、设置属性、修改结构及删除等，都与对表的操作相同。视图又具有查询的特点，视图与查询相类似的地方是，可以用来从一个或多个相关联的表中提取有用信息。视图与查询的不同之处在于视图可以用来更新数据的值，并将更新结果送回到源表中并永久保存在外存上，因此，可以用视图使数据暂时从数据库中分离成为自由数据，以便在主系统外收集和修改数据。

可以从本地表、其他已建立的视图、存储在服务器上的表或远程数据源中的表创建视图，因此，视图可以分为本地视图和远程视图。本地视图是从当前数据库的表或者其他已建视图中提取数据，而远程视图是从当前数据库之外的数据源(如 SQL Server)提取数据。本节主要讨论本地视图。

视图是操作表的一种手段，通过视图可以查询表中的信息，也可以更新表中的记录值。视图是数据库中的一个特有功能，只有当包含视图的数据库打开时，视图才可以使用。

6.1.2　视图设计器

用户可以使用视图向导创建视图，也可以使用视图设计器创建视图，还可以使用命令创建视图。下面主要介绍视图设计器的使用方法。

1. 打开视图设计器

由于视图是数据库中的一部分，因此在打开视图设计器创建视图时，或者某视图已创建，要打开视图设计器修改该视图时，必须首先打开数据库。

打开视图设计器的方法有如下 3 种。

①设当前已打开数据库，则可在系统菜单中选择“文件”→“新建”菜单项，在弹出的“新建”对话框中选择“视图”单选按钮，如图 6.1 所示，然后单击“新建文件”按钮，打开视图设计器，同时打开“添加表或视图”对话框，如图 6.2 所示。可从中选定创建视图所需要的表或视图，如果所需要的表不在该数据库中，则在“添加表或视图”对话框中单击“其他”按钮，添加其他数据库表或自由表。

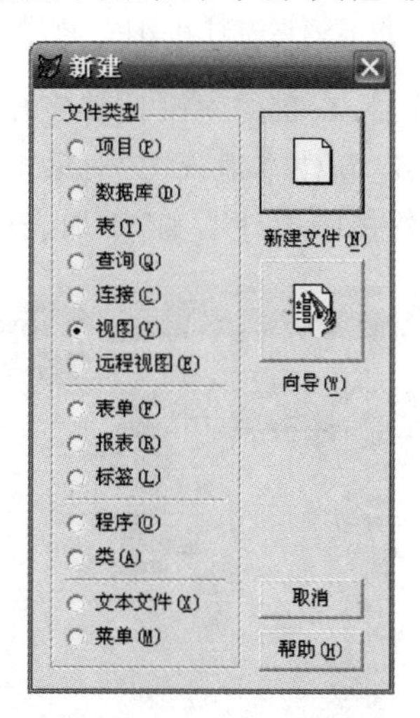

图 6.1　有数据库打开时的“新建”对话框

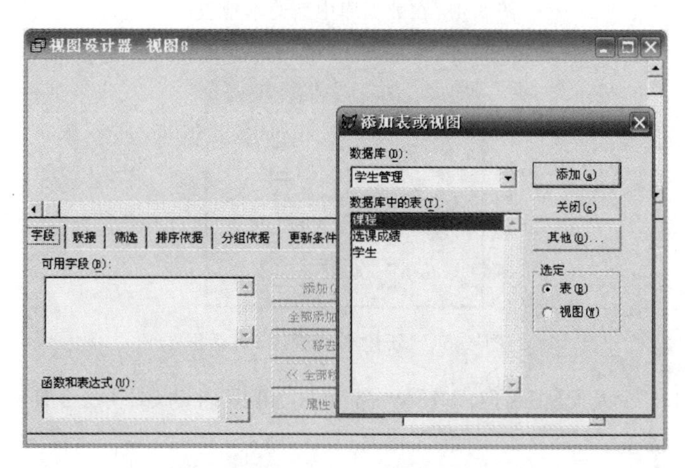

图 6.2　视图设计器与“添加表或视图”对话框

如果没有打开任何数据库，选择“文件”→“新建”菜单项，则“新建”对话框如图 6.3 所示，此时应先新建或打开数据库。

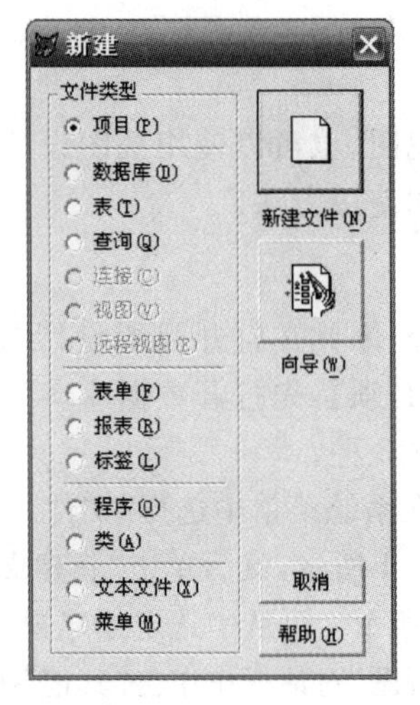

图 6.3　没有数据库打开时的“新建”对话框

②如果当前已打开数据库设计器，在数据库设计器空白处右击，选择快捷菜单中的“新建本地视图”命令，如图 6.4 所示，打开“新建本地视图”对话框，如图 6.5 所示。单击“新建视图”按钮，同样可以打开如图 6.2 所示的视图设计器和“添加表或视图”对话框。

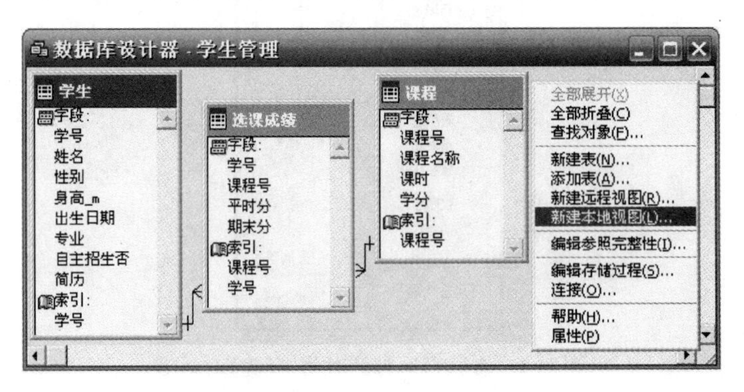

图 6.4　在数据库中新建本地视图

图 6.5　“新建本地视图”对话框

③在命令窗口中输入 CREATE VIEW 命令，也可以启动如图 6.2 所示的视图设计器和“添加表或视图”对话框。

2. 视图设计器的使用

建立视图要在视图设计器中先添加表，当一个视图是基于多个表时，这些表之间必须是相关的，视图设计器会自动打开一个指定联接条件的对话框，由用户来确定联接条件。

视图设计器共有 7 个选项卡，这里分别介绍各个选项卡的功能和使用方法。

(1)字段

在“字段”选项卡中设置视图要显示的字段。在“可用字段”列表框选中某字段，单击“添加”按钮，或双击“可用字段”列表框中的字段，相应的字段添加到“选定字段”列表框中。如果要选定全部字段，可单击“全部添加”按钮。在“函数和表达式”文本框中可以输入、编辑或由表达式生成器生成一个计算表达式，由此生成一个计算字段，并用同样方法添加到“选定字段”列表框中。

(2)联接

“联接”选项卡用于编辑联接条件，以便从多个表中选定视图字段信息。

(3)筛选

“筛选”选项卡用于指定筛选条件，决定视图中要显示的记录。

(4)排序依据

“排序依据”选项卡用于指定排序字段，将需要排序的字段添加到“排序条件”列表框中，并且决定排序方式(升序或降序)。

(5)分组依据

“分组依据”选项卡用于设置分组依据，将需要分组的字段添加到“分组字段”列表框中。如果需要设置分组条件，单击“满足条件”按钮，打开“满足条件”对话框设置分组条件。分组的目的是要进行统计，如求平均值、最大值、最小值等，设置分组条件是在分组基础上再进行筛选。

(6)杂项

在“杂项”选项卡中可以指定是否需要显示重复记录，以及确定是否显示全部记录或只显示前面多少条记录等。

(7)更新条件

“更新条件”选项卡用于设置更新记录的条件，如图 6.6 所示，其中各选项的功能与用法如下。

● 表：该下拉列表框中列出了添加到当前视图设计器中的所有表，从其下拉列表中可以指定该视图允许更新的表。如果选择“全部表”选项，则在“字段名”列表框中显示在视图设计器的“字段”选项卡中选取的全部字段；如果只选择其中的一个表，则在“字段名”列表框中只显示该表中被选择的字段。

● 字段名：该列表框中列出了可以更新的字段，但必须设置每个表的关键字段后才可以设置该表中要修改的字段。其中，标识的钥匙符号的含义为指定某字段是否为关键字段，如在字段前打上“√”，表明该字段为关键字段；标识的铅笔符号的含义为指定某字段是否可以更新，如在字段前打上“√”，表明该字段的值可以更新。一个表只能设置一个关键字段。

● 发送 SQL 更新：指定是否将视图中的更新结果发送回源表中。

● SQL WHERE 子句包括：指定当更新数据发送回源表时检测更改冲突的条件。一般在多用户的环境下会出现多个人同时修改一个表的情况，“SQL WHERE 子句”区域是用来检

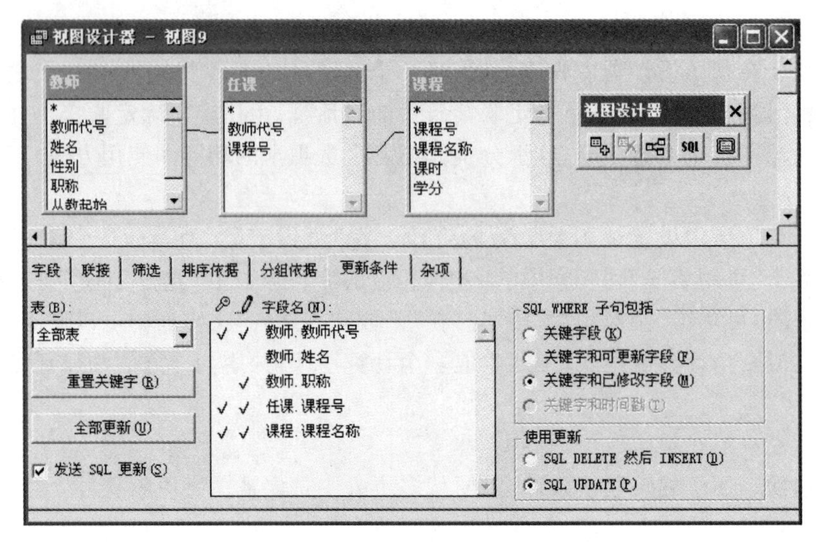

图 6.6 “更新条件”选项卡

测更新冲突的，其选项是检测视图要操作的数据在更新前是否被别的用户修改过。各项的含义如下：“关键字段”表示当源表中的关键字段被修改时，更新失败；“关键字和可更新字段”表示当源表的关键字段和可更新字段被修改时，更新失败；“关键字和已修改字段”表示当源表的关键字段和表中任意一个已修改过的字段被修改时，更新失败；“关键词和时间戳”表示应用于远程视图。

● 使用更新：指定后台服务器更新的方法。选项“SQL DELETE 然后 INSERT”的含义是在修改源表时，先将要修改的记录删除，再根据视图中修改的结果插入一条新记录；选项“SQL UPDATE”的含义是根据视图中的修改结果直接修改源表中的记录。

6.1.3 建立视图

1. 建立单表视图

例 6.1 在学生管理数据库中，对学生表建立视图，要求输出学号、姓名、性别、出生日期和专业字段，并且按学号的降序排列。要求可以更新学生的学号，同时设置学号的字段有效性，即更新时学生的学号必须以“07”或“08”开头，如果不是，则弹出提示对话框，显示提示信息“学号以 07 或 08 开头”。

操作步骤如下。

①打开学生管理数据库，再打开视图设计器，将学生表添加到视图设计器中。

②选择视图设计器的“字段”选项卡，将“可用字段”列表框中的学号、姓名、性别、出生日期和专业字段添加到“选定字段”列表框中，如图 6.7 所示。

③单击图 6.7 中的“属性”按钮，打开“视图字段属性”对话框设置字段属性。上述选择的字段是表中的字段，这些字段放置到视图中后可以设置相关属性。例如，可以进行字段有效性、显示格式等属性设置，但是不能修改数据类型、宽度和小数位数等属性。在图 6.8 中进行如下字段属性的设置。

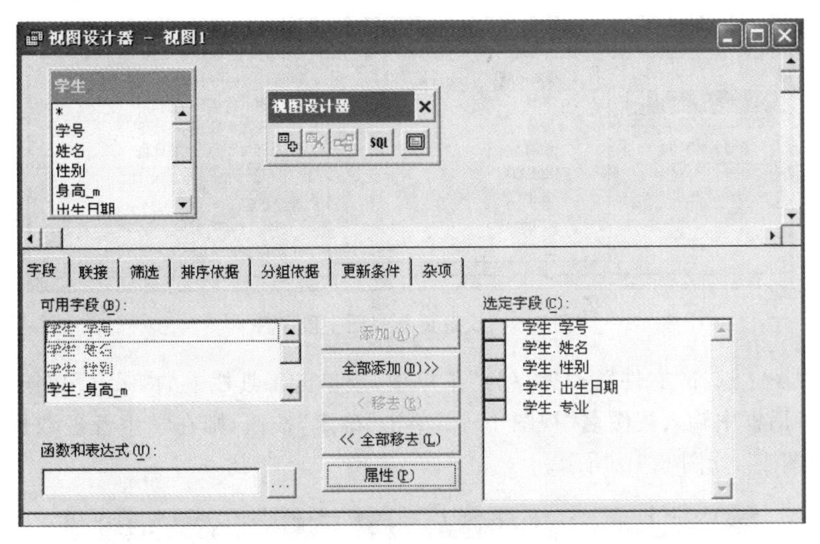

图 6.7 选择视图输出字段

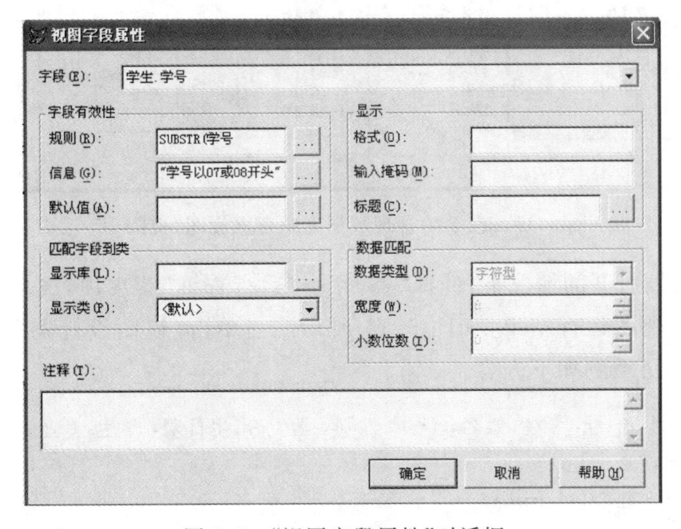

图 6.8 “视图字段属性”对话框

● 在“字段”下拉列表框中选择“学生.学号”。

● 在“规则”文本框中输入表达式“SUBSTR(学号,1,2)="07" OR SUBSTR(学号,1,2)="08"”,或单击右边的 按钮,打开表达式生成器,生成上述表达式。该项设置表明要更新视图中某学生的学号时,学号开头的两个字符必须是“07”或“08”,否则会弹出提示对话框,要求重新更新,以此来检测输入学号的正确性。

● 在“信息”文本框中输入提示信息“学号以 07 或 08 开头”,如图 6.8 所示。

④排序依据设置,按学号字段降序排列。设置方法与建立查询的设置方法相同。

⑤更新设置。选择“更新条件”选项卡,设置更新,如图 6.9 所示。

要更新学生表中的学号字段,必须首先设置该表的关键字段,因此在学号前标识的钥匙符号和铅笔符号均打上“√”。在“SQL WHERE 子句包括”区域中选择“关键字和已修改字段”单选按钮;在“使用更新”单选按钮中选择“SQL UPDATE”单选按钮;选中“发送 SQL 更新”复选框。

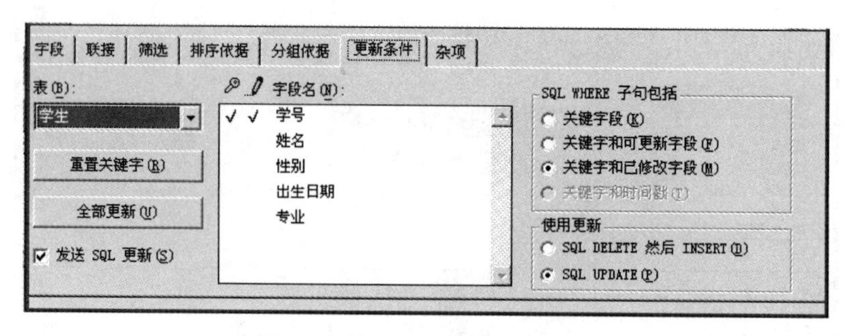

图 6.9　设置更新视图字段条件

⑥保存视图。选择“文件”→“另存为”菜单项，或单击工具栏上的“保存”按钮，出现“保存”对话框。在对话框中输入视图名“视图 1”后，单击“确定”按钮，则在学生管理数据库中生成了一个视图“视图 1”，如图 6.10 所示。

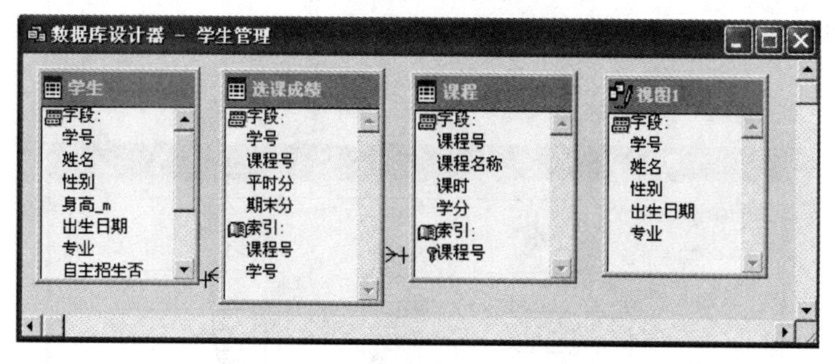

图 6.10　在学生管理数据库中建立视图“视图 1”

⑦在视图设计器打开的情况下，选择“查询”→“运行查询”菜单项，或单击工具栏上的“运行”按钮，可以查看视图运行结果，如图 6.11 所示。当单击“视图设计器”工具栏上的“显示 SQL 窗口”按钮时，可看到如下内容。

```
SELECT 学生.学号, 学生.姓名, 学生.性别, 学生.出生日期, 学生.专业;
FROM 学生;
ORDER BY 学生.学号 DESC
```

由此可见，视图实际上就是一条 SQL 命令。

视图1

学号	姓名	性别	出生日期	专业
08640516	欧阳李丽	女	04/19/90	生物工程
08582315	王一丙	男	11/03/89	建筑学
08341604	李甲一	男	08/16/91	自动化
08261218	张乙	女	02/28/90	财务管理
08261217	田七彩	女	07/31/90	财务管理
07640301	张三思	男	01/17/90	生物工程
07582203	王五环	女	03/04/89	建筑学
07582107	李四海	男	09/15/89	建筑学
07452109	李丙	男	09/18/89	法学
07341519	赵六	男	12/27/87	自动化
07261130	杨二虎	男	10/01/88	财务管理
07170102	刘一	女	06/27/89	法学

图 6.11　“视图 1”的运行结果

⑧在学生管理数据库中，双击建立的视图“视图 1”，同样可以显示由视图查询到的数据，如图 6.11 所示。当在该视图中修改某个学生的学号数据时，如果学号不是以“07”或“08”开头的，则弹出提示对话框。当正确修改了某个学生的学号并运行该视图后，则在相应的学生表中，该学生的学号也进行了相应的修改。

2. 建立多表视图

例 6.2　在学生管理数据库中建立视图，显示教师的教师代号、姓名、职称及教师所教课程的课程号、课程名称和课时。要求在视图中将课程名称为“大学计算机基础”的课时数由“64 学时”修改为“72 学时”，将“叶明珠”老师的职称由“讲师”修改为“副教授”。修改后可以检测到建立该视图的源表的数据也进行了相应的修改。

操作步骤如下。

①新建视图。打开视图设计器，将教师、任课和课程 3 个表添加到视图设计器中，并建立 3 个表之间的内部联接。

②选择和设置输出字段。在“字段”选项卡中将“可用字段”列表框中的教师代号、姓名、职称、课程号、课程名称和课时设置为选定字段，如图 6.12 所示。

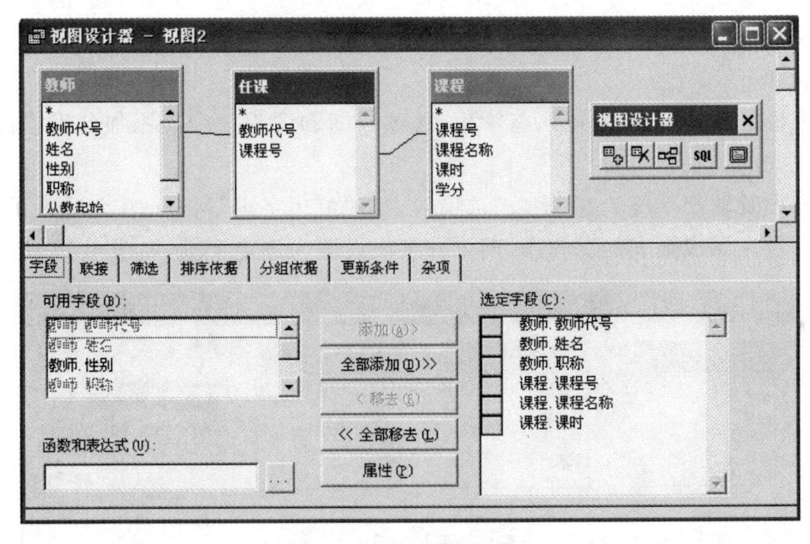

图 6.12　多表视图设计

③设置更新条件。由于要更新课程表中的课时和教师表中的职称，因此在“更新条件”选项卡中的“表”下拉列表框中选择“全部表”选项，在“字段名”列表框中显示已确定的选定字段。由于要设置更新，则首先要确定教师表和课程表中的关键字段，因此设置教师代号和课程号为关键字段，然后再确定想要修改字段值的职称和课时字段，如图 6.13 所示。

④保存该视图。

⑤运行视图，当将某一课程名称为“大学计算机基础”的记录改变课时为 72 学时，以及将某一教师姓名为“叶明珠”的记录改变职称为“副教授”时，再次运行该视图后，打开该视图的源表(教师表和课程表)，可以看到相应的记录值进行了修改。即“大学计算机基础”课程的课时改为 72 学时，“叶明珠”老师的职称改为“副教授”。

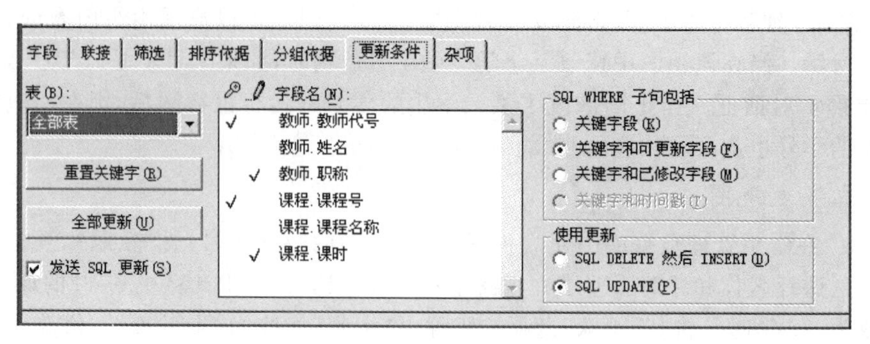

图 6.13　设置更新条件

3. 视图参数

视图设计中可以设置查询参数，在运行视图时通过用户输入的参数值来显示查询结果，同时还可以对该查询记录进行相应的修改。

例 6.3　在学生管理数据库中建立视图，显示学号、姓名、课程号、课程名称和期末分，并且在运行视图时根据输入的学号进行相应查询。要求将学号为“07170102”的学生的“大学英语”课程的期末成绩改为“98”。

操作步骤如下。

①新建视图。打开视图设计器，将学生、选课成绩和课程 3 个表添加到视图设计器中，并建立 3 个表之间的关联。

②选择和设置输出字段。在“字段”选项卡中将“可用字段”列表框中学生表的学号、姓名、课程名称字段及选课成绩表的课程号、期末分字段设置为选定字段，如图 6.14 所示。

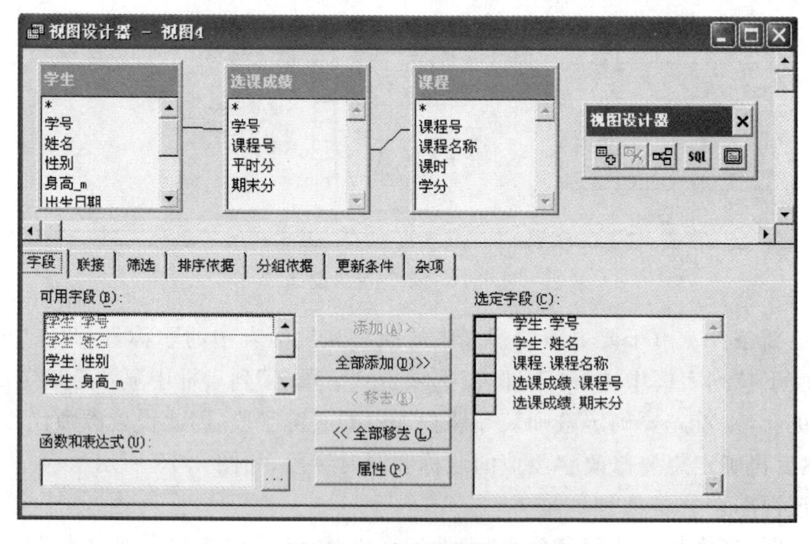

图 6.14　多表视图设计

③设置筛选条件。在“筛选”选项卡中将“字段名”设置为“学生.学号”，“条件”设置为“=”，“实例”设置为“?学号”，如图 6.15 所示。该项设置表明在运行该视图后将弹出“视图参数”对话框，要求输入某学生的学号后，再显示该学生的查询信息。

④设置更新条件。由于要更新期末分，则在“更新条件”选项卡中先设定“选课成绩.课程

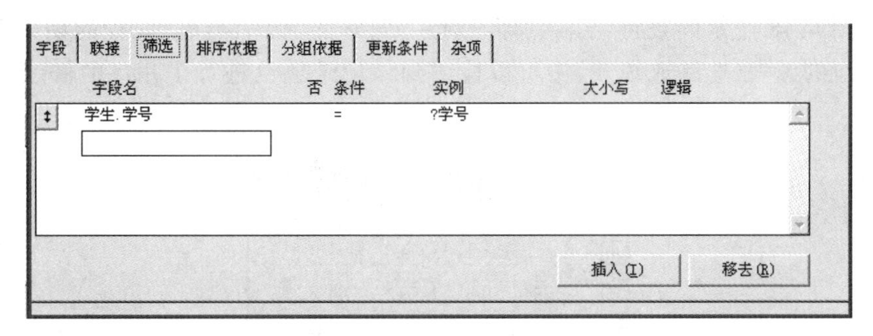

图 6.15　视图参数设置

号”为关键字段，再设定“选课成绩.期末分”为可修改的字段，如图 6.16 所示。

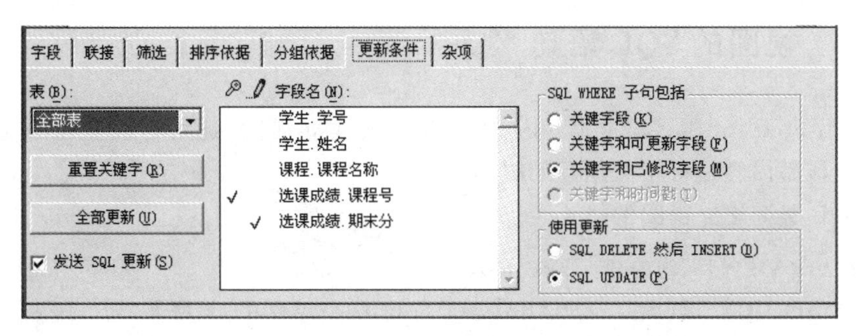

图 6.16　设置更新条件

⑤保存视图。

⑥运行视图。由于设置了条件参数，运行后出现“视图参数”对话框，要求输入需要查询的学号，如输入学号“07170102”，如图 6.17 所示。必须注意，由于学号的数据类型为字符型，则输入的学号要打引号。

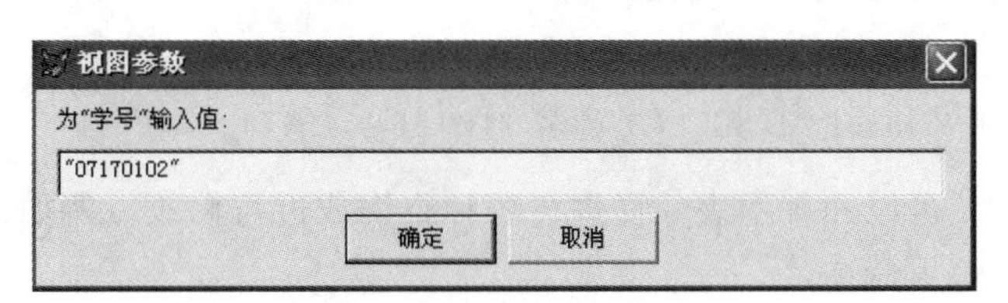

图 6.17　“视图参数”对话框

⑦显示查询结果，如图 6.18 所示。

视图4

学号	姓名	课程名称	课程号	期末分
07170102	刘一	经济法	Z0003	89
07170102	刘一	面向对象程序设计	G0006	82
07170102	刘一	大学英语	G0002	88
07170102	刘一	大学计算机基础	G0003	86
07170102	刘一	高等数学	G0001	91
07170102	刘一	体育	G0005	90

图 6.18　查询结果

⑧在如图 6.18 所示的查询结果中，将“刘一”同学的“大学英语”课程的期末分改为“98 分”，则在相应的源表(选课成绩表)中可以检测到该记录值也进行了相应的修改，如图 6.19 所示。

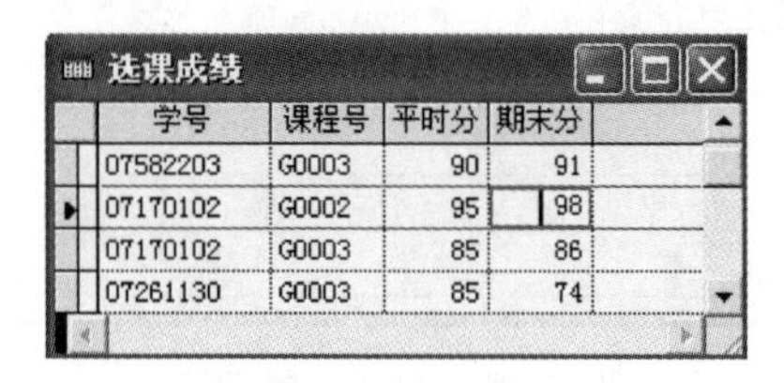

选课成绩

学号	课程号	平时分	期末分
07582203	G0003	90	91
07170102	G0002	95	98
07170102	G0003	85	86
07261130	G0003	85	74

图 6.19　修改数据后源表记录值的变化

6.1.4　视图的 SQL 语句

在 Visual FoxPro 中，不仅可以用上述交互方式建立视图，还可以完全依靠命令建立视图，命令中的核心内容是对于数据源的查询。

使用 SQL 查询建立视图的格式为

```
CREATE VIEW [<视图名>][REMOTE]
[CONNECTION <联接名>[SHARE] | CONNECTION <ODBC 资料源> ]
[AS <SQL SELECT 命令>]
```

其中，AS 子句中的 SQL SELECT 命令查询出信息，创建本地或远程的 SQL 视图，该子句可以是任意的 SELECT 查询语句，决定了视图中所要显示的记录属性。

1. 从单个表派生出的视图

例 6.4　从教师表中查询出教师的姓名和职称。定义视图名为“shitu1”。

```
MODIFY DATA 学生管理
CREATE VIEW shitu1 AS SELECT 姓名,职称 FROM 教师
```

视图一旦定义，就可以和基本表一样进行各种查询或进行修改。例如，查询教师表中的姓名和职称信息，可以输入命令：

```
SELECT * FROM shitu1
```

或

```
SELECT 姓名,职称 FROM shitu1
```

或

```
SELECT 姓名,职称 FROM 教师
```

上面是限定列而生成的视图，下面再限定行生成一个视图。

例 6.5　从教师表中查询出职称为“教授”的教师的姓名和职称。定义视图名为“shitu2”。

```
CREATE VIEW shitu2 AS SELECT 姓名,职称 FROM 教师 WHERE 职称="教授"
```

2. 从多个表派生出的视图

例 6.6　从选课成绩表中查询出每个学生所修课程中的最高分,要求输出学号、课程号和期末分。定义视图名为“shitu3”。

```
CREATE VIEW shitu3 AS SELECT a.学号,a.课程号,a.期末分;
FROM 选课成绩 a WHERE 期末分=;
(SELECT MAX(期末分)FROM 选课成绩 b WHERE a.学号=b.学号)
```

例 6.7　从学生、选课成绩、课程 3 个表中查询选修了“大学英语”课程的学生的学号、姓名、课程号和期末分。定义视图名为“shitu4”。

```
CREATE VIEW shitu4 AS SELECT a.学号,a.姓名,b.课程号,b.期末分;
FROM 学生 a,选课成绩 b;
WHERE a.学号=b.学号 AND b.课程号=;
(SELECT 课程号 FROM 课程 WHERE 课程名称="大学英语")
```

从前面所讲的查询中可以看出,有些查询是很复杂的,但如果技术人员能按客户要求事先定义好视图,再对视图进行查询,则对最终用户来说是很方便的。例如,从例 6.6、例 6.7 中,先定义好了视图,则当用户只输入查询命令:

```
SELECT * FROM shitu3
SELECT * FROM shitu4
```

就可以知道查询的结果。

3. 视图中的计算字段

用查询来建立一个视图中的 SELECT 子句也可以包含算术表达式或函数,这些算术表达式或函数和视图的其他字段一样对待。由于这些算术表达式或函数是计算而来的,所以称之为计算字段。

例 6.8　统计选修了体育课的男、女生人数。定义视图名为“shitu5”。

```
CREATE VIEW shitu5 AS SELECT a.性别,COUNT(*)AS 男女生人数;
  FROM 学生 a,选课成绩 b GROUP BY a.性别;
  WHERE a.学号=b.学号 AND b.课程号 =;
  (SELECT 课程号 FROM 课程 WHERE 课程名称="体育")
```

4. 视图的修改与删除

由于视图是从表派生而来的,因此没有修改视图结构的问题,但是视图可以被修改或删除。在以上建立的视图 shitu1～shitu5 中,只有 shitu1 和 shitu2 可以用视图设计器打开,可以在视图设计器中进行相应修改;而 shitu3,shitu4 和 shitu5 不能用视图设计器打开,打开时将显示“SQL 表达式太复杂”的系统提示对话框,因此只能在命令窗口中编辑上述 CREATE VIEW 命令来修改。

删除视图的格式为

DROP VIEW <视图名>

5. 视图的一些说明

在 Visual FoxPro 中，视图并不真正含有数据，它只是源表的一个窗口，所以，视图可以像表一样进行各种查询，但是视图在插入、更新和删除操作上有一定限制。当视图是从单个表派生出的时，可以进行插入和更新操作，但不能进行删除操作；当视图是从多个表派生出的时，只能进行更新操作，但不能进行插入和删除操作。

例 6.9 打开学生管理数据库，建立一个单表视图，要求查询输出教师代号、姓名、性别和职称字段，并且筛选出性别为“女”的教师信息。运行视图后，可以更新教师的职称，将教师“田园风”的职称由“副教授”更新为“教授”，并在视图中追加一条记录。

操作步骤如下。

①打开学生管理数据库，再打开视图设计器，将教师表添加到视图设计器中。

②选中视图设计器中的“字段”选项卡，将教师代号、姓名、性别和职称字段添加到“选定字段”列表框中。

③设置筛选条件。在“筛选”选项卡中进行如图 6.20 所示的设置，该项设置表示只筛选出女性教师的信息。

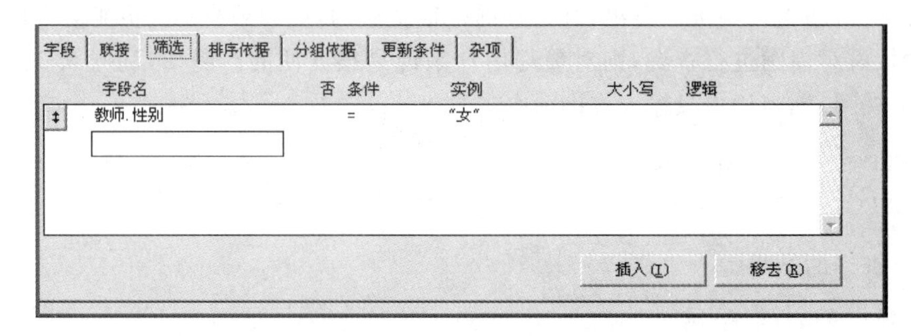

图 6.20 筛选条件的设置

④设置更新条件。选中“更新条件”选项卡，首先将教师代号设置为关键字段，再将教师代号、姓名、性别和职称设置为可更新字段，如图 6.21 所示。

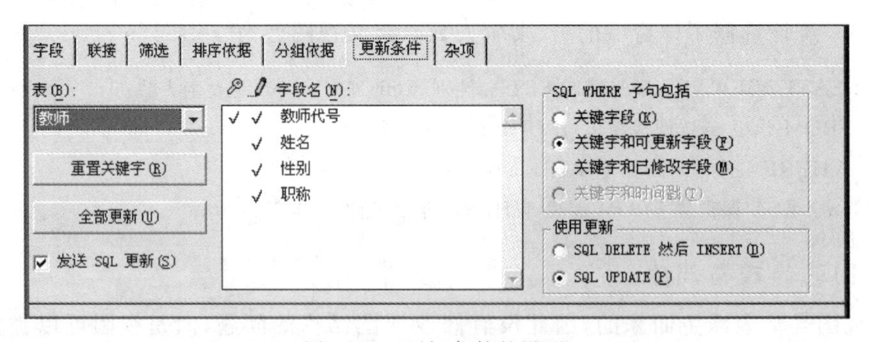

图 6.21 更新条件的设置

⑤保存视图并运行。将“田园风”老师的职称由“副教授”改为“教授”，则在教师表中其相应的职称也进行了相应的修改。

⑥追加记录。在命令窗口中输入 APPEND 命令，弹出该视图的编辑窗口，在该窗口中输入教师代号、姓名、性别和职称的值，如图 6.22 所示，则在教师表中追加了一条记录，如图 6.23 所示。

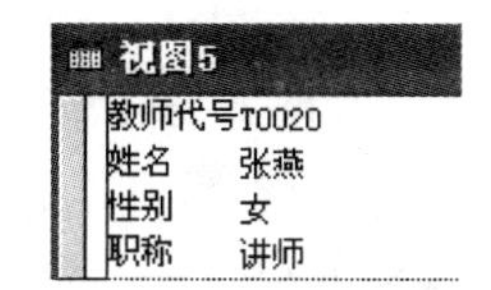

图 6.22　在视图窗口中添加记录

教师

教师代号	姓名	性别	职称	从教起始
T0030	叶明珠	女	讲师	06/12/02
T0007	吕游	女	助教	02/16/03
T0002	张甲	男	教授	04/19/04
T0020	张燕	女	讲师	/ /

图 6.23　在视图的源表中追加了一条记录

注意：由于要在源表中追加记录，则在设计视图的更新条件时，教师代号、姓名、性别和职称都要设置为可更新字段，否则如果只设置职称为可更新字段，在视图中添加一条记录，添加教师的教师代号、姓名、性别和职称字段值后，在教师表中也将添加一条记录，但只显示职称为“讲师”这一信息，其他信息为空白。

6.2　查询设计

在很多情况下都需要用到查询，不同场合可以直接使用或反复使用查询，从而提高效率。例如，为窗体、报表等组织信息，实时回答问题，查看数据库中的相关子集等。

查询是从指定的表或视图中提取出满足条件的记录，然后按需要定向输出查询结果。查询结果的输出类型有：浏览器、表、临时表、报表、卷标和屏幕等。查询是以“qpr”为扩展名保存在磁盘上的查询命令的文件，它的主体是 SQL SELECT 命令及与定向输出有关的语句。

本节介绍的查询是 Visual FoxPro 支持的一种可视化设计对象，是为了方便地检索数据而提供的一种工具和方法。

6.2.1　查询设计器

Visual FoxPro 提供了查询设计器生成查询，其实质作用可以说是交互式地帮助用户得出查询命令。

1. 启动查询设计器

启动查询设计器的方法很多，常用的有命令方式和菜单方式。

①用 CREATE QUERY 命令打开查询设计器建立查询。

②选择“文件”→“新建”菜单项，或单击“常用”工具栏上的“新建”按钮，打开“新建”对话框，然后选择“查询”单选按钮并单击“新建文件”按钮打开查询设计器建立查询。

③可以在项目管理器中的“数据”选项卡下选择“查询”，然后单击“新建”按钮打开查询设

计器建立查询。

④用 SQL SELECT 命令直接编辑扩展名为“qpr”的查询命令的文件建立查询。

使用上述前 3 种方法之一打开查询设计器，都可以首先进入如图 6.24 所示的“添加表或视图”对话框，选择用于建立查询的表或视图。如果已打开某数据库，则显示该数据库中的表或该数据库中已建立的视图，选中所需要的表或视图，单击“添加”按钮将表或视图添加到查询设计器中。如果单击“其他”按钮则打开“打开”对话框，可以从中选择自由表。当选择完表或视图后，单击“关闭”按钮正式进入查询设计器。

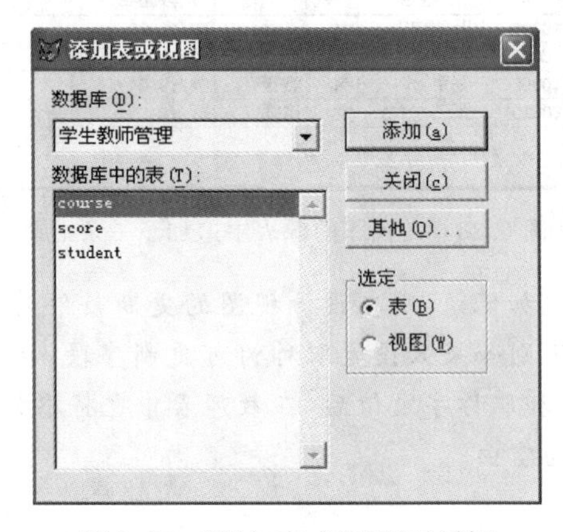

图 6.24 “添加表或视图”对话框

若已经选择了用于查询的表或视图，此后还可以通过选择“查询”→“添加表”或“移去表”菜单项重新指定用于查询的表。

注意：当一个查询是基于多个表时，这些表之间必须是有联系的。查询设计器会自动根据数据库中表间建立的关系提取联接条件，若数据库中没有相应的关系，则系统会打开如图 6.25 所示的“联接条件”对话框，让用户来确定联接。通常采用内部联接。

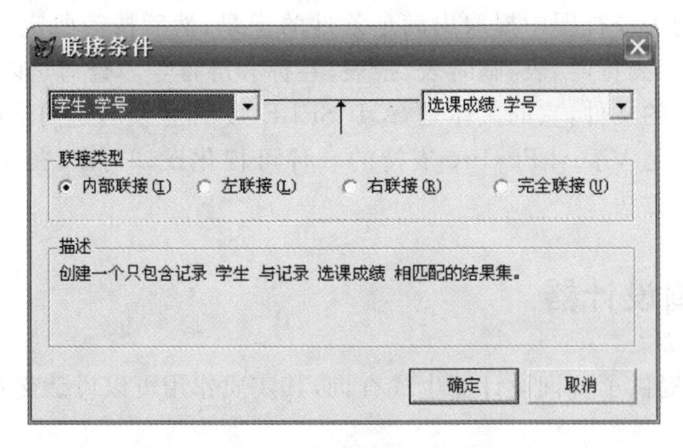

图 6.25 “联接条件”对话框

2. 查询设计器的选项卡

数据源添加完成后，进入如图 6.26 所示的查询设计器，里面有 6 个选项卡，其功能和使用介绍如下。

● 字段：在该选项卡中设置查询结果中要包含的字段。在“可用字段”列表框中选中要显示的字段，单击“添加”按钮，或双击列表框中的字段，相应的字段自动移到“选定字段”列表框

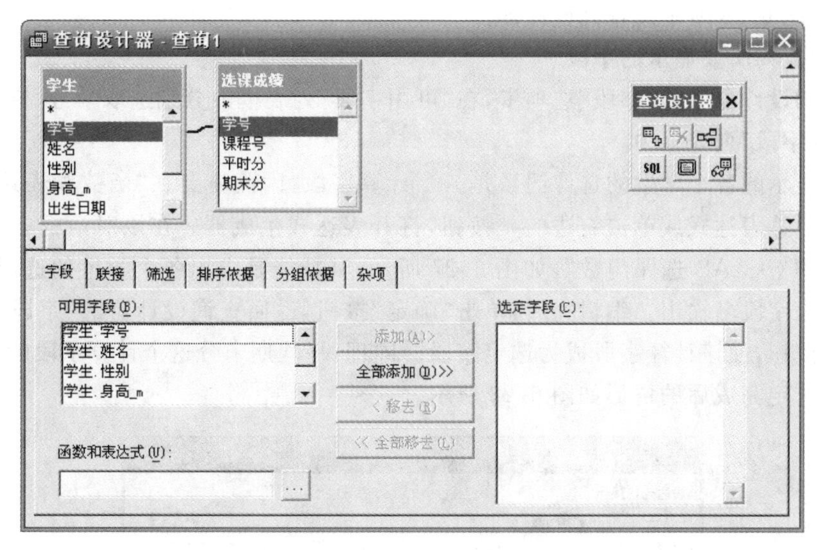

图 6.26　查询设计器

中。如果要选择全部字段,单击“全部添加”按钮。在“函数和表达式”文本框中可以输入、编辑或由表达式生成器生成一个计算表达式,由此生成一个计算字段。

● 联接:该选项卡用于编辑联接条件,以实现由多个表准确查询对应的数据。

● 筛选:该选项卡用于指定查询条件。

● 排序依据:该选项卡用于指定排序的字段(将需要排序的字段添加到“排序条件”列表框中)和排序方式(升序或降序)。

● 分组依据:该选项卡用于设置统计计算时的分组及分组条件。将需要分组的字段添加到“分组字段”列表框中,如需要设置分组条件,单击“满足条件”按钮,打开“满足条件”对话框,设置分组条件。

● 杂项:在该选项卡中可以指定是否需要显示重复记录,以及是否显示全部记录或只显示前面有多少条记录等。

以上查询设计器中的各项功能,实际上是以图形化界面交互式生成 SQL SELECT 命令。如果用户需要让系统帮助生成 SQL SELECT 命令,常常可利用查询设计器设计出所要求的查询,然后选择“查询”→“查看 SQL”菜单项看到相应的 SQL SELECT 命令。

6.2.2　建立查询

下面用具体的例子来说明用查询设计器建立查询的方法。

例 6.10　对学生、选课成绩两个表进行查询,要求查询出学生的学号、姓名、性别、选课门数、平均期末分,筛选条件为男生,按选课门数升序排序,按学号分组,分组满足的条件为选课门数大于等于 4。得到查询结果后再试进行其中前两条记录的查询。

操作步骤如下。

(1)启动查询设计器

启动查询设计器,将学生、选课成绩两个表添加到查询设计器中,并建立这两个表的内部联接,进入如图 6.26 所示的查询设计器。

(2)选定查询所要显示的字段

选择查询设计器中的“字段”选项卡,在“可用字段”列表框中分别选取学号、姓名、性别,并添加到“选定字段”列表框中。

由于要显示的各个学生的选课门数是一个计算字段,因此需要在“函数和表达式”文本框中编辑输入计算表达式或单击右边的 ... 按钮,打开表达式生成器。在该对话框中编辑计算表达式“COUNT(*)AS 选课门数”,如图 6.27 所示,其功能是求出各个学生的选课门数,并以“选课门数”为字段名输出。编辑完后,单击“确定”按钮,返回查询设计器的“字段”选项卡,再单击“添加”按钮,使该计算字段成为选定字段。同理,平均期末分这个计算字段的操作也类似进行。字段选定完成后的情形如图 6.28 所示。

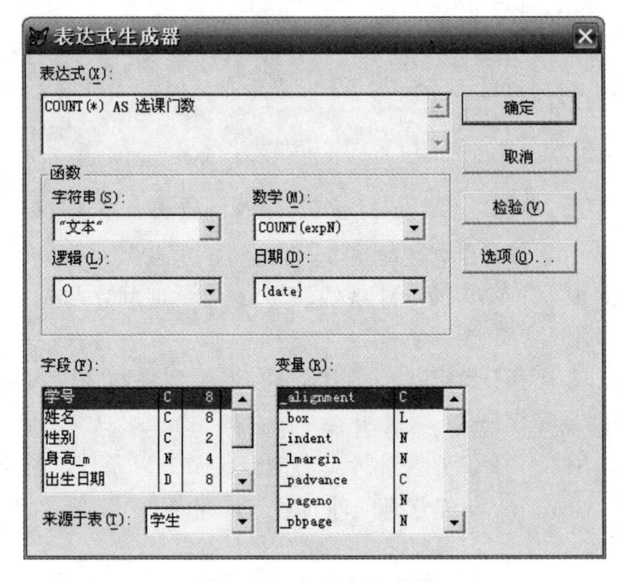

图 6.27 表达式生成器

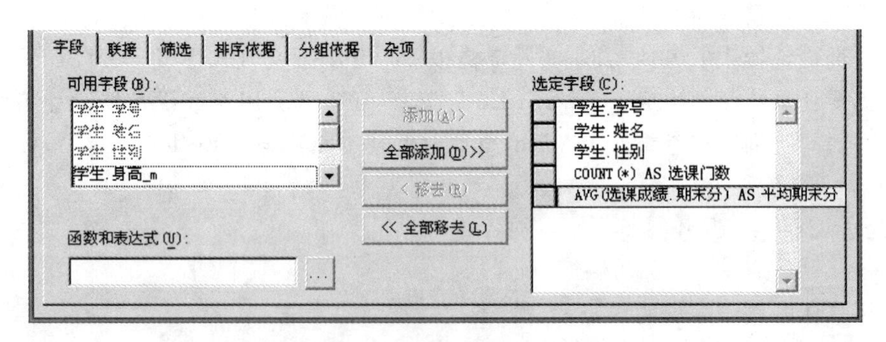

图 6.28 选定的字段及计算字段

在“选定字段”列表框中可以改变字段的显示顺序。用鼠标拖动选定字段左边的小方块,上下移动,即可调整字段的显示顺序。

(3)设置筛选条件

选中“筛选”选项卡,在“字段名”下拉列表框中选取性别字段,在“条件”下拉列表框中选取

“=”运算符，在“实例”文本框中输入“"男"”，如图 6.29 所示。

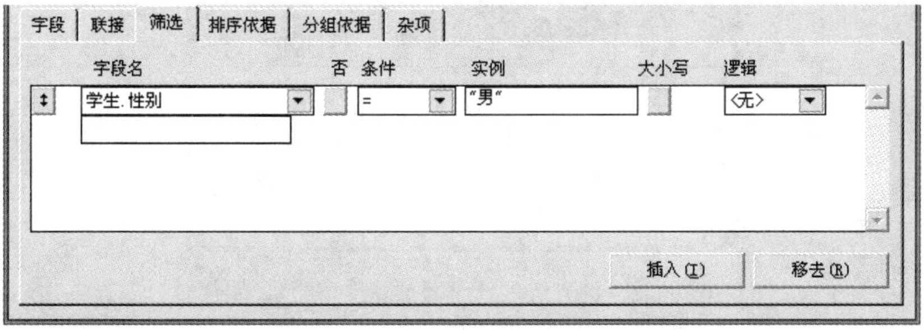

图 6.29　设置筛选条件

(4)设置排序依据

如果在“排序依据”选项卡中不设置任何的排序条件，则查询结果按表中记录的顺序显示。现要求记录按选课门数升序排序显示，因此选中“排序依据”选项卡，在“选定字段”列表框中选择选课门数计算字段，单击“添加”按钮，将其添加到“排序条件”列表框中，并且选择“排序选项”区域中的“升序”单选按钮，如图 6.30 所示。

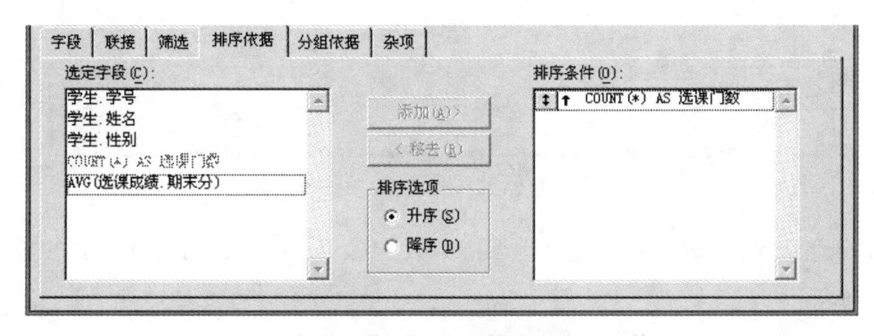

图 6.30　设置排序依据

(5)设置分组依据

分组的目的是按分组字段对每个组进行统计计算，如统计出各组的计数及各组在指定数值型字段上的总和、平均值、最大值、最小值等。

该例是求各个学生的选课门数及期末平均分，因此在“可用字段”列表框中选择学号字段，单击“添加”按钮，将其添加到“分组字段”列表框中，表明按学号分组进行统计计算，如图 6.31 所示。

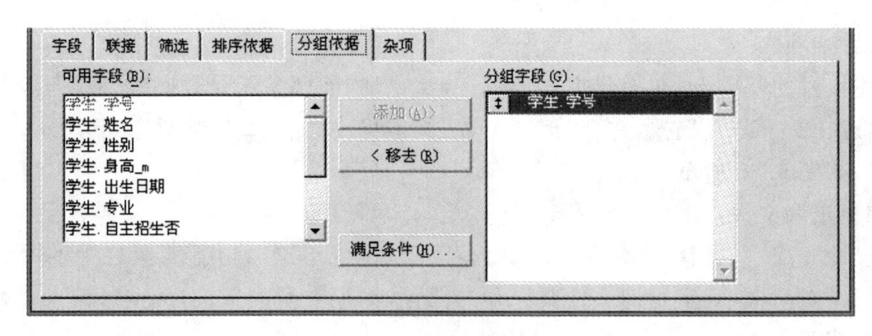

图 6.31　设置分组依据

此时运行查询,查询结果如图 6.32 所示。

查询

学号	姓名	性别	选课门数	平均期末分
07261130	杨二虎	男	3	80.67
08341604	李甲一	男	3	83.00
08582315	王一丙	男	3	75.00
07640301	张三思	男	4	82.00
07341519	赵六	男	5	65.40
07582107	李四海	男	9	83.89

图 6.32　没有设置分组满足条件的查询结果

现在还要按要求对分组要满足的条件进行设置,即从各个组的统计计算结果中选择出选课门数大于等于 4 的那些组,因此单击“分组依据”选项卡中的“满足条件”按钮,打开“满足条件”对话框,在其中设置条件,如图 6.33 所示。

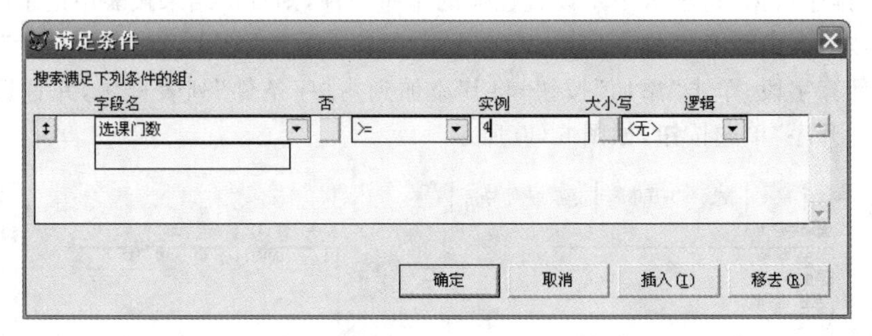

图 6.33　在“满足条件”对话框中设置分组条件

当设定分组满足的条件后,将选择选课门数大于等于 4 的组进行统计计算的显示,查询结果如图 6.34 所示。

查询

学号	姓名	性别	选课门数	平均期末分
07640301	张三思	男	4	82.00
07341519	赵六	男	5	65.40
07582107	李四海	男	9	83.89

图 6.34　设置分组满足条件的查询结果

应当注意区别筛选条件与满足条件的不同,筛选条件选择的是计算之前的记录,而满足条件选择的是计算之后的组,二者不能混淆。

(6)设置杂项

在上述设置的基础上,如果只想要显示查询结果的前两条记录,则在“杂项”选项卡中进行设置,取消选择“全部”复选框,并在“记录个数”文本框中输入“2”,如图 6.35 所示。运行查询后显示结果如图 6.36 所示。

(7)保存查询文件

查询设计完成后,选择“文件”→“另存为”菜单项,或单击“常用”工具栏上的“保存”按钮,打开“另存为”对话框,确定查询文件要保存的位置,保存类型为查询(.qpr),输入查询文件名,单击“保存”按钮。

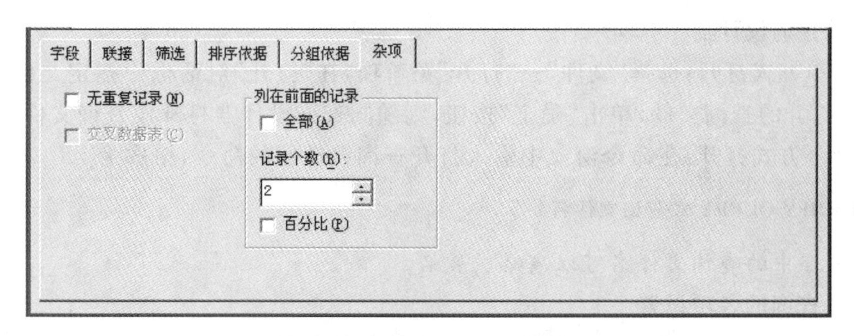

图 6.35 设置显示记录的条数

查询

学号	姓名	性别	选课门数	平均期末分
07640301	张三思	男	4	82.00
07341519	赵六	男	5	65.40

图 6.36 设置杂项后的查询结果

6.2.3 查询文件的操作

使用查询设计器设计查询时，可以边设计、边运行、边查看运行结果，如果对查询结果不满意或设计没达到要求时，可以再修改、再运行，直至达到满意的效果。同时，在设计查询的过程中，可以确定查询结果的去向，以满足用户的不同需求。

1. 运行查询文件

当在查询设计器中设计完查询并保存查询文件后，可以利用菜单或命令运行查询文件。

(1)在查询设计器中运行

当查询设计器处于打开或选中状态下，系统菜单上增加了一个“查询”菜单，选择“查询”→“运行查询”菜单项，或单击“常用”工具栏上的“运行”按钮，都可以运行查询。

(2)利用菜单方式运行

当在查询设计器中保存查询文件后，或保存查询文件并关闭查询设计器后，均可选择“程序”→“运行”菜单项，打开“运行”对话框，选中要运行的查询文件，单击“运行”按钮，也可显示查询结果。

(3)利用命令方式运行

在命令窗口中输入运行查询文件的命令，其格式为

DO ＜查询文件名＞

需要注意的是，命令中的查询文件名必须是全名，即不能省略扩展名“qpr”。

2. 修改查询文件

当查询设计完后，可以使用查询设计器来修改已建立的查询文件。下面通过举例来对例 6.10 建立的查询文件进行修改，修改要求：使其筛选条件为期末分大于等于 60，并且按各组平均期末分降序排序，分组满足条件改为选课门数小于等于 6。

(1)打开查询设计器

● 以菜单方式打开:选择“文件”→“打开”菜单项,在“打开”对话框中指定文件类型为“查询”,选择要打开的查询文件,单击“确定”按钮,则随同查询设计器打开该查询文件。

● 以命令方式打开:在命令窗口中输入打开查询设计器的命令,格式为

MODIFY QUERY ＜查询文件名＞

注意:命令中的查询文件名可以省略扩展名。

(2)修改查询的各项设置

根据修改查询条件的需要,可以在6个选项卡中对不同的选项进行重新设置。下面根据修改要求,对例6.10的查询文件进行修改。

①修改筛选条件,只对期末分大于等于60的记录进行统计计算。选择“筛选”选项卡,在“字段名”下拉列表框中选取期末分字段,在“条件”下拉列表框中选取“＞＝”运算符,在“实例”文本框中输入“60”,如图6.37所示。

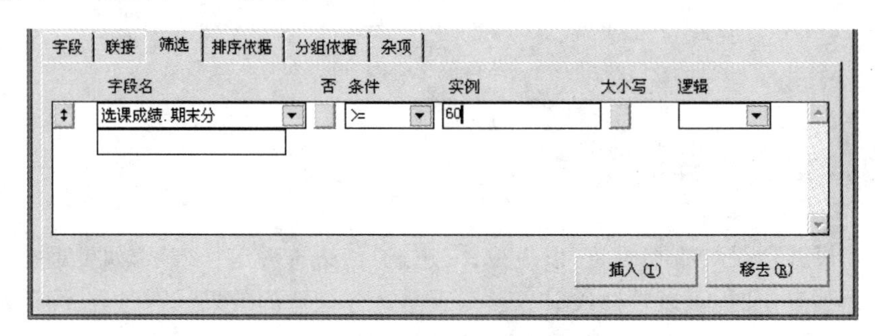

图6.37　修改筛选条件的设置

②修改排序条件。选择“排序依据”选项卡,将“排序条件”列表框中原来的字段移回左边的“选定字段”列表框内,再将期末分计算字段添加到“排序条件”列表框内,并选中“降序”单选按钮,如图6.38所示。

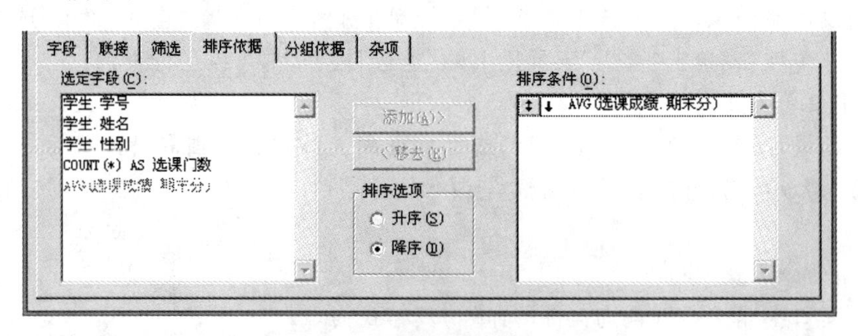

图6.38　修改排序依据的设置

③修改分组的满足条件。选择“分组依据”选项卡,单击“满足条件”按钮,打开“满足条件”对话框,首先单击“移去”按钮删除原先的条件,再在该对话框中设置新的条件,如图6.39所示。

注意:若不先移去原条件而只是在其基础上改动,则查询运行的效果不会满足新条件。

(3)运行查询文件

单击“常用”工具栏上的“运行”按钮,或选择“查询”→“运行查询”菜单项,运行查询文件,

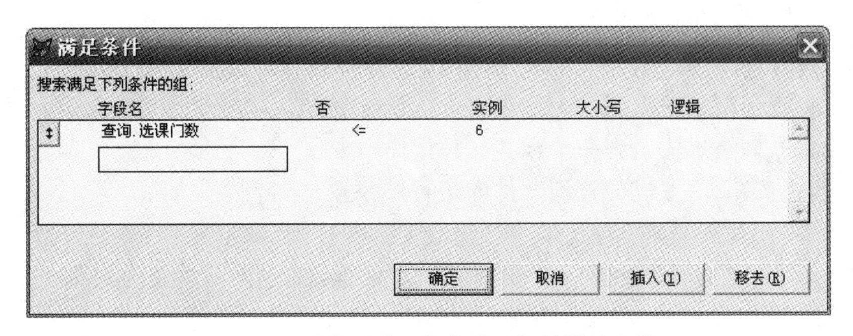

图 6.39　移去原满足条件设置新的满足条件

运行结果如图 6.40 所示。

查询

学号	姓名	性别	选课门数	平均期末分
08640516	欧阳李丽	女	4	88.75
07170102	刘一	女	6	87.67

图 6.40　修改查询条件后的运行结果

(4)保存修改

选择“文件”→“保存”菜单项，或单击“常用”工具栏上的“保存”按钮，保存对查询文件的修改。单击“关闭”按钮，关闭查询设计器。

3. 定向输出查询结果

设计查询的目的不只是完成一种查询功能，在查询设计器中可以根据需要为查询输出确定查询去向。如果不选择查询结果的去向，系统默认将查询结果显示在浏览窗口中；如果要将查询结果指定到某个地点，可以选择输出目的地。选择“查询”→“查询去向”菜单项，或在“查询设计器”工具栏中单击“查询去向”按钮，将打开一个“查询去向”对话框，如图 6.41 所示。可以选择其中某项，将查询结果送往其中。这些查询去向的具体含义如下。

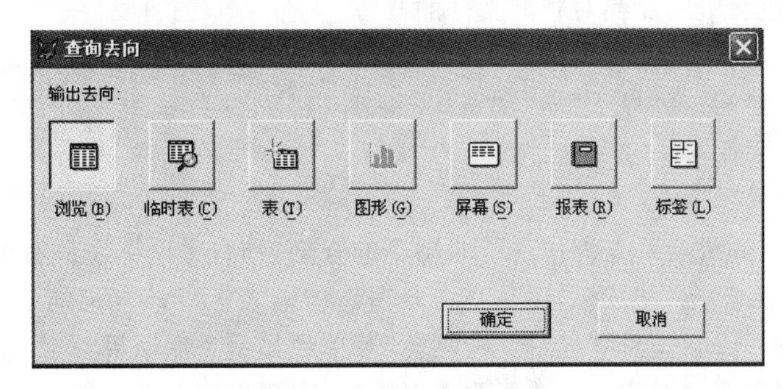

图 6.41　“查询去向”对话框

- 浏览：在浏览窗口中显示查询结果，此选项为默认方式。
- 临时表：将查询结果保存到一个临时的只读表中。
- 表：将查询结果保存到一个指定的表文件(.dbf)中。
- 图形：将查询结果输出到图形文件(Microsoft Graph)中，Graph 是包含在 Visual

FoxPro 中的一个独立的应用程序。

- 屏幕:将查询结果输出到 Visual FoxPro 主窗口或当前活动窗口中。
- 报表:将查询结果输出到一个报表文件(.frx)中。
- 标签:将查询结果输出到一个标签文件(.lbx)中。

例 6.11 将例 6.10 生成的查询文件的运行结果输出到表中。

操作步骤如下。

①选择"文件"→"打开"菜单项,弹出"打开"对话框,文件类型设置为查询,选中要打开的查询文件,单击"确定"按钮。或用命令方式:

```
MODIFY QUERY <查询文件名>
```

即可打开查询设计器。

②选择"查询"→"查询去向"菜单项,或单击"查询设计器"工具栏中的"查询去向"按钮,系统将显示"查询去向"对话框,如图 6.41 所示。

③单击"表"按钮,在"表名"文本框中输入表名"查询 1.dbf",如图 6.42 所示,单击"确定"按钮,关闭"查询去向"对话框。

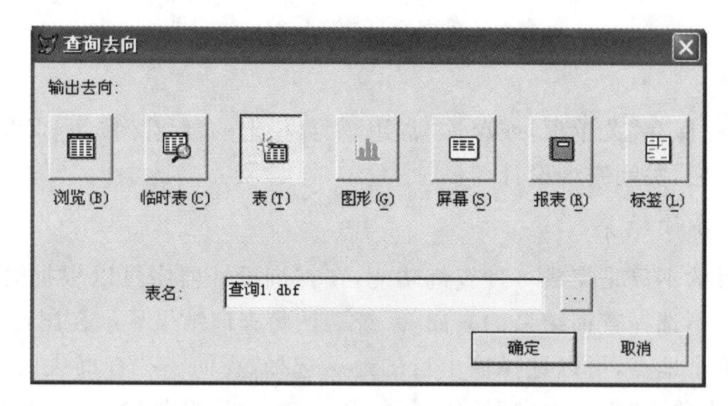

图 6.42 输出查询到查询 1.dbf 表中

④返回到查询设计器,保存对查询文件的修改。

⑤运行该查询文件,此时查询结果不在浏览窗口中显示,这是因为已经将查询结果输出到指定的表中,这时可以选择"显示"→"浏览'查询 1.dbf'"菜单项,将显示该表的内容,并且该查询 1.dbf 表将永久保存。

⑥关闭查询设计器。

值得注意的是,如果给某查询指定了非浏览的查询去向,无论将来是用查询设计器打开已建立好的查询,并单击"运行"按钮,还是在命令窗口中输入运行该查询的命令,都不能在浏览窗口中显示结果,必须通过选择"显示"→"浏览"菜单项显示查询结果。

用户可以根据需要将查询去向选择为图形输出,在运行该查询文件时,系统将启动图形向导,可以根据图形向导的提示进行操作,将查询结果送到 Microsoft Graph 中制作图表。虽然把查询结果用图形的方式显示出来是一种较直观的显示方式,但要求在查询结果中必须有分类字段和数值型字段,同时还必须考虑表的大小,因为表越大图形向导处理图表的时间就越长。

6.2.4　查询设计器的局限性

建立查询并保存，将产生一个扩展名为“qpr”的查询命令的文件。因此如果用户对SQL SELECT命令非常熟悉和了解，可以直接用各种文本编辑器来编写SQL SELECT命令建立查询，只是将文件的扩展名保存为“qpr”即可。相对于SQL SELECT命令而言，使用查询设计器比较容易一些；但必须注意的是，查询设计器只能建立一些比较有规则的查询，对于复杂的查询则难以胜任。例如，对于学生表，要求查询出所有记录的姓名、专业，按性别排序，此时在查询设计器中就设置不了所要求的排序，而用SQL SELECT命令就完全可轻松实现。

又如，建立一个内外层相互关联的嵌套查询，由课程表查询课时低于课程号以G开头的课程的平均课时的课程号、课程名称、课时。若用查询设计器设计该查询，在“筛选”选项卡的“字段名”下拉列表框中选了课时字段和在“条件”下拉列表框中选了“＜”运算符后，要在“实例”文本框中输入一条被嵌套的SELECT语句：

```
SELECT AVG(课时)FROM 课程 WHERE LEFT(课程号,1)="G"
```

此查询保存后，下次再打开时进入不了查询设计器，系统打开的是该查询文件的文本编辑器。

上述查询必须或不可避免地要用到SELECT查询语句，否则完全只依赖在查询设计器中纯粹进行单击和输入是实现不了的。

习　题　6

1. 选择题。

(1)以下关于查询的描述正确的是________。

A. 只能根据自由表建立查询　　B. 不能根据自由表建立查询
C. 只能根据数据库表建立查询　　D. 可以根据数据库表和自由表建立查询

(2)以下关于视图的描述正确的是________。

A. 可以根据数据库表和自由表建立视图　　B. 不能根据自由表建立视图
C. 只能根据自由表建立视图　　D. 只能根据数据库表建立视图

(3)视图不能单独存在，它必须依赖于________。

A. 视图　　B. 数据库　　C. 查询　　D. 表

(4)下面关于查询设计器的正确描述是________。

A. 用CREATE VIEW命令打开查询设计器建立查询
B. 使用查询设计器可以生成所有的SQL SELECT命令
C. 使用查询设计器生成的SQL SELECT命令存盘后将存放在扩展名为“qpr”的文件中
D. 使用“DO ＜查询文件名＞”命令运行查询时，查询文件可以省略扩展名

(5)以下关于视图描述中错误的是________。

A. 通过视图可以对源表进行更新　　B. 通过视图可以对表进行查询

C. 视图就是一种查询　　　　　　　　D. 视图是一个虚拟表

2. 填空题。

(1)通过在查询设计器设计的查询,不仅可以对数据库表、视图进行查询,还可以对________查询。

(2)使用查询设计器建立查询时,如果查询是基于多个表,而这些表之间没有建立永久联系,则在打开查询设计器之前还会打开一个指定________的对话框,由用户来建立联接条件。

(3)查询设计器的“筛选”选项卡用来指定查询的________。

(4)为了通过视图更新源表中的数据,需要在视图设计器的“更新条件”选项卡界面的左下角选中________复选框。

3. 判断题。

(1)视图与查询相同,一旦创建就可以单独使用。　(　)

(2)所有的 SQL SELECT 命令都可以用查询设计器来完成。　(　)

(3)查询可以更新表中的数据。　(　)

(4)创建视图时,相应的数据库必须打开。　(　)

4. 操作题。

(1)有学生教师管理数据库,在教师表中创建本地视图“视图 1”,筛选出职称为“教授”或“副教授”的教师,并且按职称分组,统计出教授和副教授各有多少人,要求输出教师的姓名、职称和各职称人数。

(2)有学生教师管理数据库,在教师和任课两个表中创建本地视图“视图 2”,查询出任了课的教师的姓名、职称及任课的课程号,并且设置更新条件,运行“视图 2”后,将“李服仁”教师的职称由“副教授”更新为“教授”,然后检查源表教师表中该教师的职称的变化情况。

(3)在学生、成绩和课程表中创建查询文件 TJFS1. qpr,输出所有性别为“女”的学生记录,统计出每位女生所选修课程的期末平均成绩(按女生姓名分组),按期末平均成绩降序排序,并且只显示前 3 名的记录。要求输出姓名、性别、专业、课名和期末平均分等字段。

(4)在成绩和课程表中创建查询文件 TJFS2. qpr,输出所有被选修的课程记录,统计各个课程的期末平均分、期末最高分、期末最低分(按课程号分组),并按课程号降序排序。要求输出课程号、课名、期末平均分、期末最高分、期末最低分等字段。

第7章

SQL 的 应 用

本章介绍 SQL,在关系数据库领域 SQL 有着非常广泛的应用。

7.1 SQL 概 述

SQL 是 structured query language 的缩写,即结构化查询语言。SQL 包含数据查询、数据定义、数据操作和数据控制等部分,其特点是语法简洁、功能强大,是关系数据库的标准语言,现在流行的关系数据库管理系统都支持 SQL 的运用。Visual FoxPro 也支持 SQL,在程序、表单、菜单的过程中都可以进行应用。

最早的 SQL 标准是 ANSI(American National Standards Institute,美国国家标准协会)在 1986 年 10 月公布的,因此也叫 SQL86。1987 年 6 月,ISO(International Standards Organization 国际标准化组织)正式将它作为国际标准,并进行了几次修改和完善,随后有 SQL89,SQL92 和 SQL99 等多个版本的标准出台。目前,各个流行的数据库管理系统,如 SQL Server,Visual FoxPro,Oracle,Sybase 等采用的都是 1992 年出台的 SQL92。

图 7.1 描述了 SQL 的工作原理。当用户需要检索数据库中的数据时,可以通过 SQL 发出请求,由数据库管理系统对 SQL 的请求进行处理,从数据库中检索到所要求的数据后,将数据返回给用户。

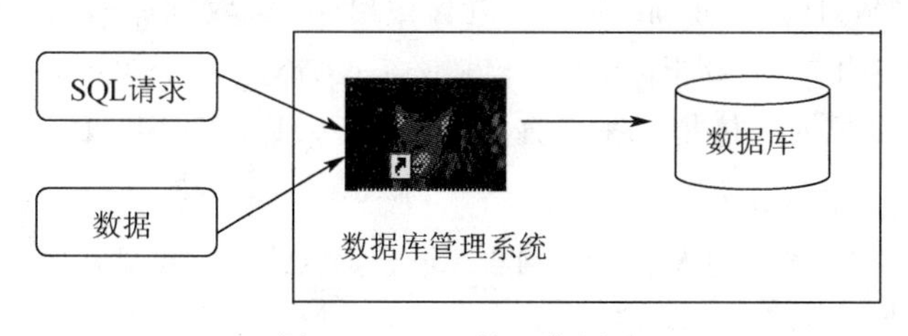

图 7.1 SQL 的工作原理

SQL 具有如下特点。

(1)SQL 是一种一体化的语言

尽管当初设计 SQL 的目的是查询,但 SQL 绝不仅仅是一个查询工具,它集数据查询(data query language,DQL)、数据定义(DDL)、数据操纵(DML)和数据控制(data control language,DCL)等功能于一体,可以完成数据库的全部操作。

(2)SQL 功能强大、语法简洁

SQL 功能强大,但语法简洁,总共只有 9 条命令,如表 7.1 所示。

表 7.1　SQL 命令及功能分类

SQL 功能分类	命令动词
数据定义	CREATE,DROP,ALTER
数据操纵	UPDATE,DELETE,INSERT
数据控制	GRANT,REVOTE
数据查询	SELECT

在表 7.1 的命令动词中,数据查询命令只有 SELECT 一个,但它能实现所有的查询功能,是 SQL 最强大的功能之一。

(3)SQL 是一种非过程化的语言

用户在对数据进行检索时,不必关心或指出计算机如何完成操作,而只需要清楚自己要“做什么”,通过 SQL 将查询要求交给系统,由系统自动完成全部工作并返回结果就可以了。

(4)可移植性

SQL 的适应性很好,既可以直接以命令方式与计算机交互使用,又可以嵌入到程序设计语言中以程序方式使用。在 Visual FoxPro 中,可以在命令窗口中直接输入 SQL 命令执行数据操作等功能,也可以将 SQL 直接融入到自身的语言中实现数据检索,使用起来非常方便。

Visual FoxPro 支持 SQL 的数据查询、数据定义和数据操纵等功能,但由于自身在安全控制方面的缺陷,它没有提供数据控制功能。

7.2　SQL 数据查询功能

SQL 的查询命令就是 SELECT 命令,它是 SQL 的核心。SELECT 命令的基本框架由 SELECT…FROM…WHERE 查询块组成,包含输出字段、数据库表、查询条件等基本子句。在这种格式中,除了 SELECT 和 FROM 子句是必需的外,其余子句可以根据具体情况进行取舍,WHERE 子句可以根据具体情况来选择。Visual FoxPro 中 SELECT 命令的格式为

```
SELECT [ALL|DISTINCT]
[<别名>.]<字段名 1>[AS <显示列名>][,[<别名>.]<字段名 2>[AS <显示列名>]…]
FROM [<数据库名>!]<表名>
[[INNER | LEFT | RIGHT | FULL
JOIN <数据库名>! ]<表名> [ON <联接条件>…]
[WHERE <联接条件 1> [ AND <联接条件 2>…]
[AND|OR <筛选条件 1> [ AND|OR <筛选条件 2>…]]]
[GROUP BY <分组列名 1>[, <分组列名 2>…]] [HAVING <筛选条件>]
[UNION [ALL] SELECT 命令]
[ORDER BY <排序选项 1>[ASC|DESC][,<排序选项 2> [ASC|DESC]…]]
```

[[INTO CURSOR 临时表名]|[INTO DBF|TABLE 永久表名]|[TO FILE <文件名>]
[ADDITIVE]|TO PRINTER [PROMPT] | TO SCREEN]]

SELECT 命令的子句很多，看似复杂，但只要理解了命令中各个子句的含义，是很容易掌握的，并能从数据库中查询和输出各种数据。

各个子句的含义如下。

①SELECT 子句输出查询结果中列的信息（字段信息），不可省略。其中，ALL 为默认项，表示允许查询结果中有重复的记录；DISTINCT 用来去掉查询结果中重复的记录；如果是多个表的联接查询，则必须说明所要查询出的字段所在的数据库表（或自由表），即“表名.字段名”；AS 用来为列数据重新定义标题。当输出的列为查询表中所有字段时，可用“*”表示所有字段。

②FROM 子句列出要查询的表，不可省略。如果是多表查询，则表名之间用逗号分隔。对于数据库表，可以用“数据库名!数据表名”来表示表名字。

③WHERE 子句说明查询的条件，包括联接条件和筛选条件。条件之间必须用“与”或“或”(.AND.或.OR.)关系运算符联接，此联接为等值联接。

④在 FROM 子句中提供的联接有内部联接（INNER…JOIN…ON）和外部联接。内部联接即相当于等值联接，外部联接又分为左外部联接（LEFT…JOIN…ON）、右外部联接（RIGHT…JOIN…ON）和全外部联接（RIGHT/FULL…JOIN…ON）。

⑤GROUP BY 子句指定分组查询的分组依据，以便于对数据进行分组统计，分组依据可以是多个字段表达式。

⑥HAVING 子句一般和 GROUP BY 子句一起使用，目的是对分组统计后的数据再进行筛选，用于选择满足条件的分组。

⑦ORDER BY 子句用来对查询结果按升序（ASC）或降序（DESC）进行排序，排序的依据可以是一个或多个字段表达式。

⑧INTO 和 TO 用于指定查询结果的输出去向。ADDITIVE 可以将查询结果追加到原文件的尾部，省略时则将查询结果覆盖原文件。

SELECT 命令的使用非常灵活，除了 SELECT 子句和 FROM 子句外，其他子句均可省略。用 SELECT 命令可以实现各种各样的查询。

7.2.1 简单查询

首先从简单查询开始，生成的查询基于单个表。这些查询由 SELECT…FROM 构成，FROM 子句中只有一个表。

例 7.1 写出对学生表进行如下查询的命令。

①查询全部学生信息。

```
SELECT * FROM 学生
```

②查询学生的姓名，并去掉重名。

```
SELECT DISTINCT 姓名 FROM 学生
```

③查询全部学生的学号、姓名和年龄，并以学号、姓名和年龄字段输出。

```
SELECT 学号，姓名，YEAR(DATE())－YEAR(出生日期)AS 年龄 FROM 学生
```

SELECT 命令中的选项，不仅可以是字段名，也可以是表达式，还可以是函数。SELECT 命令可以运用的常用函数如表 7.2 所示。

表 7.2 SELECT 命令中常用的函数

函　数	功　能
AVG(＜数值型字段名＞)	求某列数据的平均值
SUM(＜数值型字段名＞)	求出某一列数据的和
COUNT(＊)	输出查询的行数
MIN(＜数值型字段名＞)	输出某列中的最小值
MAX(＜数值型字段名＞)	输出某列中的最大值

例 7.2 对选课成绩表，查询选修了课程号为 G0002 的所有学生的期末考试成绩的平均分、最高分和最低分。

```
SELECT AVG(期末分)AS 平均分，MAX(期末分)AS 最高分，MIN(期末分)AS 最低分；
FROM 选课成绩 WHERE 课程号＝"G0002"
```

例 7.3 写出对学生表进行如下查询的命令。

①统计所有学生的人数。

```
SELECT COUNT(＊)AS 学生人数 FROM 学生
```

②统计男生人数，只显示以“性别”、“男生人数”为列名的两列。

```
SELECT 性别，COUNT(＊)AS 男生人数 FROM 学生 WHERE 性别＝"男"
```

7.2.2 带条件的查询

SELECT 命令用 WHERE 子句指定查询条件，条件表达式的比较符有＝(等于)、＜＞或！＝(不等于)、＝＝(精确等于)、＞(大于)、＞＝(大于等于)、＜(小于)、＜＝(小于等于)。

例 7.4 写出对选课成绩表进行如下查询的命令。

①查询期末分在 90 分以上的学号和课程号。

```
SELECT 学号,课程号 FROM 选课成绩 WHERE 期末分＞＝90
```

②查询出课程号为 G0002 的学生的期末平均分。

```
SELECT 课程号，AVG(期末分)AS 期末平均分 FROM 选课成绩；
WHERE 课程号＝"G0002"
```

当满足条件使条件表达式为真时，所包含的行记录为查询的结果集。这种条件表达式的格式为：左边是一个字段，右边是一个集合，在集合中测定左边的字段值是否满足条件。表 7.3 列出了条件表达式中几个特殊运算符的含义及使用方法。

表7.3 WHERE子句中的条件运算符

运算符	功能
BETWEEN	指定某字段的值在指定的范围内
IN	字段内容是结果集合或子查询结果中的内容
LIKE	对字符型数据进行字符串比较查询。有两个通配符,下划线“_”表示一个字符,百分号“%”表示零个或多个字符
SOME	满足集合中的某一个值,功能与用法等同于ANY
ALL	满足子查询中所有值的记录
ANY	满足子查询中任意一个值的记录
EXISTS	测试子查询中查询结果是否为空。若为空,则返回.F.

在表7.3中,运算符SOME,ALL,ANY,EXISTS的用法将在子查询中举例。

例7.5 写出对学生档案表进行如下查询的命令。

①查询“湖北”或“湖南”籍的学生名单。

```
SELECT 学号，籍贯 FROM 学生档案 WHERE 籍贯 IN ("湖北","湖南")
```

或

```
SELECT 学号，籍贯 FROM 学生档案 WHERE 籍贯="湖北" OR 籍贯="湖南"
```

或

```
SELECT 学号，籍贯 FROM 学生档案 WHERE "湖" $ 籍贯
```

②查询入学成绩在550～650分之间的学生名单。

```
SELECT 学号，入学成绩 FROM 学生档案 WHERE 入学成绩 BETWEEN 550 AND 650
```

或

```
SELECT 学号，入学成绩 FROM 学生档案;
  WHERE 入学成绩 >= 550 AND 入学成绩 <=650
```

例7.6 写出对学生表进行如下查询的命令。

①查询所有姓“王”的学生名单。

```
SELECT 姓名 FROM 学生 WHERE 姓名 LIKE "王%"
```

②查询所有非建筑学专业的学生名单。

```
SELECT 姓名,专业 FROM 学生 WHERE 专业 NOT IN ("建筑学")
```

或

```
SELECT 姓名，专业 FROM 学生 WHERE 专业 !="建筑学"
```

或

```
SELECT 姓名，专业 FROM 学生 WHERE NOT(专业="建筑学")
```

③查询学号的前两位数为“08”的所有记录。

```
SELECT 学号，姓名 FROM 学生 WHERE SUBSTR(学号,1,2)="08"
```

7.2.3 嵌套查询

若一个查询的条件中要用到另一个查询时，前者称为主查询，后者称为子查询，此二者一起形成嵌套查询。通常把嵌入一层子查询的 SELECT 命令称为单层嵌套查询，Visual FoxPro 只支持单层嵌套查询。

下面将主要通过举例来示范嵌套查询的应用。为了示意查询可用的表，创建学生管理数据库，添加学生、选课成绩、课程、学生档案、教师和任课 6 个表，以下举例时经常用到这些表。当然，查询并不依赖于数据库，对自由表也是可以进行查询的。

1. 返回单个值的嵌套查询

例 7.7 在学生管理数据库中，完成如下操作。

①查询选修了“大学英语”课程的所有学生的学号。

```
SELECT 学号 FROM 选课成绩 WHERE 课程号=;
  (SELECT 课程号 FROM 课程 WHERE 课程名称="大学英语")
```

②查询讲授“大学物理”(课程号为 G0004)课程的所有教师的姓名。

```
SELECT 姓名 FROM 教师 WHERE 教师代号=;
  (SELECT 教师代号 FROM 任课 WHERE 课程号="G0004")
```

③查询选修了 G0005 课的学生的学号和期末分，这些学生的期末分高于选修了 G0005 课的学生的平均期末分。

下一行命令先查询选修了课程号为 G0005 的学生的期末平均分，查询结果如图 7.2 所示。

```
SELECT AVG(期末分)FROM 选课成绩 WHERE 课程号="G0005"
```

下面再通过嵌套查询，查询选修了课程号为 G0005 的学生的期末分高于平均分的学生信息，查询结果如图 7.3 所示。比较图 7.2 和图 7.3。

图 7.2 简单查询结果

学号	期末分
07170102	90
07261130	95
07341519	90
07582203	86
08640516	89

图 7.3 嵌套查询结果

```
SELECT 学号，期末分 FROM 选课成绩 WHERE 课程号="G0005" AND 期末分>=;
  (SELECT AVG(期末分)FROM 选课成绩 WHERE 课程号="G0005")
```

2. 返回一组值的嵌套查询

如果嵌套查询的结果不止一个，而是多个，则通常使用条件运算符 IN，ALL，ANY 或

SOME。

(1)IN 运算符的运用

例 7.8　在学生管理数据库中,完成如下操作。

①查询选修了"高等数学"或"大学物理"课程的所有学生的学号。

```
SELECT 学号 FROM 选课成绩 WHERE 课程号 IN;
  (SELECT 课程号 FROM 课程 WHERE 课程名称="高等数学" OR 课程名称="大学物理")
```

②查询所有至少一门课程的分数在 90 分以上的学生的信息。

```
SELECT * FROM 学生 WHERE 学号 IN;
  (SELECT 学号 FROM 选课成绩 WHERE 期末分>=90)
```

③查询同时选修了课程号为"G0001"和"G0002"的学生的学号。

```
SELECT 学号 FROM 选课成绩 WHERE 课程号="G0001" AND 学号 IN;
  (SELECT 学号 FROM 选课成绩 WHERE 课程号="G0002")
```

④查询无选修记录的课程的课程名称,并重命名该列为"无选修记录课程"。

```
SELECT 课程名称 AS 无选修记录课程;
  FROM 课程;
  WHERE 课程号 NOT IN;
  (SELECT 课程号 FROM 选课成绩)
```

(2)ALL 运算符的运用

例 7.9　对学生管理数据库,查询选修了 G0002 课的学生的学号和期末分,这些学生的期末分比选修了 G0006 课的学生的最高期末分还要高。

```
SELECT 学号,期末分 FROM 选课成绩 WHERE 课程号="G0002" AND 期末分>ALL;
  (SELECT 期末分 FROM 选课成绩 WHERE 课程号="G0006")
```

说明:

将会执行子查询,查询选修了 G0006 课的所有学生的期末分(如查询结果为 90,78,86 等),然后再在选修了 G0002 课的学生中查询其期末分高于选修了 G0006 课的所有期末分(高于 90 分)的学生信息。

以上语句等价于

```
SELECT 学号,期末分 FROM 选课成绩 WHERE 课程号="G0002" AND 期末分>=;
  (SELECT MAX(期末分)FROM 选课成绩 WHERE 课程号="G0006")
```

(3)ANY 或 SOME 运算符的运用

例 7.10　对学生管理数据库,查询选修了 G0002 课的学生的学号和期末分,这些学生的期末分比选修了 G0006 课的最低期末分都要高。

```
SELECT 学号,期末分 FROM 选课成绩 WHERE 课程号="G0002" AND 期末分>ANY;
  (SELECT 期末分 FROM 选课成绩 WHERE 课程号="G0006")
```

它等价于

```
SELECT 学号，期末分 FROM 选课成绩 WHERE 课程号="G0002" AND 期末分>=;
  (SELECT MIN(期末分)FROM 选课成绩 WHERE 课程号="G0006")
```

说明：

首先执行子查询，查询选修了 G0006 课的所有学生的期末分(如查询结果为 90，78，86 等)，然后再在选修了 G0002 的学生中查询其期末分高于选修了 G0006 课的任何一个学生的成绩(高于 78 分)的学生信息。

(4)EXISTS 运算符的运用

例 7.11 查询所有没有被选修的课程的课程号和课程名称。

```
SELECT 课程号，课程名称 FROM 课程 WHERE NOT EXISTS;
  (SELECT * FROM 选课成绩 WHERE 课程号=课程.课程号)
```

例 7.12 查询所有任课教师的教师代号和姓名。

```
SELECT 教师代号,姓名 FROM 教师 WHERE EXISTS;
  (SELECT * FROM 任课 WHERE 教师代号=教师.教师代号)
```

例 7.12 涉及的多表查询，将在下一小节中介绍。

7.2.4 多表查询

在有些情况下，查询的字段信息涉及多个表，查询必须在多表之间进行，因此必须处理表和表之间的联接关系。在联接操作中，经常需要使用关系名即表名作前缀。

1. 等值联接

等值联接是按多个表中的相对应字段的共同值为联接条件而查询出的记录集。

例 7.13 对学生管理数据库中的表，完成如下操作。

①查询所有选修了课的学生的学号、姓名、课程号、课程名称和期末分。

以上要求查询的字段分别在学生、课程及选课成绩 3 个表中，而这 3 个表之间是通过学号、课程号字段作为联接条件的。

```
SELECT 学生.学号,学生.姓名,课程.课程号,课程.课程名称,选课成绩.期末分;
  FROM 学生,课程,选课成绩;
  WHERE 学生.学号=选课成绩.学号 AND 选课成绩.课程号=课程.课程号
```

②查询自动化专业的学生的学号、姓名、所选课程的课程名称、学分及其专业。

```
SELECT a.学号,姓名,课程名称,学分,专业;
  FROM 学生 a,选课成绩 b,课程 c;
  WHERE a.学号=b.学号 AND b.课程号=c.课程号;
  AND 专业="自动化"
```

以上多表查询的结果如图 7.4 所示。

学号	姓名	课程名称	学分	专业
07341519	赵六	面向对象程序设计	4.0	自动化
08341604	李甲一	大学英语	4.0	自动化
07341519	赵六	大学英语	4.0	自动化
07341519	赵六	大学计算机基础	3.5	自动化
08341604	李甲一	大学计算机基础	3.5	自动化
07341519	赵六	高等数学	4.0	自动化
08341604	李甲一	高等数学	4.0	自动化
07341519	赵六	体育	2.5	自动化

图 7.4　多表查询结果

③查询同时选修了 G0001 和 G0002 课的学生的学号和姓名。

```
SELECT DISTINCT a.学号,a.姓名 FROM 学生 a, 选课成绩 b, 选课成绩 c;
  WHERE a.学号=b.学号 AND b.课程号="G0001" AND c.课程号="G0002"
```

说明：

在上述命令中，将选课成绩表当作别名分别为 b 和 c 的两个独立的表，在 b 表中定义条件"b.课程号="G0001""，在 c 表中定义条件"c.课程号="G0002""，表明同时选修了这两门课。

2. 非等值联接

例 7.14　查询在选修了 G0006 课的学生中，成绩大于学号为 07170102 的学生所修该门课的成绩的学生的学号及其成绩。

```
SELECT a.学号,a.期末分 FROM 选课成绩 a, 选课成绩 b;
  WHERE a.期末分>b.期末分 AND a.课程号=b.课程号;
  AND a.课程号="G0006" AND b.学号="07170102"
```

说明：

在上述命令中，将选课成绩表当作别名分别为 a 和 b 的两个独立的表，a 表中查询出的是选修了 G0006 课的学生的成绩，b 表中查询出的是学号为 07170102 的学生所修 G0006 课的成绩。

以上操作中，使用了关系名作为前缀(如例 7.13 中的①)，但这样显得有些麻烦。SQL 查询语句中允许在 FROM 子句中为每个关系名定义一个别名(如例 7.13 中的②和③)，其格式为

＜关系名＞ ＜别名＞

注意：别名并不是必需的，但在关系的自联接操作中，别名是必不可少的(如例 7.14)。SQL 不仅可以对多个关系实行联接操作，也可以将同一关系与其自身进行联接，这种联接称为自联接。

在 7.2.3 嵌套查询中都是主查询依赖于子查询的结果，而主查询与子查询无关。但有时也需要主查询与子查询之间相互影响，即子查询的查询条件需要主查询提供值，而主查询的查询条件也需要子查询的结果。

例 7.15 在选课成绩表中，查询每个学生选修课程中期末成绩最高的学号、课程号和期末分信息。

```
SELECT a.学号, a.课程号, a.期末分 FROM 选课成绩 a;
  WHERE 期末分=(SELECT MAX(期末分)FROM 选课成绩 b WHERE a.学号=b.学号)
```

查询结果如图 7.5 所示。如果要查询学生所修每门课的期末成绩最高分的课程信息，则命令写为

```
SELECT a.课程号,a.期末分 FROM 选课成绩 a;
  WHERE 期末分=(SELECT MAX(期末分)FROM 选课成绩 b WHERE a.课程号=b.课程号)
```

查询结果如图 7.6 所示。

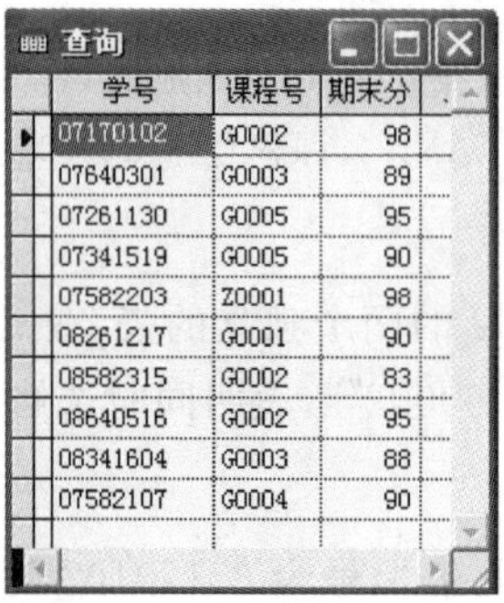

查询

学号	课程号	期末分
07170102	G0002	98
07640301	G0003	89
07261130	G0005	95
07341519	G0005	90
07582203	Z0001	98
08261217	G0001	90
08582315	G0002	83
08640516	G0002	95
08341604	G0003	88
07582107	G0004	90

图 7.5 子查询结果

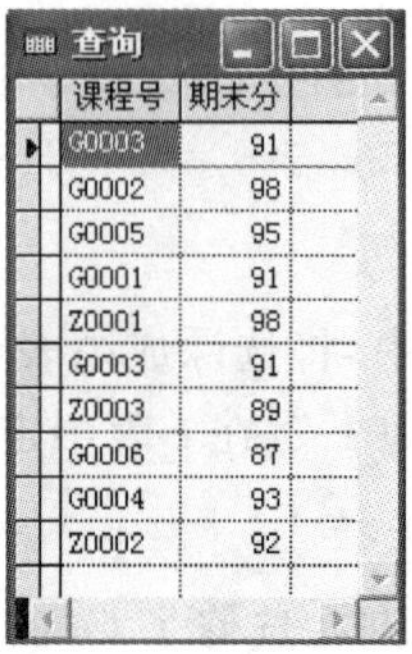

查询

课程号	期末分
G0003	91
G0002	98
G0005	95
G0001	91
Z0001	98
G0003	91
Z0003	89
G0006	87
G0004	93
Z0002	92

图 7.6 子查询结果

7.2.5 联接查询

在 SQL 的新标准中还支持两个新的关系联接运算符，即内部联接和外部联接。与前面讲解的等值联接和自联接不同，原来的联接是只要满足联接条件，查询的结果就会出现在结果集中；而外部联接运算是，首先保证一个表中的所有记录在结果集中，然后将结果集中的所有记录按联接条件与另一个表的记录进行联接。

在 FROM 子句中提供的联接分为内部联接和外部联接，外部联接又分为左外部联接、右外部联接和全外部联接。

1. 内部联接

内部联接是指所有满足联接条件的记录都包含在查询结果中，事实上，以上多表查询中所举的例子全部都是内部联接。

例 7.16 在学生管理数据库中，查询喜欢唱歌的学生的学号和姓名。

采用内部联接方式的查询命令为

```
SELECT a.学号,a.姓名 FROM 学生 a INNER JOIN 学生档案 b;
  ON a.学号=b.学号 AND "唱歌" $ b.特长
```

如果采用等值联接方式，所得的结果完全相同，查询命令为

```
SELECT a.学号, a.姓名 FROM 学生 a , 学生档案 b;
  WHERE a.学号=b.学号 AND "唱歌" $ b.特长
```

2. 外部联接

(1)左外部联接(左联接)

其执行过程是左表的第一条记录与右表的所有记录依次比较,如果满足联接条件,则产生一条真实值联接记录;如果不满足联接条件,则产生一条含有 NULL 的记录。然后左表的下一条记录即第 2 条记录与右表的所有记录依次比较,重复上述过程,直到左表所有记录都与右表记录比较完为止。联接结果的记录数与左表的记录数一致。

例 7.17 在学生管理数据库中,查询教师的任课情况,显示教师的姓名、职称、教师代号和课程号。

```
SELECT 姓名，职称，任课.教师代号，任课.课程号；
  FROM 教师 LEFT JOIN 任课 ON 教师.教师代号＝任课.教师代号
```

在查询结果中,没有任课的教师显示的教师代号和课程号均为 NULL。

(2)右外部联接(右联接)

其执行过程是右表的第一条记录与左表的所有记录依次比较,如果满足联接条件,则产生一条真实值联接记录;如果不满足联接条件,则产生一条含有 NULL 的记录。然后右表的下一条记录即第 2 条记录与左表的所有记录依次比较,重复上述过程,直到右表所有记录都与左表记录比较完为止。联接结果的记录数与右表的记录数一致。

例 7.18 在学生管理数据库中,查询哪些课程没有被讲授,显示课程的课程号、课程名称和任课教师的教师代号。

```
SELECT 任课.教师代号，课程.课程号，课程.课程名称；
  FROM 任课 RIGHT JOIN 课程 ON 任课.课程号＝课程.课程号
```

在查询结果中,没有任课的教师的教师代号为 NULL。

(3)全外部联接(完全联接)

其执行的过程是先按右外部联接比较字段值,然后再按左外部联接比较字段值,重复记录不在查询结果中。

7.2.6 排序与分组统计查询

用 SELECT 命令完成的查询结果以表的形式显示在屏幕上,如果要对查询结果进行处理,如排序与统计等,可使用 SELECT 命令的其他子句完成。

1. 排序(ORDER BY)

SELECT 查询结果是按查询过程中的自然顺序输出的,如果要使查询结果有序(升序或降序)输出,则需要用到 ORDER BY 子句。允许按一列或多列排序,排序选项可以是字段名,也可以是数字。如果是字段名,必须是所操作表中的字段;如果是数字,则数字必须是表的列的序号,第 1 列为 1,第 2 列为 2,……。ASC 表示按升序排序,DESC 表示按降序排序。

例 7.19 在学生管理数据库中,查询教师的授课情况,要求输出教师的姓名、性别、职称及授课的课程号,先按性别升序排序,性别相同的,再按职称降序排序。

```
SELECT a.姓名，a.性别，a.职称，b.课程号；
  FROM 教师 a INNER JOIN 任课 b ON a.教师代号＝b.教师代号；
  ORDER BY 性别,职称 DESC
```

2. 分组统计(GROUP BY)与满足条件(HAVING)

使用 SELECT 命令的 GROUP BY 子句可以对查询结果按指定列进行分组,每组在该列上具有相同的值,而分组的目的是为了进行统计,如求某个组的最大值、最小值、平均值等,也可以统计每一组的记录数。如果在分组的基础上还要按照某个条件再进行筛选,则必须使用与 GROUP BY 子句配套的 HAVING 子句。HAVING 子句与 WHERE 子句的功能近似,都是按条件进行筛选,但 WHERE 子句作用于统计前的记录,而 HAVING 子句作用于统计后的组且与 GROUP BY 子句配合使用。WHERE,GROUP BY,HAVING 子句执行的顺序是,先用 WHERE 子句筛选表中记录,然后再用 GROUP BY 子句对记录进行分组,最后用 HAVING 子句筛选分组记录。

例 7.20 进行如下分组统计查询。

①在教师表中,统计各个职称的人数,要求输出姓名、职称和各职称人数。

```
SELECT 姓名, 职称, COUNT(*)AS 各职称人数 FROM 教师 GROUP BY 职称
```

②在学生和学生档案两个表中,统计各个少数民族学生的人数。

```
SELECT a.姓名, b.籍贯, b.民族, COUNT(*)AS 各少数民族人数;
  FROM 学生 a , 学生档案 b WHERE a.学号=b.学号 AND b.民族! ="汉";
  GROUP BY b.民族
```

③在学生和学生档案两个表中,统计汉族学生的男生人数,要求输出民族、性别和汉族男生人数。

```
SELECT 民族,性别,COUNT(*)AS 汉族男生人数 FROM 学生 a,学生档案 b;
  WHERE a.学号=b.学号 AND b.民族="汉" GROUP BY a.性别 HAVING a.性别="男"
```

④在选课成绩表中,统计各门课程期末成绩的平均分。

```
SELECT 课程号,AVG(期末分)AS 各课程平均分 FROM 选课成绩 GROUP BY 课程号
```

查询结果如图 7.7 所示。

⑤在上题基础上,统计期末成绩的平均分高于 80 分的课程信息。

```
SELECT 课程号, AVG(期末分)AS 各课程平均分 FROM 选课成绩;
  GROUP BY 课程号 HAVING AVG(期末分)>=80
```

查询结果如图 7.8 所示。

查询

课程号	各课程平均分
G0001	79.56
G0002	82.80
G0003	82.20
G0004	91.50
G0005	85.43
G0006	78.50
Z0001	88.50
Z0002	88.00
Z0003	89.00

图 7.7 分组统计查询结果

查询

课程号	各课程平均分
G0002	82.80
G0003	82.20
G0004	91.50
G0005	85.43
Z0001	88.50
Z0002	88.00
Z0003	89.00

图 7.8 分组筛选统计查询结果

⑥在上题基础上，统计课程学时大于等于 50 的且期末成绩的平均分高于 80 分的课程信息，要求增加输出课程名称字段。

```
SELECT a.课程号,a.课程名称, AVG(b.期末分)AS 各课程平均分;
  FROM 课程 a ,选课成绩 b;
  WHERE a.课程号＝b.课程号 AND a.课时＞＝50;
  GROUP BY b.课程号 HAVING AVG(b.期末分)＞＝80
```

7.2.7　查询结果处理

1. 显示部分结果

有时只需要显示满足条件的前几条记录，可以使用子句：

```
TOP 数字表达式 [PERCENT]
```

其中，当不使用 PERCENT 选项时，数字表达式是 1～32 767 之间的整数，表明显示前几条记录；当使用 PERCENT 选项时，数字表达式是 0.01～99.99 之间的实数，表明显示结果中前百分之几的记录。

注意： TOP 子句必须与 ORDER BY 子句同时使用才有效。

例 7.21　在学生管理数据库中进行如下操作。

①查询入学成绩前 4 名的学生的姓名、性别和入学成绩。

```
SELECT TOP 4 a.姓名,a.性别,b.入学成绩 FROM 学生 a,学生档案 b;
  WHERE a.学号＝b.学号 ORDER BY b.入学成绩 DESC
```

②显示入学成绩前 40％的学生的姓名、性别和入学成绩。

```
SELECT TOP 40 PERCENT a.姓名,a.性别,b.入学成绩 FROM 学生 a,学生档案 b;
  WHERE a.学号＝b.学号 ORDER BY b.入学成绩 DESC
```

2. 将查询结果存放到临时文件中

使用“INTO CURSOR 临时表名”可以将查询结果存放到临时表文件(游标)中。INTO CURSOR 子句产生的临时文件是一个只读的.dbf 文件，当查询结束后该临时表文件是当前文件。该临时表文件的操作与其他表一样，不同的是，当对临时表文件进行关闭操作时，该临时表文件将自动删除。

例 7.22　将查询到的职称为“教授”的教师信息存放到临时文件 temp1 中。

```
SELECT * FROM 教师 WHERE 职称＝"教授" INTO CURSOR temp1
```

一般利用 INTO CURSOR 子句存放一些中间结果，当使用完后关闭这些临时文件将自动删除中间结果。例如，一些复杂的汇总查询需要分几个阶段完成，可以将需要的中间结果存放在临时文件中。

3. 将查询结果存放到永久表中

使用“INTO DBF|TABLE 永久表名”可以将查询结果存放到永久表中(.dbf 文件)。

例 7.23 将例 7.22 的查询结果存放到表 test1 中。表 test1. dbf 将永久存在。

```
SELECT * FROM 教师 WHERE 职称="教授" INTO TABLE test1
```

例 7.24 查询学生所修课程及期末考试成绩,要求输出学号、姓名、课程名称和期末分,并将结果存入 test2 中。

```
SELECT a.学号,a.姓名,b.课程号,b.期末分 FROM 学生 a,选课成绩 b;
  WHERE a.学号=b.学号 INTO CURSOR temp2
SELECT a.学号,a.姓名,b.课程名称,a.期末分 FROM temp2 a,课程 b;
  WHERE a.课程号=b.课程号 ORDER BY a.学号 INTO TABLE test2
```

该查询分两步,第 1 条 SELECT 命令在内存中产生一个临时文件 temp2,然后再利用该临时文件的记录执行第 2 条 SELECT 命令,将结果保存到永久文件 test2 中,在当前文件夹下生成一个永久表文件 test2. dbf。即使关闭临时文件 temp2,表文件 test2. dbf 的数据也不会被修改或删除。

4. 将查询结果存放到文本文件中

使用"TO FILE 文件名 [ADDITIVE]"可以将查询结果存放到文本文件中,其中文件名的扩展名默认为"txt"。如果使用 ADDITIVE 选项,将查询结果追加到原文本文件的尾部,否则用查询结果覆盖原有文件。

例 7.25 将例 7.22 的查询结果存放到文本文件 temp. txt 中。

```
SELECT * FROM 教师 WHERE 职称="教授" TO FILE temp
```

命令上述执行后,在 Visual FoxPro 窗口中显示查询结果,同时在当前文件夹下永久生成文本文件 temp. txt。可以用相应软件打开该文本文件,显示查询结果。

5. 将查询结果存放到数组中

使用"INTO ARRAY 数组变量名"可以将查询结果存放到数组中,生成的数组可以在程序执行过程中使用。

例 7.26 将例 7.22 的查询结果存放到数组 temp 中。

```
SELECT * FROM 教师 WHERE 职称="教授" INTO ARRAY temp
```

执行上述命令后,生成一个二维数组,如果在命令窗口中输入命令"? temp(1,1)和? temp(1,2)",显示的是第 1 条记录的第 1 列、第 2 列的数据。

6. 将查询结果直接输出到屏幕或打印机

使用"TO SCREEN"或"TO PRINTER [PROMPT]"可以将查询结果输出到 Visual FoxPro 的屏幕或打印机上。如果使用 PROMPT 选项,则在开始打印之前打开打印机的设置对话框。

例 7.27 将例 7.22 的查询结果输出到屏幕或打印机上。

```
SELECT * FROM 教师 WHERE 职称="教授" TO SCREEN
SELECT * FROM 教师 WHERE 职称="教授" TO PRINTER PROMPT
```

7.2.8 集合的并运算

SQL支持集合的并(UNION)运算,即将两个SELECT命令的查询结果通过并运算合并成一个查询结果。合并的规则如下。

①不能合并子查询的结果。

②两个SELECT命令的查询结果必须具有相同的字段个数。

③两个查询结果的对应字段必须具有相同的数据类型和取值范围。

④仅最后一条SELECT命令中可以使用ORDER BY子句,而且排序选项必须是数字。

例7.28 查询出职称为“教授”或“副教授”的教师的信息。

```
SELECT * FROM 教师 WHERE 职称="教授";
UNION;
SELECT * FROM 教师 WHERE 职称="副教授"
```

例7.29 在选课成绩表中查询选修了G0001和G0002课的所有学生的学号和期末分,并以期末分降序排序。

```
SELECT 学号,期末分 FROM 选课成绩 WHERE 课程号="G0001";
UNION;
SELECT 学号,期末分 FROM 选课成绩 WHERE 课程号="G0002" ORDER BY 2 DESC
```

7.3 SQL数据定义功能

SQL数据定义有3组命令:建立数据库对象(CREATE)、修改数据库对象(ALTER)和删除数据库对象(DROP)。本节以数据库表对象的3个命令:建立表结构(CREATE TABLE)、修改表结构(ALTER TABLE)和删除表(DROP TABLE)来阐述SQL数据定义功能。

7.3.1 建立表结构

在第4章中介绍了利用表设计器建立表结构的方法,在Visual FoxPro中,还可以通过SQL的CREATE TABLE命令建立表结构,其格式为

```
CREATE TABLE|DBF <表名1> [NAME <长表名>] [FREE]
(<字段名1> <字段类型> ( <字段宽度> [, <小数位数>] )[ NULL| NOT NULL]
[CHECK <条件表达式1> [ERROR <出错提示信息> ]]
[DEFAULT <表达式1>] [PRIMARY KEY | UNIQUE ] REFERENCES <表名2>
[TAG <标识1>]
[<字段名2> <字段类型> ( <字段宽度>[, <小数位数>] )[NULL| NOT NULL]
[CHECK <条件表达式2 > [ERROR <出错提示信息>] ]
```

[DEFAULT ＜表达式 2 ＞] [PRIMARY KEY| UNIQUE] REFERENCES ＜表名 3＞
[TAG ＜标识 2＞]
…)| FROM ARRAY ＜数组名＞

说明：

用 SQL 命令给出表结构设计的所有信息，完成表结构建立的操作。其中各选项的含义如下。

- 表名 1：建立表的文件名。
- NAME：如果要建立长表名，则需要加上 NAME。
- FREE：表示创建的表为自由表。当打开一个数据库，此时所建立的新表会自动加入到该数据库作为数据库表，除非使用参数 FREE 说明该新表是一个自由表。如果没有打开数据库，该参数无意义，即建立的表为自由表。
- 字段名 1，字段名 2，……：建立新表的字段名。
- 字段类型：说明字段类型，如表 7.4 所示。
- 字段宽度及小数位数：如表 7.4 所示。
- NULL，NOT NULL：规定该字段是否接收 NULL(空值)，其默认值为 NULL。
- CHECK ＜条件表达式＞：检测字段的值是否有效，是数据库的完整性检查。
- ERROR ＜出错提示信息＞：进行 CHECK 检测时，当不满足条件，即条件表达式的值为假时，显示该出错提示信息。在创建某表的表结构并为该表的某个字段建立了完整性检测的条件表达式时，当为该表输入数据时，系统会自动检测所输入的字段值是否满足条件表达式，如果使条件表达式为假，系统自动显示出错提示信息。
- DEFAULT ＜表达式＞：给一个字段指定默认值。
- PRIMARY KEY：指定数据库表的某字段为关键字段。如果该表为自由表，则不能使用该参数。
- UNIQUE：指定某个字段为候选关键字段。指定某字段为关键字段或候选关键字段时，该字段不允许出现重复值。
- REFERENCES ＜表名＞：新创建的表作为子表，而这里指定的表作为新创建的表的永久性父表。
- TAG ＜标识＞：确定父表中的关联字段。若省略该参数，则父表中的主索引字段默认为关联字段。
- FROM ARRAY ＜数组名＞：用指定的数组元素值创建表。

表 7.4　数据类型说明

字段类型	字段宽度	小数位数	说　明
C	n		字符型，宽度为 n，无小数
D			日期型，默认宽度为 8 个字节(Date)
T			日期时间型(DateTime)
N	n	d	数值型，宽度为 n，小数位为 d(Numeric)
F	n	d	浮点数值型，宽度为 n，小数位为 d(Float)

续表

字段类型	字段宽度	小数位数	说　明
I			整数型(Integer)
B		*d*	双精度型(Double)
Y			货币型(Currency)
L			逻辑型(Logical)
M			备注型(Memo)
G			通用型(General)

下面举例说明 CREATE TABLE 命令的用法。

例 7.30 创建一个教师表 Teacher,表结构为教师代号(字符型)、姓名(字符型)、性别(逻辑型)、职称(字符型)、工资(货币型)、执教起始时间(日期型)。

```
CREATE TABLE Teacher(教师代号 C(8), 姓名 C(8), 性别 L, 职称 C(10), ;
  工资 Y, 执教起始 D)
```

由于没有打开或新建任何一个数据库,则建立的 Teacher 表是一个自由表。

例 7.31 创建一个学生表 Student,表结构为学号(字符型)、姓名(字符型)、性别(逻辑型)、出生日期(日期型)、高考成绩(整数型)、简历(备注型)。其中,学号不能为空,允许简历为空,出生日期的默认值为{^1990/1/1},并且设置检测高考成绩数据范围的条件表达式,成绩在500～600之间,当输入数据超过该范围时,显示出错提示信息“高考成绩在500～600之间,请重新输入”。

```
CREATE DATA 学生教师管理
CREATE TABLE Student (学号 C(8)NOT NULL, 姓名 C(8), 性别 L, 出生日期 D ;
  DEFAULT {^1990/1/1},高考成绩 I CHECK 高考成绩>=500 and 高考成绩<=600;
  ERROR "高考成绩在 500～600 之间,请重新输入",简历 M NULL)
```

由于需要设置出生日期字段的默认值及高考成绩的 CHECK 选项,如果没有打开或建立任何数据库,该命令是无法进行的,要想执行必须删除默认值的设置及 CHECK 选项。也就是说,该命令的执行必须打开数据库。因此,首先创建一个学生教师管理数据库,此时建立的 Student 表为数据库表。如果在打开某数据库的环境下,加上 FREE 选项,则建立的表为自由表,但必须删除默认值的设置及 CHECK 选项。

例 7.32 在创建的学生教师管理数据库中,创建4个表:教师表、课程表、任课表和成绩表,并且建立它们之间的联系。

```
OPEN DATA 学生教师管理
CREATE TABLE 教师表(教师代号 C(6)PRIMARY KEY, 姓名 C(8), 性别 L,;
    职称 C(10),工资 N(8,2))
CREATE TABLE 课程表(课程号 C(5)PRIMARY KEY, 课程名 C(20), 学分 I )
CREATE TABLE 任课表(教师代号 C(6), 课程号 C(5), 教师姓名 C(8),;
    FOREIGN KEY 教师代号 TAG 教师代号 REFERENCES 教师表, ;
    FOREIGN KEY 课程号 TAG 课程号 REFERENCES 课程表)
```

```
CREATE TABLE 成绩表(学号 C(7),课程号 C(5),成绩 N(5,1),;
    FOREIGN KEY 课程号 TAG 课程号 REFERENCES 课程表)
MODIFY DATABASE
```

使用"FOREIGN KEY 教师代号 TAG 教师代号 REFERENCES 教师表"建立了任课表与教师表的联系。其中,短语"FOREIGN KEY 教师代号"用于设置任课表的教师代号字段为一个普通索引,同时说明该字段为联接字段,通过引用教师表的主索引"教师代号"与教师表建立联系(TAG 教师代号 REFERENCES 教师表)。同理,也建立了任课表与课程表之间的联系、成绩表与课程表之间的联系(FOREIGN KEY 课程号 TAG 课程号 REFERENCES 课程表)。用命令 MODIFY DATA BASE 打开数据库设计器,可以看到所建立的表及它们之间的联系,如图 7.9 所示。

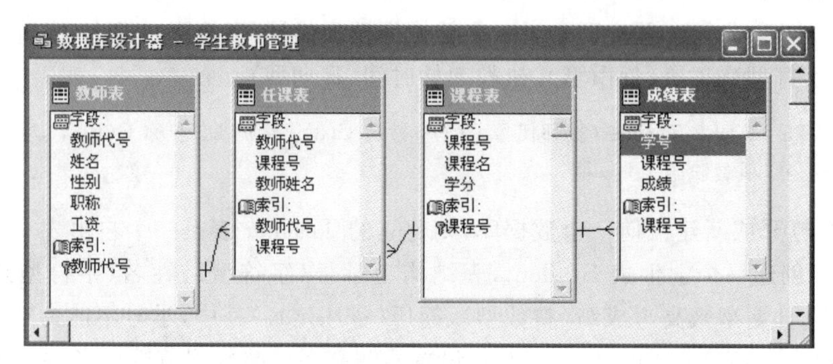

图 7.9　使用 SQL 命令创建数据库表及它们之间的联系

从以上例子可以知道通过 SQL CREATE 命令既可以建立表,还可以建立表之间的联系,还可以通过编辑参照完整性完善数据库的设计。

注意:用 SQL CREATE 命令建立的表自动在最小可用工作区以独占方式打开,并可以通过别名来引用。

如果建立的是自由表,即当前没有打开数据库或者打开了数据库却使用了 FREE 选项,则许多选项在命令中不能使用,如 NAME,CHECK,DEFAULT,FOREIGN KEY,PRIMARY KEY 和 REFERENCES 等。

7.3.2 删除表

SQL 删除表的格式为

DROP TABLE <表名>

该命令的功能是直接从磁盘上删除所指定的表文件。必须注意此处所指定的表文件是否是数据库中的表,如果是,则使该数据库为当前打开的数据库。执行删除操作后,从数据库中删除该表,否则虽然从磁盘上删除了该表文件,但记录在数据库文件中的信息却没有删除,以后会出现错误提示信息。如果是自由表,则直接从磁盘中删除该表文件。在删除自由表时,必须关闭数据库,否则会显示在当前的数据库中找不到该表对象的错误提示信息。

例如：

```
OPEN DATA 学生教师管理
DROP TABLE 成绩表
DROP TABLE 任课表
DROP TABLE 课程表
DROP TABLE 教师表
```

注意：必须先删除成绩表、任课表，再删除其他两个表，如果先删除课程表或教师表，会弹出一个消息框，说明课程表或教师表在一个关系中被引用，无法删除。

7.3.3　修改表结构

SQL修改表结构的命令是ALTER TABLE，该命令有3种格式。

格式1：

```
ALTER TABLE <表名1>
ADD|ALTER [COLUMN] <字段名> <字段类型> [(<宽度> [,<小数位数>])]
[NULL| NOT NULL] [CHECK <逻辑表达式> [ERROR <出错信息显示> ]]
[DEFAULT <表达式> ] [PRIMARY KEY | UNIQUE ]
[REFERENCES <表名2> [TAG <标识名> ]]
```

该格式的命令可以添加(ADD)新的字段或修改(ALTER)已有的字段，其语法格式基本和CREATE TABLE的语法格式相对应。

例7.33　在例7.32的基础上，为教师表增加一个整数型的教龄字段。要求教龄字段不能为空值，默认值大于等于10，如果出错，则显示提示信息“教龄大于等于10年！”。

```
ALTER TABLE 教师表 ADD 教龄 I NOT NULL DEFAULT 10;
    CHECK(教龄>=10)ERROR "教龄大于等于10年!"
```

例7.34　在学生教师管理数据库中，创建3个表：Student，Score和Course；然后修改这3个表，在Student表中增加学号字段，并设置其为关键字段，修改Course表中的课程号字段为关键字段；最后对这3个表建立关联，Score表与Student表以学号字段进行联接，Score表与Course表以课程号字段进行联接。

```
CREATE TABLE Student(姓名 C(10),入学成绩 N(5,1))
CREATE TABLE Course(课程号 N (7),课程名称 C(20),学分 N(1))
CREATE TABLE Score(学号 C(6),课程号 C(7),期末成绩 N(5,1))
ALTER TABLE Student ADD 学号 C(6)NOT NULL PRIMARY KEY
ALTER TABLE Course ALTER 课程号 C(5)PRIMARY KEY
ALTER TABLE Score ALTER 学号 C(6)PRIMARY KEY REFERENCES Student TAG 学号
ALTER TABLE Score ALTER 课程号 C(5)REFERENCES Course TAG 课程号
```

用命令MODIFY DATABASE打开数据库设计器，可以看到所建立的表及它们之间的联系，如图7.10所示。

通过该格式的命令，可以修改字段的类型、宽度、有效性规则、错误信息、默认值，并可以定

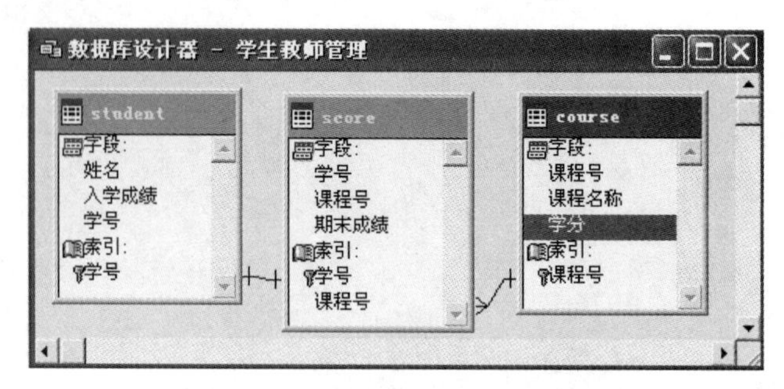

图 7.10　创建数据库表及建立联系

义主关键字和建立表间的联系等，但不能修改字段名，不能删除字段，不能删除已经定义的规则等。

格式 2：

ALTER TABLE <表名>
ALTER [COLUMN] <字段名> [NOT NULL]
[SET DEFAULT <表达式>] [SET CHECK <逻辑表达式> [ERROR <出错显示信息>]]
[DROP DEFAULT] [DROP CHECK]

该格式的命令主要用于定义、修改和删除有效性规则及默认值定义。

例 7.35　根据例 7.34，定义 Student 表的入学成绩字段不能为空值，设置有效性规则及默认值，然后再对 CHECK 选项作相应修改及删除。

```
ALTER TABLE Student ALTER 入学成绩 NOT NULL
ALTER TABLE Student ALTER 入学成绩 SET DEFAULT 500 SET CHECK ;
  入学成绩>=500 AND 入学成绩<=600 ERROR "入学成绩在 500 到 600 之间"
```

注意：在定义时，NOT NULL 与 DEFAULT 和 CHECK 规则要分别进行设置。如果要重新设置 DEFALUT 和 CHECK 规则，以及删除有效性规则设置，命令如下。

```
ALTER TABLE Student ALTER 入学成绩 SET DEFAULT 550 SET CHECK ;
  入学成绩>=550 AND 入学成绩<=600 ERROR "入学成绩在 550 到 600 之间"
ALTER TABLE Student ALTER 入学成绩 DROP DEFAULT DROP CHECK
```

以上对入学成绩字段的有效性规则的定义和对默认值的设置，以及删除这些规则，都可以在表 Student 的表设计器中显示出来。

格式 3：

ALTER TABLE <表名> [DROP [COLUMN] <. 字段名>]
[SET CHECK <逻辑表达式> [ERROR <出错显示信息>]]
[DROP CHECK]
[ADD PRIMARY KEY <表达式> TAG <索引标识> [FOR <逻辑表达式>]]
[DROP PRIMARY KEY]
[ADD UNIQUE <表达式> [TAG <索引标识> [FOR <逻辑表达式>]]]
[DROP UNIQUE TAG <索引标识>]
[ADD FOREIGN KEY <表达式> TAG <索引标识> [FOR <逻辑表达式>]

```
REFERENCES <表名 2> [TAG <索引标识> ]]
[DROP FOREIGN KEY TAG <索引标识> [SAVE ]]
[RENAME COLUMN <原字段名> TO <目标字段名> ]
```

通过该格式的命令，可以删除指定字段（DROP [COLUMN]）、修改字段名（RENAME COLUMN）、修改指定表的完整性规则，如主索引、外关键字、候选索引并建立关联等，以及对表的合法值限定的建立与删除。

例 7.36 在例 7.35 的基础上完成以下操作。

```
ALTER TABLE Course SET CHECK SUBSTR(课程号,1,1)="T" ERROR "课程号以 T 开头"
ALTER TABLE Course DROP CHECK
ALTER TABLE Course ADD PRIMARY KEY 课程号 TAG 课程号
ALTER TABLE Course DROP PRIMARY KEY
ALTER TABLE Score ADD FOREIGN KEY 课程号 TAG 课程号 ;
    REFERENCES Course TAG 课程号
ALTER TABLE Score DROP FOREIGN KEY TAG 课程号
ALTER TABLE Score RENAME COLUMN 期末成绩 TO 期末分
ALTER TABLE Course DROP COLUMN 课程名称
ALTER TABLE Course ADD UNIQUE 课程号 TAG 课程号
ALTER TABLE Course DROP UNIQUE TAG 课程号
```

打开如图 7.10 所示的学生教师管理数据库，当进行以上的各种操作后，均可以在该数据库中的数据库表中显示出来。

7.4 SQL数据操纵功能

SQL 数据操纵功能主要完成对数据库中数据的操作，由数据插入（INSERT）、数据更新（UPDATE）和数据删除（DELETE）等命令组成。

7.4.1 数据插入

Visual FoxPro 支持两种 SQL 数据插入命令的格式，第 1 种是标准格式，第 2 种是 Visual FoxPro 的特殊格式，分别如下。

格式 1：

```
INSERT INTO <表名> [(字段名 1 [,<字段名 2> [,…]])]
VALUES(<表达式 1> [,<表达式 2> [,…]])
```

该命令用 INSERT INTO 在指定表的尾部添加一条新记录，具体的记录值为 VALUES 后面表达式的值。

当只需要插入某些字段的数据时，只需列出插入数据的字段名，数据位置必须与相应表达式一一对应；当需要插入表中所有字段的数据时，表名后面的字段名都可以省略，但插入数据的表达式格式及顺序必须与表的结构一一对应。

格式 2：

INSERT INTO <表名> FROM ARRAY <数组名>| FROM MEMVAR

该命令在指定表的尾部添加一条新记录。“FROM ARRAY <数组名>”说明从指定的数组中插入记录值;“FROM MEMVAR”说明从同名的内存变量插入记录值。

例 7.37　向学生表尾部追加记录。

```
INSERT INTO 学生 VALUES("07452109","李丙","男",1.74,;
  {^1989-09-18},"法学",.T.,"优秀学生干部")
INSERT INTO 学生(学号,姓名)VALUES("07452120","张丁")
```

例 7.38　定义一个数组 A(4),向数组中的各个数组元素赋值,并利用该数组向教师表中添加记录。

```
DIMENSION A(4)
A(1)="T0002"
A(2)="张甲"
A(3)="男"
A(4)="教授"
INSERT INTO 教师 FROM ARRAY A
```

Visual FoxPro 要求数组中各数组元素的数据类型与表中各字段的数据类型要一一对应。如果数据类型不一致,则新记录对应的字段值为空值;如果表中的字段数大于数组中的数组元素个数,则多出的字段值为空值。

若在当前工作区中没有打开表,执行插入数据命令后,将在当前工作区打开命令中指定的表,并在尾部添加数据;若在当前工作区中打开的是其他表,则执行该命令后将在一个新的工作区中打开命令中指定的表,在尾部添加新记录,并且保持原工作区为当前工作区。

下面一组命令说明 INSERT INTO …FROM ARRAY 的使用方式。

```
USE 教师
SCATTER TO B
COPY STRUCTURE TO 教师 1
INSERT INTO 教师 1 FROM ARRAY B
SELECT 教师 1
BROWSE
```

7.4.2 数据更新

SQL 的 UPDATE 命令用于对指定表中记录的某些字段值进行数据更新。格式为

UPDATE [<数据库名>!] <表名>
SET <字段名 1>=<表达式 1>[,<字段名 2>=<表达式 2>…] [**WHERE** <逻辑表达式>]

WHERE 子句用于指定更新条件,对满足条件的记录的字段用表达式的值进行更新。若

不使用 WHERE 子句，则对全部的记录进行更新。

例 7.39 在学生档案表中，将学号为 07170102 的学生的籍贯改为黑龙江，民族改为满族。

```
UPDATE 学生档案 SET 籍贯="黑龙江", 民族="满" WHERE 学号="07170102"
```

例 7.40 在选课成绩表中，对学号前两个字符为“07”的学生所选修的课程为“大学英语”的平时分加 10 分。

```
UPDATE 选课成绩 SET 平时分=平时分+10 ;
  WHERE SUBSTR(学号,1,2)="07" AND 课程号 IN;
    (SELECT 课程号 FROM 课程 WHERE 课程名称="大学英语")
```

注意：UPDATE 一次只能在单个表中更新记录。

7.4.3 数据删除

SQL 的 DELETE 命令用于对指定表中的记录进行逻辑删除，即添加删除标记。格式为

DELETE FROM [<数据库名>!] <表名> [WHERE <条件表达式>]

例 7.41 在学生表中，逻辑删除性别为男并且选修了课程号为 G0005 的课程的学生记录。

```
DELETE FROM 学生 WHERE 性别="男" AND 学号 IN;
  (SELECT 学号 FROM 选课成绩 WHERE 课程号="G0005")
```

执行以上操作后，在学生表中对满足条件的男生记录进行了逻辑删除，但没有进行物理删除。被逻辑删除的记录可以通过 RECALL 命令取消逻辑删除。

若在当前工作区中没有打开表，执行该删除命令后将在当前工作区中打开命令中指定的表，并进行逻辑删除；若在当前工作区中打开的是其他表，则执行该命令后将在一个新的工作区中打开命令中指定的表，进行逻辑删除，并且保持原工作区为当前工作区。

习 题 7

1. 简述 SQL 的功能及特点。

2. 填空题。

(1)SQL 的操纵命令包括________，DELETE 和 UPDATE。

(2)在 SQL 的 SELECT 命令中，用于检索的函数有 COUNT，AVG，SUM，________和________。

(3)在 SQL 的 SELECT 命令中，将结果存放在一个表中使用________子句，将结果存放到文本文件中使用________子句。

(4)在 ORDER BY 子句的选项中，DESC 代表________输出。如果省略 DESC 时，代表________输出。

3. 判断题。

(1)SQL 的 SELECT 命令是用 FOR 子句来限定筛选条件的。

(2)使用 SQL 的 SELECT 命令时,所涉及的数据表必须先打开。

4. 已有一学生教师管理数据库,有学生、学生档案、课程、选课成绩、教师和任课 6 个表,用 SQL 命令完成下列操作。

(1)对选课成绩表,查询选修了课程号为 G0004 的所有学生的期末考试成绩的平均分、最高分和最低分,并且以课程号、平均分、最高分和最低分字段输出。

(2)对教师表,统计教授和副教授的总人数,只显示以"职称"、"教授副教授人数"为列名的两列。

(3)对教师表,查询从 2004 年开始从教的教师的以姓名及从教起始。

(4)在学生表中,查询学号前两位为"07"的学生的学号、姓名及专业。

(5)在学生表中,查询非自动化或建筑学专业的学生的姓名及专业。

(6)在学生档案表中,查询具有跳舞特长的学生的学号及籍贯。

(7)子查询:在课程和选课成绩两个表中,查询选修了"大学计算机基础"课的所有学生的学号。

(8)子查询:在课程和选课成绩两个表中,查询选修了"大学英语"或"大学计算机基础"课的所有学生的学号。

(9)子查询:在学生和选课成绩两个表中,查询所有至少一门课程分数在 95 分以上的学生的所有信息。

(10)多表查询:在学生、选课成绩和课程 3 个表中,查询选修了"高等数学"课的学生的信息,要求输出姓名、课程名称和期末分等字段信息。

(11)多表查询:将第 10 题用内部联接查询命令来实现。

(12)在学生表中,按性别统计男女生人数,要求输出性别、男女生人数字段。

(13)在学生和选课成绩表中,查询在各自所选修的课程中期末成绩的平均分大于等于 85 的学生的学号和姓名。

(14)在课程和选课成绩表中,查询被选课程的期末平均分大于等于 85 的课程的课程号和课程名称,并将结果存入表 lx1.dbf 中。

(15)查询课程名称中含有"基础"字样的课程的课程号、课程名称、课时,按课程号降序排序,并将结果存入表 lx2.dbf 中。

第8章

结构化程序设计

Visual FoxPro 的工作方式有人机交互工作方式和程序工作方式，前面各章都是以人机交互工作方式，即在命令窗口中逐条输入命令或通过选择菜单来执行 Visual FoxPro 命令的。如果我们把有关的操作命令组织在一起，存放到一个文件中，当发出调用该文件的命令后，Visual FoxPro 就会自动地依次执行该文件中的命令，直至全部命令执行完毕，这就是 Visual FoxPro 的程序工作方式。采用程序工作方式来调用 Visual FoxPro 系统功能可以完成更为复杂的任务。

本章将介绍程序设计及其相关的一些内容，包括程序与程序文件、程序的基本结构、多模块程序及程序调试等内容。

8.1 程序文件及其初步操作

学习程序设计首先要了解程序的概念、程序设计的过程和程序结构。

8.1.1 程序的概念

学习 Visual FoxPro 的目的就是要使用它的命令来组织和处理数据、完成一些具体任务。许多任务单靠一条命令是无法完成的，而是要执行一组命令来完成。

例如，在学生表中，要求按学号查询该学生的姓名和专业。根据第 4 章表的基本操作的有关知识，需要做以下事情。

①打开学生表。

②输入待查学生的学号。

③查找该学号对应的记录。

④显示该记录的姓名和专业字段。

如果采用在命令窗口中逐条输入命令的方式进行操作，不仅非常麻烦，而且容易出错。特别是当该任务需要反复执行命令或所包含的命令很多时，这种逐条输入命令执行的方式几乎是不可行的。另外，虽然可以在命令窗口中执行多行命令，但当退出 Visual FoxPro 后，命令窗口中的内容不能保存。这时应该采用程序工作方式。

程序是为了完成某一具体任务而编写的一系列命令（语句）的集合。这组命令被存放在称为程序文件或命令文件的文本文件中。当运行程序时，系统会按照一定的次序自动执行包含在程序文件中的命令。与在命令窗口中逐条输入命令相比，采用程序工作方式有如下好处。

①可以利用程序代码窗口方便地输入、修改和保存程序。

②可以用多种方式、多次运行程序。

③可以在一个程序中调用另一个程序。

8.1.2 程序结构

程序结构是指程序中命令或语句执行的流程样式，常见的程序结构有以下 3 种。

1. 顺序结构

顺序结构是最基本的程序结构，它按命令在程序中出现的先后次序依次执行。绝大多数问题仅用顺序结构是无法解决的，还要用到选择结构和循环结构。

2. 选择结构

选择结构是在程序执行时，根据不同的条件，选择执行不同的程序语句，用来解决有选择、有转移的诸多问题。

3. 循环结构

顺序、选择结构在程序执行时每条语句只能执行一次，循环结构是一种重复结构，能够使某些语句或程序段重复执行若干次。如果某些语句或程序段需要在一个固定的位置上重复执行，使用循环语句是最好的选择。

Visual FoxPro 提供了相应的语句支持选择结构和循环结构的实现。

8.1.3 结构化程序设计概述

结构化程序设计是从软件工程的观点出发，把软件的产生看成系统工程，有严格的规范，按一定的步骤展开。

编制一个完整的程序，通常需要经过如下几个步骤。

①确定用户需要，明确编程目的。

②确定计算方法和计算过程，确定程序的模型。

③确定编程语言，确定重要的输入数据来源和输出格式，画出程序流程图。

④写出对应命令，编写程序。

⑤建立程序文件，输入程序内容。

⑥执行程序文件，调试程序。

⑦修改程序文件。

⑧调试完成后交付使用。

结构化程序设计是一种经典的被普遍采用的程序设计方法，采用自顶向下、逐步求精和模块化的分析方法。

在 Visual FoxPro6.0 中，可以同时应用面向过程和面向对象的编程方法。尽管面向对象程序设计的思想很先进，并且早已成为程序设计的主流，但是，面向对象程序设计是一个相对宏观的思想，书写一个大型函数或程序段，其微观还是过程化的程序设计。开发一个复杂的系统，即便使用 Visual FoxPro 等面向对象的开发工具，仍经常需要书写大段的程序，因此，面向过程的结构化程序设计思想仍然很重要，仍然是设计优秀程序的基础。

自顶向下是指从问题的全局入手，把一个复杂问题分解成若干相对独立的子问题，然后对每个子问题再作进一步分解，如此反复，直到每个问题都得到解决为止。

逐步求精是指程序设计的过程是一个渐进的过程，先把一个子问题用一个模块描述出来，再把每个模块逐步分解细化为一系列的具体步骤，以致能用某种语言的基本控制语句来实现。

模块是能够独立命名，能够独立完成一定功能，能够独立设计、编制、调试、查错、修改与维护的程序语句的集合。模块化就是把大程序按照功能分为若干个较小的程序。一般来讲，一个程序是由一个主控模块和若干个子模块组成的。这种设计风格便于分工合作，将一个庞大的模块分解为若干个子模块分别完成，然后由主控模块调用子模块。程序的模块化结构如图 8.1 所示。

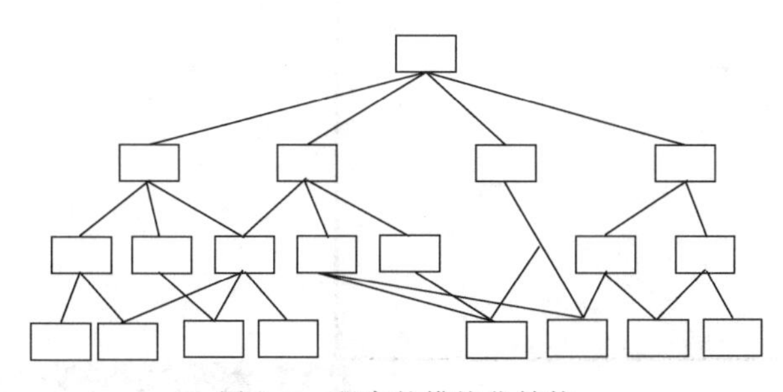

图 8.1　程序的模块化结构

8.1.4　程序文件的建立与运行

程序文件是由命令组成的 ASCII 码文本文件，所以可以用任何文本编辑器或字处理程序来建立和修改程序文件。

1. 程序文件的建立与修改

要建立程序文件，可按以下步骤操作。

①打开文本编辑窗口。

②在文本编辑窗口中输入程序内容。

③保存程序文件。

在 Visual FoxPro 中，建立程序文件的最简便的方法是利用 Visual FoxPro 本身提供的文本编辑器。Visual FoxPro 的文本编辑器可以使用命令方式或菜单方式打开。

(1)命令方式

建立或修改一个程序文件，可使用 MODIFY 命令。格式为

MODIFY COMMAND [<文件名>]

其中，文件名用于指明要建立或修改的文件。如果省略文件名，编辑窗口中会打开名为“程序1”的文件，当关闭窗口时出现对话框，要求输入文件名。文件名前可以指定保存文件的路径，如果没有指定路径，则该程序文件保存到默认目录下。如果文件名中没有给定扩展名，系统自

动加上默认扩展名“prg”。

执行该命令时，系统首先检查默认目录下的磁盘文件。如果指定的文件存在，则打开并修改；如果指定的文件不存在，则系统认为是要建立新文件。

例 8.1 创建程序文件 myprog1.prg，求两个变量的和。

启动 Visual FoxPro 后，在命令窗口中执行命令：

```
MODIFY COMMAND myprog1
```

就会打开以“myprog1.prg”开头的程序代码窗口，如图 8.2 所示。

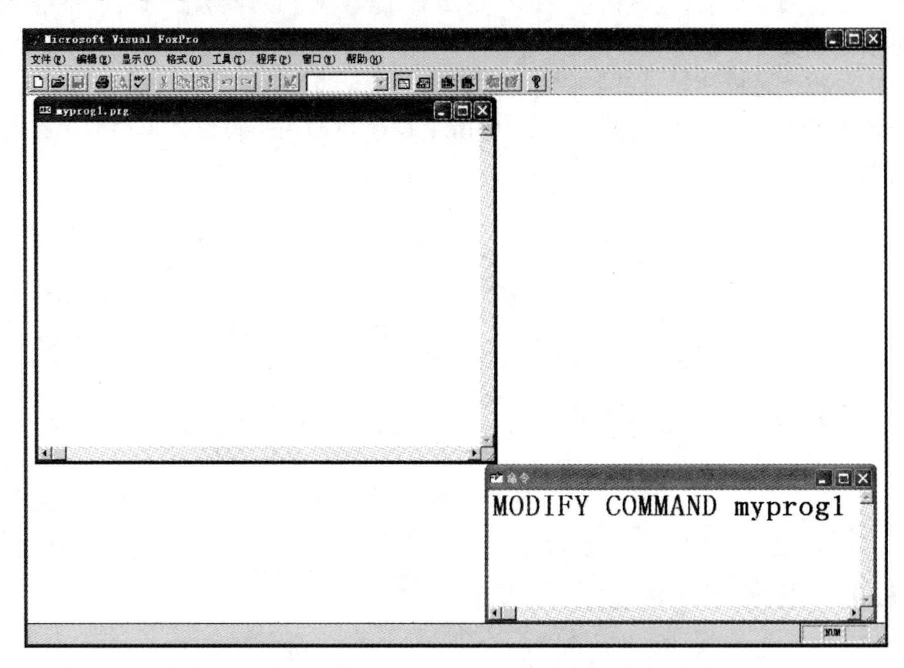

图 8.2 执行 MODIFY COMMAND 命令

在程序代码窗口中输入以下命令。

```
CLEAR
x=10
y=15
z=x+y
? "z 的结果是:"
?? z
```

这里输入的是程序内容，是一条条命令，与在命令窗口中输入命令不同，这里输入的命令是不会马上执行的。

(2)菜单方式

选择“文件”→“新建”菜单项，在弹出的“新建”对话框中选择“程序”单选按钮，再单击“新建文件”按钮，在打开的文本编辑窗口中输入程序内容。

2. 程序文件的保存

程序内容输入完毕后，单击程序代码窗口右上角“关闭”按钮，Visual FoxPro 就会弹出一个警告对话框，提示是否保存所作的修改，如图 8.3 所示。

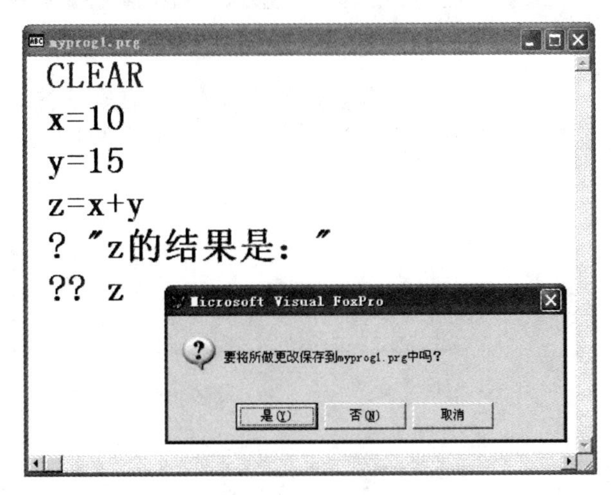

图 8.3　警告对话框

在图 8.3 中，单击“是”按钮即可。

保存程序文件，也可以通过按 Ctrl＋W 快捷键，或选择“文件”→“保存”菜单项实现。

3. 程序文件的运行

在 Visual FoxPro 中，一旦建立好程序文件，就可以用多种方式、多次运行它。

(1)命令方式

在 Visual FoxPro 中，使用 DO 命令运行程序文件或其他文件。格式为

DO ＜文件名＞

如果文件名中没有指定扩展名，系统将按下列顺序寻找该程序文件的源代码或某种目标代码文件运行：. exe(Visual FoxPro 可执行文件)→. app(Visual FoxPro 应用程序文件)→. fxp(编译文件)→. prg(源程序文件)。

DO 命令既可以在命令窗口中发出，也可以出现在某个程序文件中，这样就使得一个程序在运行的过程中还可以调用另一个程序。

例 8.2　运行例 8.1 创建的程序文件。

在命令窗口中执行命令：

```
DO myprog1
```

如果程序没有错误，将会在 Visual FoxPro 的主窗口中显示如图 8.4 所示的运行结果。

(2)菜单方式

在 Visual FoxPro 系统菜单下，选择“程序”→“运行”菜单项，在弹出的“运行”对话框中输入或选择要运行的程序文件，单击“运行”按钮即可。

除了上述两种运行程序文件的方法之外，还可以在程序打开的情况下，单击“常用”工具栏上的 ! 按钮来运行程序。

当程序文件被运行时，文件中包含的命令将被依次执行，直到所有的命令被执行完毕，或者执行到以下命令。

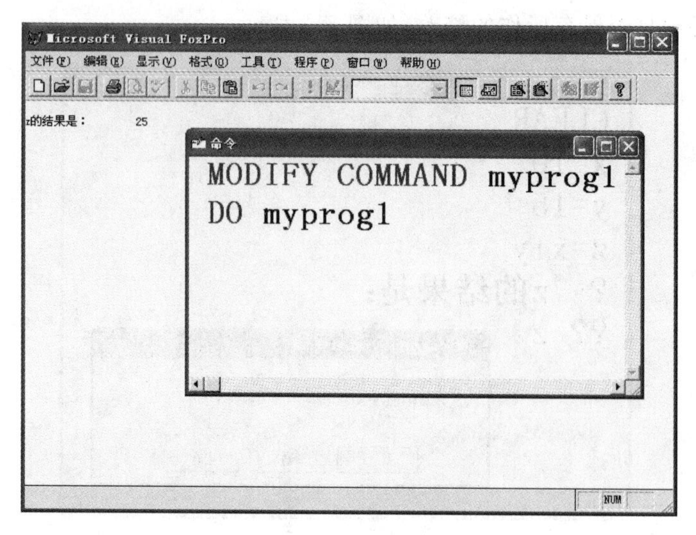

图 8.4　运行结果

● CANCAL:终止程序的运行,清除所有的私有变量,返回命令窗口。

● DO:转去运行另一个程序。

● RETURN:结束当前程序的运行,返回到调用它的上级程序。若无上级程序,则返回到命令窗口。

● QUIT:退出 Visual FoxPro 系统,返回到操作系统。

8.1.5　程序出错时系统的提示

运行程序时,一般不会十分顺利,因为程序经常会出现错误。在程序稍大的情况下,这种情况几乎不可避免。

编程过程中主要会出现 3 类错误,即语法错误、逻辑错误和列外错误,其中语法错误是最容易发现和纠正的。例如,如果在运行 myprog1.prg 时出现了错误,系统就会弹出如图 8.5 所示的"程序错误"对话框,并把错误的程序行反白显示。

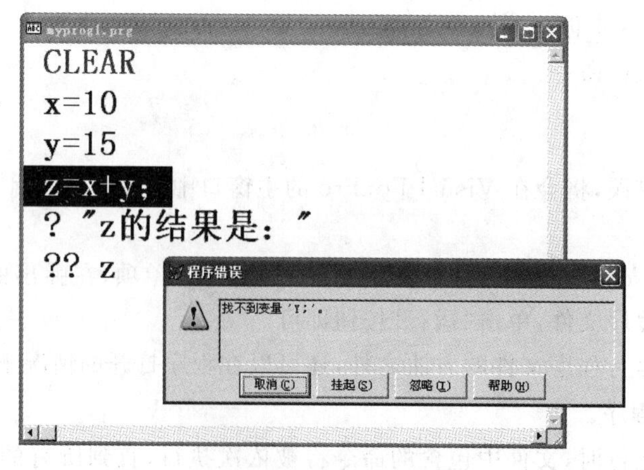

图 8.5　"程序错误"对话框

“程序错误”对话框中的各个按钮的功能如下。

● 取消：取消程序的运行，释放程序在内存中的变量，并打开程序代码窗口。

● 挂起：挂起程序，并打开程序代码窗口。“挂起”按钮和“取消”按钮的区别是，挂起时并不释放程序在内存中定义的变量，被挂起的程序还可以恢复运行。

● 忽略：程序继续运行，直到运行完毕或下一次出错为止。

8.2 顺序结构

顺序结构是一种最简单、最基本的程序结构，其语句或命令的执行是线性的，从头至尾按序执行每一行语句或命令，直到遇到结束语句停止执行。上节中的示例程序都是顺序结构程序，迄今为止所学过的各种操作命令都可以组成顺序结构程序，此外再介绍几个程序中常用的命令。

8.2.1 简单的输入、输出命令

一个程序一般都包含数据输入、数据处理和数据输出 3 个部分。数据的输入和输出代码设计是编写程序都要面临的工作。这里介绍的输入、输出命令，在练习编写小程序时是非常有用的。

1. 任意数据输入命令

格式：

INPUT [<字符表达式>] TO <内存变量>

功能：暂停程序的运行，等待用户从键盘输入数据，用户可以输入任意合法的表达式。当用户以 Enter 键结束输入时，系统将表达式的值存入指定的内存变量中，程序继续运行。

说明：

①如果选用字符表达式，那么系统会首先显示该表达式的值，作为提示信息。

②输入的数据可以是常量、变量，也可以是合法的表达式，即字符型、数值型、日期型或逻辑型表达式，但不能不输入任何内容而直接按 Enter 键。

③输入字符串时必须加定界符，输入逻辑型常量时要用圆点定界(如.T.和.F.)，输入日期型常量时要用大括号(如{^2015-10-08})。

例 8.3　修改例 8.1 的程序文件 myprog1.prg，使其变量 *x* 和 *y* 在程序运行中随机赋值。

根据题意，修改后的程序代码为

```
CLEAR
INPUT "请输入第 1 个数:" TO x
INPUT "请输入第 2 个数:" TO y
z=x+y
? "z 的结果是:"
?? z
```

在命令窗口中执行“DO myprog1”命令后，系统主窗口显示“请输入第 1 个数:”，如图 8.6 所示，并有一个光标紧跟其后，提示用户输入数据。当输入“10”并按 Enter 键后，在系统主窗口的下一行又显示“请输入第 2 个数:”。当再次输入“15” 并按 Enter 键后，系统显示如图 8.7 所示，此时光标回到命令窗口中。

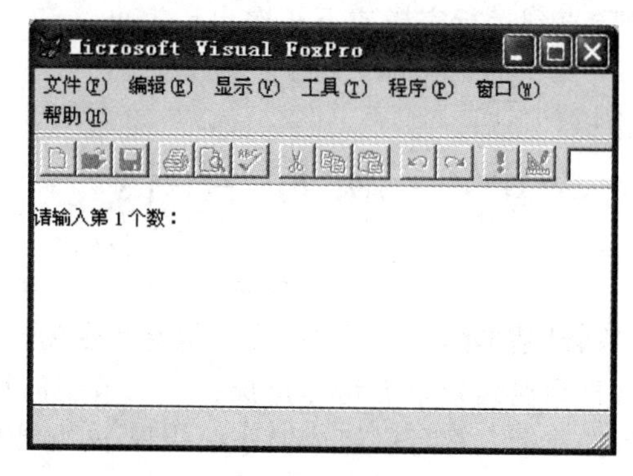

图 8.6　INPUT 命令

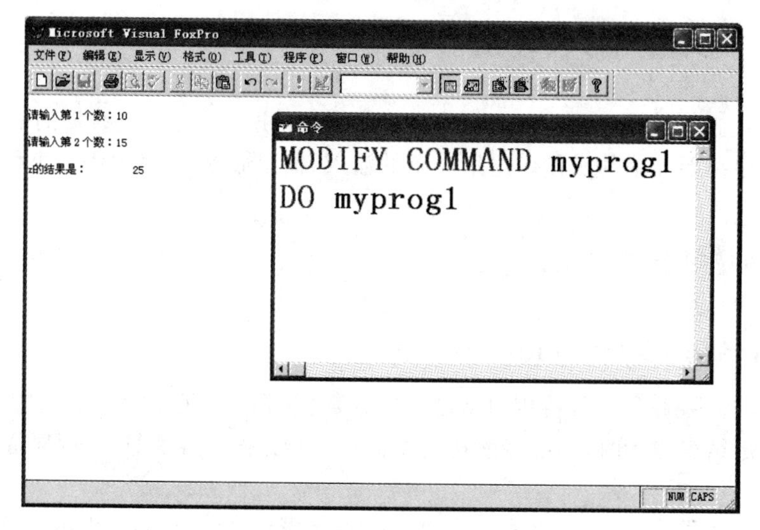

图 8.7　运行结果

2. 字符串接收命令

格式:

ACCEPT [<**字符表达式**>] **TO** <**内存变量**>

功能:暂停程序的运行，等待用户从键盘输入字符串。当用户以按 Enter 键结束输入时，系统将该字符串存入指定的内存变量，程序继续运行。

说明:

①如果选用字符表达式，那么系统会首先显示该表达式的值，作为提示信息。

②该命令只能接收字符串，用户在输入字符串时不需要加定界符，否则系统会把定界符作为字符串本身的一部分。

③如果不输入任何内容而直接按 Enter 键，系统会把空字符串赋给指定的内存变量。

例 8.4　在学生表中，要求输入一个学号查询该学生的姓名和专业。

根据题意，编写的程序代码如下。

```
CLEAR
USE 学生
ACCEPT "请输入学生的学号：" TO XH
LOCATE FOR 学号 $ XH
DISPLAY 学号，姓名，专业
USE
```

当运行该程序时，系统主窗口显示“请输入学生的学号：”，当输入了一个字符串“08341604”并按 Enter 键后，系统显示如图 8.8 所示，此时光标回到命令窗口中。

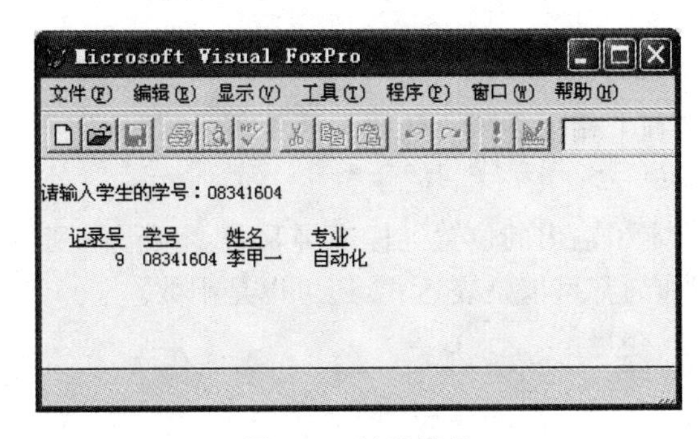

图 8.8　运行结果

注意：在例 8.4 中，如果想看到其他的运行结果，可反复运行程序，每次运行时输入不同的学号，即可得到不同的运行结果。

3. 单个字符接收命令

格式：

WAIT [<**字符表达式**>] [**TO** <**内存变量**>] [**WINDOW** [**NOWAIT**]]
[**TIMEOUT**<**数值表达式**>]

功能：显示字符表达式的值作为提示信息，暂停程序的运行，直到用户按任意键或单击时继续程序的运行。

说明：

①如果字符表达式为空字符串，那么不会显示任何提示信息；如果没有指定字符表达式，则显示默认的提示信息“按任意键继续…”。

②内存变量用来保存用户输入的字符，其类型为字符型。若用户直接按 Enter 键或单击，那么内存变量中保存的将是空字符串。若不选择“TO<内存变量>”短语，输入的单个字符不予保存。

③一般情况下，提示信息被显示在 Viusal FoxPro 主窗口或当前用户自定义窗口里。如果指定了 WINDOW 子句，则会在主窗口的右上角出现一个 WAIT 提示窗口。

④若同时选用 NOWAIT 短语和 WINDOW 子句，系统将不等待用户输入，直接往下执行，只要一移动鼠标或按下任意键，提示窗口自动被清除。

⑤TIMEOUT 子句用来设定等待时间(秒数)，一旦超时就不再等待用户输入，自动往下

执行。

WAIT 只需要用户按一个键，而不像 INPUT 或 ACCEPT 命令需要用按 Enter 键确认输入结束，因此，WAIT 命令的执行速度快，常用于等待用户对某个问题的确认。

8.2.2 格式输入、输出命令

前述的命令是非格式化的，用户不能指定输入、输出的位置，而格式输入、输出命令能按用户的要求输入、输出到指定的位置。

1. 格式输出命令

格式：

@ ＜行,列＞ SAY ＜表达式＞

功能：在第 *X* 行第 *Y* 列上输出表达式的值。

说明：

①命令中的行和列指定了输出的位置。标准屏幕是 25 行 80 列，左上角坐标为(0,0)，右下角坐标为(24,79)。行和列都可以是表达式，还可以是小数。

②表达式可以是常量、变量。

2. 格式输入命令

格式：

@ ＜行,列＞ [SAY ＜表达式＞] GET ＜变量＞
READ

功能：在第 *X* 行第 *Y* 列上输出表达式的内容，然后，接收用户从键盘输入的内容。

说明：

①SAY 子句显示表达式的值，作为提示信息。

②GET 子句中的变量可以是内存变量，也可以是字段变量。若是内存变量，则必须事先赋初值，此初值决定了该变量的类型和宽度。

③READ 用于激活当前所有的 GET 变量，显示并允许修改变量的值。

8.2.3 常用状态设置命令

1. 置会话状态命令

格式：

SET TALK ON/OFF

功能：打开或关闭人机对话。

说明：

在 Visual FoxPro 6.0 中，TALK 的初始状态为 ON。在这种状态下，系统在执行一些非显示命令时，将把运行结果等信息送到屏幕显示。在调试程序时，这种方式是极为有利的；但在执行程序时，一般都不希望如此，它不仅会减慢程序的运行速度，而且还会与程序本身的输出相互夹杂，引起混淆。此时，可用 SET TALK OFF 命令改变 TALK 的状态。当 TALK 处于 OFF 状态时，屏幕上只输出显示命令要求输出的结果。

2. 置打印状态命令

格式：

```
SET PRINTER ON/OFF
```

功能：打开或关闭打印机设备。

说明：

PRINTER 的初始状态是 OFF，当 PRINTER 的状态为 ON 时，输出结果将被传送到打印机中。

3. 置屏幕状态命令

格式：

```
SET CONSOLE ON/OFF
```

功能：启用或废止从程序内向屏幕输出。

说明：

在系统的默认状态下，用户从键盘输入的内容都显示在屏幕上。如果要求输入的内容保密而不被显示，只需使用命令 SET CONSOLE OFF 即可。

4. 置默认驱动器和目录命令

格式：

```
SET DEFAULT TO [＜盘符:＞][＜路径＞]
```

功能：用于将指定的盘符和路径设置为进行输入、输出操作时的默认目录。

说明：

启动 Visual FoxPro 6.0 后，系统有其默认目录，可以通过该命令，重新设置自己的默认目录。命令 SET DEFAULT TO 的执行将不改变默认目录。

8.2.4　程序注释命令

为增强程序的可读性，往往需要在程序中使用注释来对程序进行说明，为阅读程序提供方便。

格式 1：

```
NOTE | * [＜注释＞]
```

格式 2：

```
&& [＜注释＞]
```

功能：引导注释内容。

说明：

①格式 1 引导注释内容时，将整行定义为注释内容。运行程序文件时，不执行 NOTE 或"＊"开头的行。

②格式 2 引导注释内容时，位于命令行的尾部。

③注释是不可执行的部分，它对程序的运行结果不会产生任何影响。

8.3 选择结构

顺序结构无疑最简单，这种结构的程序没有语句执行走向的控制功能。然而任何事情并不总是像记流水账那样简单，有时需要根据不同的条件采取不同的措施，并不希望每一行代码在所有的条件下都运行。编程语言的强大功能在于它能确定某项操作必须在某种条件下才能进行。

选择结构又称分支结构，即根据一定的条件判断来确定程序的走向，构成选择结构的语句有 IF 语句和 DO CASE 语句。

8.3.1 单分支选择结构

格式：

```
IF <条件>
  <语句序列>
ENDIF
```

功能：根据判断条件是否成立，选择执行语句序列。

说明：

执行该语句时，首先判断条件，当条件成立(其逻辑值为真)时，执行 IF 和 ENDIF 之间的语句序列，然后再执行 ENDIF 后面的语句；当条件不成立(其逻辑值为假)时，直接执行 ENDIF 后面的语句。这一执行过程如图 8.9 所示。

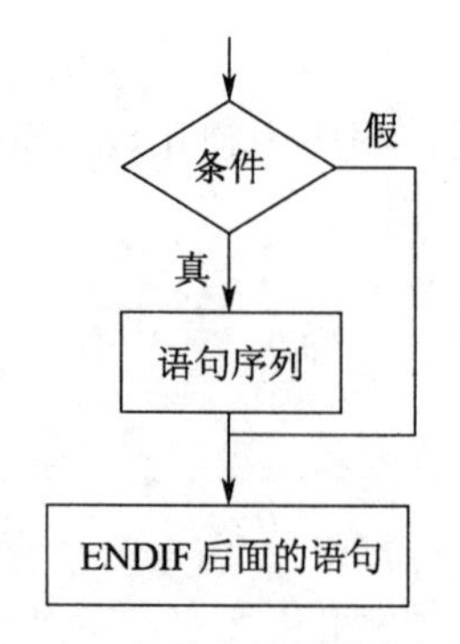

图 8.9　单分支选择结构语句

例 8.5　输入两个实数，按由小到大的次序输出这两个数。

参考程序如下。

```
SET TALK OFF
CLEAR
INPUT "请输入第一个数:" TO A
INPUT "请输入第二个数:" TO B
IF A>B
  T=A
  A=B
  B=T
ENDIF
? "从小到大的次序是:",A,B
SET TALK OFF
RETURN
```

8.3.2　双分支选择结构

格式：

```
IF <条件>
  <语句序列 1>
ELSE
  <语句序列 2>
ENDIF
```

功能：根据判断条件是否成立，从两组语句序列中选择一组执行。

说明：

执行该语句时，首先判断条件，当条件成立时，执行 IF 和 ELSE 之间的语句序列 1，然后再执行 ENDIF 后面的语句；当条件不成立时，执行 ELSE 和 ENDIF 之间的语句序列 2，然后再执行 ENDIF 后面的语句。这一执行过程如图 8.10 所示。

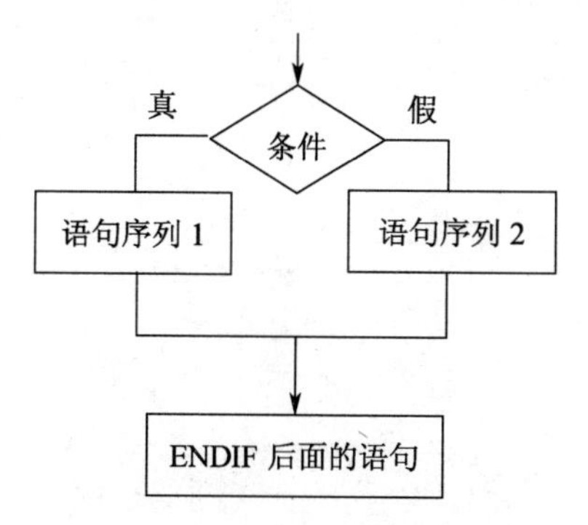

图 8.10　双分支选择结构语句

例 8.6 根据输入的学生姓名,在学生表中查找该学生记录。

参考程序如下。

```
SET TALK OFF
CLEAR
USE 学生
ACCEPT "请输入学生的姓名:" TO NAME
LOCATE FOR 姓名=ALLTRIM(NAME)          && 在学生表中查找记录
IF FOUND()                             && 判断是否找到
  DISPLAY                              && 找到后显示该记录
ELSE
  ? "对不起,查无此人!"
ENDIF
USE
SET TALK ON
RETURN
```

无论是单分支选择结构语句,还是双分支选择结构语句,在使用时需注意以下几点。

①选择语句只能在程序中使用,正因如此,一般称之为语句,而不叫作命令,以后其他语句也是这样。

②IF,ELSE,ENDIF 必须各占一行。

③IF 和 ENDIF 必须成对出现,IF 是本结构的入口,ENDIF 是本结构的出口。

④条件可以是关系表达式、逻辑表达式或其他逻辑量。

⑤IF…ENDIF 语句可以嵌套,但不能交叉。在嵌套时,为了使程序结构清晰,易于阅读,可以按缩进格式书写。

8.3.3 多分支选择结构

IF…ENDIF 语句最多只能将程序分成两路,但在实际应用中会遇到更多分支的情况,如果这时使用 IF…ENDIF 语句,就需要使用嵌套,增加了程序的复杂性,也影响了程序的可读性。这时,一般使用多分支选择结构语句。

格式:

```
DO CASE
  CASE <条件 1>
    <语句序列 1>
  CASE <条件 2>
    <语句序列 2>
  ……
  CASE <条件 n>
    <语句序列 n>
  [OTHERWISE
    <语句序列 n+1>]
ENDCASE
```

功能：根据 n 个条件的逻辑值，选择 $n+1$ 个语句序列中的一个，并执行该语句序列中的各条语句。执行完毕后，转到 ENDCASE 语句后面的语句继续执行。

说明：

执行该语句时，依次判断 CASE 后面的条件是否成立。当某个 CASE 后面的条件成立时，就执行该 CASE 和下一个 CASE 之间的语句序列，然后执行 ENDCASE 后面的语句。如果所有的条件都不成立，若带有 OTHERWISE 子句，则执行 OTHERWISE 与 ENDCASE 之间的语句序列，然后转向 ENDCASE 后面的语句；若不带 OTHERWISE 子句，则直接转向 ENDCASE 后面的语句。这一执行过程如图 8.11 所示。

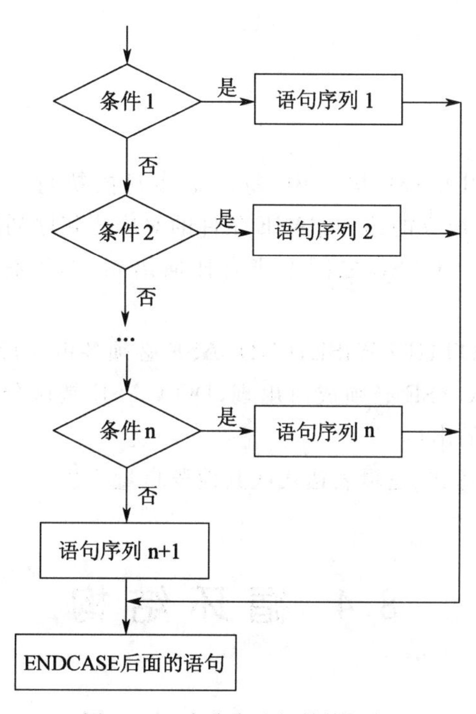

图 8.11　多分支选择结构语句

例 8.7　计算分段函数的值：$f(x)=\begin{cases}2x-1 & (x<0),\\ 3x+5 & (0\leqslant x<3),\\ x+1 & (3\leqslant x<5),\\ 5x-3 & (5\leqslant x<10),\\ 7x+2 & (x\geqslant 10)。\end{cases}$

参考程序如下。

```
SET TALK OFF
CLEAR
INPUT "请输入 x 值：" TO x
DO CASE
  CASE x<0
    f=2*x-1
  CASE x<3
```

```
        f=3*x+5
      CASE x<5
        f=x+1
      CASE x<10
        f=5*x-3
      OTHERWISE
        f=7*x+2
    ENDCASE
    ?"f(x)=",f
    SET TALK ON
    RETURN
```

说明：

①在 DO CASE…ENDCASE 语句中，每次最多只能执行一个语句序列，不管有几个 CASE 条件成立，只有最先成立的那个 CASE 条件的对应语句序列被执行。

②DO CASE 与第 1 个 CASE 之间不应有任何语句，如果有的话，它们将永远不会被执行。

③DO CASE，CASE，OTHERWISE，ENDCASE 必须各占一行。

④DO CASE 和 ENDCASE 必须成对出现，DO CASE 是该分支选择结构的入口，ENDCASE 是该分支选择结构的出口。

⑤条件可以是关系表达式、逻辑表达式或其他逻辑量。

8.4 循环结构

循环结构是特殊类型的命令，它从其线性路径开始分流程序的执行。循环结构也称重复结构，是指程序在执行过程中，其中的某段代码被重复执行多次。被重复执行的代码通常称为循环体。常用的循环语句有以下 3 种形式。

8.4.1 条件循环结构

条件循环结构是一种常用的循环方式，对那些事先不知道循环多少次的事件，使用条件循环比较好。条件循环也称当型循环。

格式：

```
DO WHILE <条件>
  <循环体>
  [LOOP]
  [EXIT]
ENDDO
```

功能:执行该语句时,先判断 DO WHILE 处的循环条件是否成立,如果条件为真,则执行 DO WHILE 与 ENDDO 之间的语句序列(循环体)。当执行到 ENDDO 时,返回到 DO WHILE 处,再次判断循环条件是否为真,以确定是否再次执行循环体。若条件为假,则结束该循环语句,执行 ENDDO 后面的语句。条件循环语句的执行过程如图 8.12 所示。

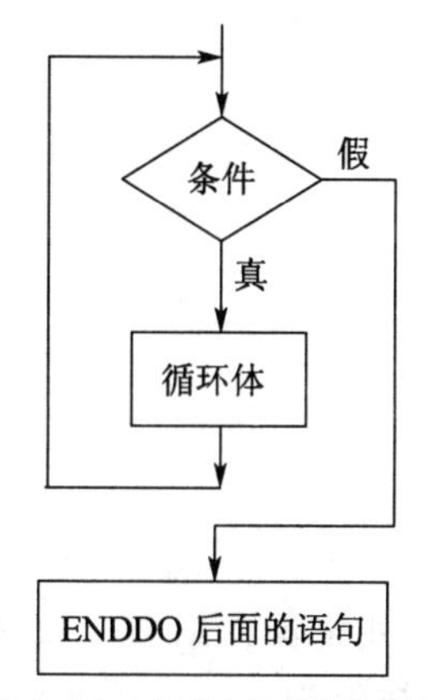

图 8.12　条件循环结构语句

说明:

①DO WHILE 是条件循环结构的起始语句,ENDDO 是条件循环结构的终端语句,中间是循环体。

②如果第一次判断条件时,条件为假,则循环体一次都不被执行。

③如果循环体包含 LOOP 命令,那么当遇到 LOOP 时,就结束循环体的本次执行,不再执行其后面的语句,而是转回到 DO WHILE 处,开始新的循环,重新判断条件。因此,LOOP 命令称为无条件循环命令,且只能在循环结构中使用。

④如果循环体包含 EXIT 命令,那么当遇到 EXIT 时,就结束该语句的执行,转去执行 ENDDO 后面的语句。因此,EXIT 称为无条件结束循环命令,且只能在循环结构中使用。

⑤通常 LOOP 或 EXIT 出现在循环体内嵌套的选择语句中,根据条件来决定是 LOOP 回去,还是 EXIT 出去。包含 LOOP 或 EXIT 命令的循环语句的执行过程如图 8.13 所示。

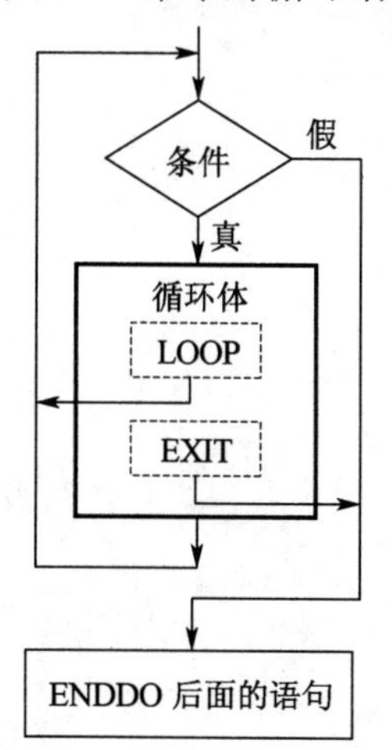

图 8.13　包含 LOOP 或 EXIT 命令的条件循环结构语句

例 8.8 计算 $S=1+2+\cdots+100$。

参考程序如下。

```
SET TALK OFF
CLEAR
S=0
I=1
DO WHILE I<=100
  S=S+I
  I=I+1
ENDDO
?"S=",S                                 &&?"S="+STR(S,4)
SET TALK ON
RETURN
```

该程序中，定义了变量 S 和 I。S 用来保存累加的结果，初值为 0；I 作为被累加的数据，也作为控制循环条件是否成立的变量，初值为 1。重复执行命令“S=S+I”和“I=I+1”，直到 I 的值超过 100。每次循环，S 的值增加 I，I 的值增加 1。

例 8.9 分别统计学生表中男生和女生的人数。

参考程序如下。

```
SET TALK OFF
CLEAR
CLOSE ALL
USE 学生
BROWSE
GO TOP
RS_b=0
RS_g=0
DO WHILE NOT EOF()
  IF 性别="男"
    RS_b=RS_b+1
  ELSE
    RS_g=RS_g+1
  ENDIF
  SKIP
ENDDO
@ 2,30 SAY "男生人数为:"  }
@ 2,45 SAY RS_b          }      &&?"男生人数为:"+STR(RS_b,2)+"人"
@ 3,30 SAY "女生人数为:"  }
@ 3,45 SAY RS_g          }      &&?"女生人数为:"+STR(RS_g,2)+"人"
USE
SET TALK ON
RETURN
```

该程序中，定义了变量 RS_b 和 RS_g，分别用于存放男生和女生的人数，其初值均为 0。DO WHILE 语句使用 NOT EOF()条件表达式控制循环。从表的第一条记录开始进行循环操作，用 SKIP 移动记录指针，直到 EOF()为真时结束循环。

例 8.10　求 1～50 之间的全部偶数之和。

参考程序如下。

```
SET TALK OFF
CLEAR
STORE 0 TO X,Y
DO WHILE .T.
  X=X+1
  DO CASE
    CASE MOD(X,2)=1
      LOOP
    CASE X>50
      EXIT
    OTHERWISE
      Y=Y+X
    ENDCASE
ENDDO
?"1～50之间的偶数之和为:",Y
SET TALK ON
RETURN
```

该程序只是为了说明 LOOP 和 EXIT 的作用。程序中变量 *X* 用于存放被累加的数，变量 *Y* 用于存放累加和。程序的循环条件永远为真，当 *X* 的值大于 50 时，执行 EXIT 命令跳出循环；当 *X* 为奇数时，执行 LOOP 命令直接进行下一次循环。

说明：

①DO WHILE 和 ENDDO 必须各占一行，且它们必须成对出现。

②为使程序最终能退出循环，循环体中至少有一条命令对条件产生影响，否则程序将退不出循环，这种情况称为无限循环或死循环，在程序中要避免出现死循环。

8.4.2　计数循环结构

当事先已经知道某一个事件需要循环多少次时，往往使用计数循环结构。

格式：

```
FOR <循环变量>=<初值> TO <终值> [STEP <步长>]
  <循环体>
  [LOOP]
  [EXIT]
ENDFOR | NEXT
```

功能：执行该语句时，首先将初值赋给循环变量，然后判断循环条件是否成立(若步长为正值，循环条件为循环变量≤终值；若步长为负值，循环条件为循环变量≥终值）。若循环条件成立，则执行循环体，然后循环变量增加一个步长值，并再次判断循环条件是否成立，以确定是否再次执行循环体；若循环条件不成立，则结束该循环语句，执行 ENDFOR 或 NEXT 后面的语句。计数循环语句的执行过程如图 8.14 所示。

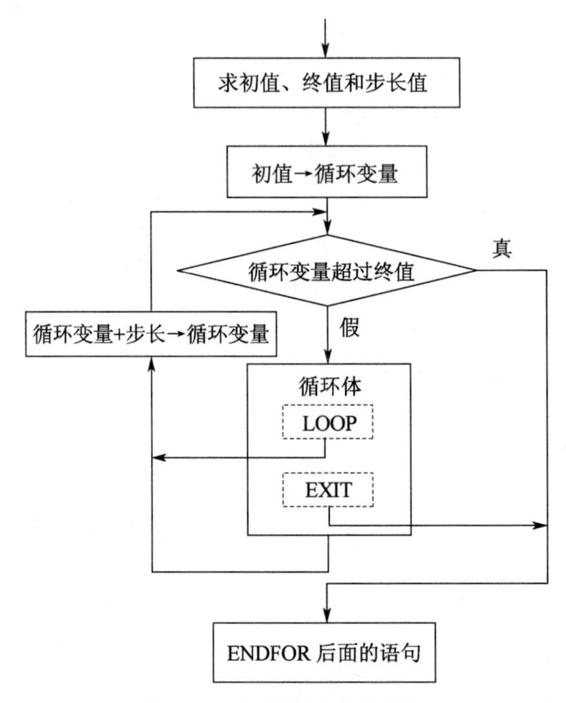

图 8.14　计数循环结构语句

说明：

①步长为循环变量的增量。

②初值、终值和步长都可以是数值表达式，但这些表达式仅在循环语句执行开始时被计算一次。在循环语句的执行过程中，初值、终值和步长是不会改变的。

③可以在循环体内改变循环变量的值，但这会影响循环体的执行次数。

④退出循环后，循环变量的值等于最后一次循环时的值加上步长值。

⑤EXIT 和 LOOP 命令同样可以出现在计数循环结构的循环体内。当执行到 LOOP 命令时，结束循环体的本次执行，然后循环变量增加一个步长值，并再次判断循环条件是否成立。

如果将例 8.8 程序中的条件循环结构改写成计数循环结构，程序更为简洁，参考程序如下。

```
SET TALK OFF
CLEAR
S=0
FOR I=1 TO 100 STEP 1
  S=S+I
ENDFOR
?"S=",S
```

```
SET TALK ON
RETURN
```

例 8.11　从键盘任意输入 10 个数，编程找出其中的最大值和最小值。

参考程序如下。

```
SET TALK OFF
CLEAR
INPUT "请输入第 1 个数：" TO a
STORE a TO max_a,min_a              && 令初始的最大值 max_a 和最小值 min_a 都等于 a
FOR i=1 TO 9                        && 以下依次输入 9 个数，并进行判断和必要的赋值
  INPUT "请输入第"+STR(i+1,2)+"个数：" TO a
  IF a>max_a
    max_a=a
  ENDIF
  IF a<min_a
    min_a=a
  ENDIF
ENDFOR
? "最大值为：",max_a
? "最小值为：",min_a
SET TALK ON
RETURN
```

程序首先读入一个数，一个数的最大值和最小值就是它本身，然后进入循环语句，读入其他 9 个数。每读一个数，就让该数分别与 max_a 和 min_a 相比较。max_a 和 min_a 总是分别保存着到目前为止已经读入的所有数中的最大值和最小值。

例 8.12　计算 $T=1!+2!+\cdots+10!$。

参考程序如下。

```
SET TALK OFF
CLEAR
T=0
P=1
FOR I=1 TO 10
  P=P*I
  T=T+P
ENDFOR
? "T="+STR(T,8)
SET TALK ON
RETURN
```

程序先为变量 P 赋初值 1，然后通过循环语句将命令“P=P*I”重复执行 10 次。循环每次执行时，I 的值依次取 1，2，…，10；循环体每次执行后，P 的值依次为 1!，2!，…，10!。

说明：

①FOR 和 ENDFOR 必须各占一行，且它们必须成对出现。

②循环变量可以是一个内存变量或数组元素。

③当步长值为 1 时，STEP 子句可以省略。

8.4.3 记录循环结构

记录循环结构用于处理整个表文件，即对表中指定的记录逐个执行循环处理。

格式：

```
SCAN [<范围>] [FOR <条件>] [WHILE <条件>]
  <循环体>
  [LOOP]
  [EXIT]
ENDSCAN
```

功能：执行该语句时，首先将记录指针移动到指定范围内的第一条记录上，然后判断记录指针是否超过指定范围及记录是否满足 WHILE 子句所描述的条件。若记录指针超过指定范围或该记录不满足 WHILE 子句所描述的条件，则结束扫描，执行 ENDSCAN 后面的语句。若记录指针未超过指定范围且该记录满足 WHILE 子句所描述的条件，则判断是否满足 FOR 子句所描述的条件，若不满足，记录指针移到下一条记录，进行下一轮循环判断；否则在执行循环体语句后，记录指针下移一条记录，再进行下一轮循环判断。记录循环语句的执行过程如图 8.15 所示。

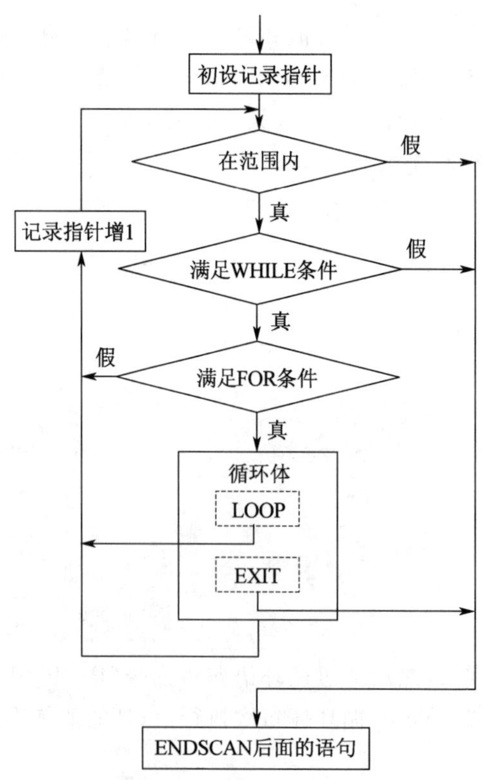

图 8.15　记录循环结构语句

说明：

①对指定范围内满足条件的记录执行循环体，若省略范围，则默认值是 ALL。

②EXIT 和 LOOP 命令的功能与前面的循环结构相同。

例 8.13　逐条显示学生表中 1990 年以后出生的学生的信息。

参考程序如下。

```
SET TALK OFF
CLEAR
CLOSE ALL
USE 学生
SCAN FOR YEAR(出生日期)＞＝1990
  DISPLAY
ENDSCAN
USE
SET TALK ON
RETURN
```

该程序中，SCAN 语句使用记录指针控制循环，使循环从表的第一条记录开始进行，直到 EOF()为真结束。

注意：SCAN 循环语句一般用于某个表中的记录，是 Visual FoxPro 系统特有的一种循环类型。其中，范围、FOR、WHILE 等子句的用法与前相同。

8.4.4　多重循环

为解决许多复杂的实际问题，有时需要使用多个循环语句，即外循环内套有内循环，这就是循环语句的嵌套，也称为多重循环。

以 DO WHILE 循环语句为例，多重循环的一般格式为

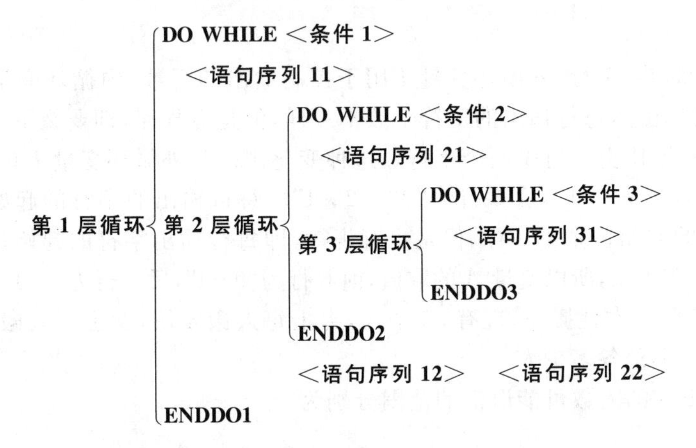

例 8.14 用双重循环,输出以下图形。

```
          $
        $ $ $
      $ $ $ $ $
    $ $ $ $ $ $ $
  $ $ $ $ $ $ $ $ $
$ $ $ $ $ $ $ $ $ $ $
  # # # # # # # # #
    # # # # # # #
      # # # # #
        # # #
          #
```

参考程序如下。

```
SET TALK OFF
CLEAR
FOR I=1 TO 11
  IF I>=7
    A=-3+I
    B=23-2*I
    FT="#"
  ELSE
    A=9-I
    B=2*I-1
    FT="$"
  ENDIF
  ? SPACE(A+20)            && 输出 A+20 个长度的空字符串
  FOR J=1 TO B
    ?? FT
  ENDFOR
ENDFOR
SET TALK ON
RETURN
```

可以看出需要输出的图形共 11 行,外循环变量 I 用于控制输出的行数,内循环变量 J 用于控制每行输出的字符个数。虽然每行输出的字符个数不一样,但是有规律,即要么下一行比上一行多两个字符,要么下一行比上一行少两个字符。这种变化规律与外循环变量 I 有关系,所以变量 B 的取值,前 6 行为"2*I-1",后 5 行为"23-2*I"。每行输出的字符的起始位置由变量 A 来控制,虽然各行的起始位置不一样,但是也有规律,即每行输出字符的起始位置相差一列,这也与外循环变量 I 有关系,所以变量 A 的取值,前 6 行为"9-I",后 5 行为"-3+I"。

例 8.15 有 36 块砖,需要一次性搬完,现有 36 个人,男士每人搬 4 块,女士每人搬 3 块,小孩每两人搬 1 块,问男、女、小孩各多少人。

根据题意,男士、女士、小孩的人数可能取值的范围分别为

男士:0～8;

女士:0～11;

小孩:0～36;

因此，在程序中，定义 3 个内存变量 m,w,c，分别表示男士、女士、小孩的人数，利用两重循环来解决此问题。

参考程序如下。

```
SET TALK OFF
CLEAR
m=0
DO WHILE m<=8
  w=0
  DO WHILE w<=11
    c=36-w-m
    IF m*4+w*3+c/2=36
      ?"男士的人数="+STR(m,2)
      ?"女士的人数="+STR(w,2)
      ?"小孩的人数="+STR(c,2)
      EXIT
    ENDIF
    w=w+1
  ENDDO
  m=m+1
ENDDO
SET TALK ON
RETURN
```

运行该程序后，显示结果为

```
男士的人数= 3
女士的人数= 3
小孩的人数=30
```

以上程序外循环使用了条件表达式，即“m＜＝8”，这种循环条件在循环体内必须有一个累加器，即“m＝m＋1”，否则会造成死循环。另外，使用了 EXIT 强制退出循环，当条件表达式“m＊4＋w＊3＋c/2＝36”为真时，退出循环。

注意：多重循环的内、外循环的层次必须分明，不允许出现交叉。在多重循环中，EXIT 命令使控制跳转到离其最近的 ENDDO 命令(以 DO WHILE…ENDDO 为例)之后，而 LOOP 命令使控制跳转到离其最近的 DO WHILE 命令之中。

8.5　程序的模块化

结构化程序设计方法要求将一个大的系统分解为若干个子系统，每个子系统就构成一个模块。模块是一个相对独立的程序段，它可以被其他模块所调用，也可以去调用其他模块。通常，把被其他模块调用的模块称为子程序，把调用其他模块而没有被其他模块调用的模块称为主程序。

将一个应用程序划分成一个个功能相对简单、单一的模块程序，不仅便于程序的开发，也利于程序的阅读和维护。

8.5.1 模块的定义和调用

程序的模块化在具体实现上就是采用子程序技术，具体形式有 3 种：子程序、过程和函数。

1. 子程序

(1)子程序的结构

子程序是一些基本的小程序，具有相对独立性，可以完成某一个特定的功能，且能被其他程序所调用。

子程序的结构与一般的程序一样，其扩展名也是"prg"，创建、修改和保存的方法也一样，唯一的区别在于子程序中一定要有一条 RETURN 语句，以便返回到被调用程序的调用处继续执行。

格式：

RETURN [TO MASTER]

功能：结束一个子程序的执行，返回到上一级子程序或主程序。若选择 TO MASTER 子句，则表明返回到主程序。

(2)子程序的调用

格式：

DO <子程序文件名>

功能：调用并执行子程序文件的内容。

(3)子程序的调用规则

①主程序可以调用任何子程序。

②子程序不能调用主程序，但子程序与子程序之间可以相互调用。

③子程序调用子程序后，可以返回到调用的子程序中，也可以直接返回到主程序中。

④主程序调用子程序后，必须要返回到主程序的调用语句的下一条语句中继续执行主程序中的各条语句。

程序之间的调用关系如图 8.16 所示。

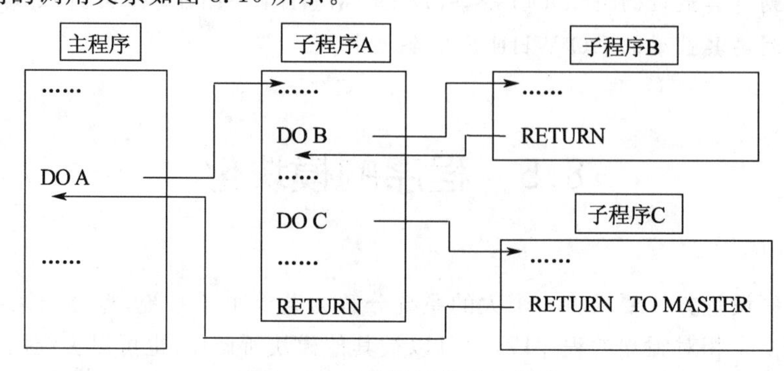

图 8.16 程序调用关系示意图

例 8.16　阅读下列程序，指出其结果。

```
*主程序：Z.prg
SET TALK OFF
CLEAR
STORE 10 TO A1,A2,A3
A1=A1+1
DO Z1                                  &&调用子程序 Z1.prg
? A1+A2+A3
RETURN

*子程序 Z1.prg
A2=A2+1
DO Z2                                  &&调用子程序 Z2.prg
A1=A1+1
RETURN

*子程序 Z2.prg
A3=A3+1
RETURN TO MASTER                       &&返回主程序 Z.prg
```

从程序的执行过程可以看到，在主程序 Z 中定义了 3 个变量 A1，A2 和 A3，并均赋初值为 10，接着执行"A1=A1+1"，使 A1 变成 11，然后调用子程序 Z1。在 Z1 中，首先执行"A2=A2+1"，使 A2 变成 11，接着再调用子程序 Z2。在 Z2 中，首先执行"A3=A3+1"，使 A3 变成 11，接着执行 RETURN TO MASTER 语句，使程序转到主程序 Z 中，执行"? A1+A2+A3"语句。运行结果为

```
33
```

2. 过程

(1)过程的结构

模块可以是命令文件，也可以是过程。我们常常将那些经常出现在程序中且具有某些特定功能的操作代码段单独组成一个模块，称为过程。过程是需要定义的。

格式：

PROCEDURE ＜过程名＞
[PARMETERS ＜参数表＞]
　＜语句序列＞
[RETURN]

功能：创建一个过程。

说明：

①每个过程均以 PROCEDURE 开始，以 RETURN 结束。

②PROCEDURE ＜过程名＞作为某个过程中的第一条语句，它标识了每个过程的开始，同时定义了过程名。

③如果过程以 RETURN 作为结束标志,返回逻辑真.T.,控制将转回到调用程序。如果省略 RETURN 命令,则在过程结束处自动执行一条隐含的 RETURN 命令。

(2)过程的调用

格式:

DO <过程名>

功能:调用过程名指明的过程。

说明:

过程可以放置在程序文件代码的后面,也可以保存在称为过程文件的单独文件里。过程文件的建立仍使用 MODIFY COMMAND 命令,文件的默认扩展名还是"prg"。

过程文件里只包含过程,这些过程能被任何其他程序所调用,但在调用过程文件中的过程之前首先要打开过程文件。打开过程文件的格式为

SET PROCEDURE TO <过程文件 1>[,<过程文件 2>…,][ADDITIVE]

可以打开一个或多个过程文件。一旦一个过程文件被打开,那么该过程文件中的所有过程都可以被调用。如果选用 ADDITIVE 选项,那么在打开过程文件时,并不关闭原先已打开的过程文件。

使用完过程文件后,需及时关闭过程文件。关闭过程文件可以使用下列两条命令之一。

SET PROCEDURE TO

或

CLOSE PROCEDURE

例 8.17 计算 5!+6!+7!。

方法 1:将过程 PRO1 放在过程文件 GC1.prg 中,参考程序如下。

```
*主程序:JCH1.prg
SET TALK OFF
CLEAR
SET PROCEDURE TO GC1                    && 打开过程文件 GC1.prg
P=1
S=0
FOR I=5 TO 7
  DO PRO1                               && 调用过程 PRO1
  S=S+P
ENDFOR
? S
SET PROCEDURE TO                        && 关闭过程文件 GC1.prg
SET TALK ON
RETURN

*过程文件 GC1.prg
PROCEDURE PRO1                          && 定义过程 PRO1
```

```
FOR J=1 TO I
  P=P*J
ENDFOR
RETURN
```

方法 2:将过程 PRO1 放在主程序 JCH2.prg 的后面,参考程序如下。

```
*主程序:JCH2.prg
SET TALK OFF
CLEAR
P=1
S=0
FOR I=5 TO 7
  DO PRO1                          && 调用过程 PRO1
  S=S+P
ENDFOR
? S
SET TALK ON
RETURN

**以下是被调用的过程**
PROCEDURE PRO1                     && 定义过程 PRO1
FOR J=1 TO I
  P=P*J
ENDFOR
RETURN
```

上述两种方法的主程序中都定义了两个变量 P 和 S,分别用于存放累乘积和累加和。两种方法中的过程 PRO1 都用于完成求某个数的阶乘的计算,只是该过程存放的位置不同而已,从过程返回到主程序中,即进行累加求和。

3. 自定义函数

对于函数我们并不陌生,前面已经用到过许多 Visual FoxPro 的内部函数。除了直接调用内部函数外,Visual FoxPro 还允许用户根据需要自己定义函数,这些函数被称为自定义函数。可以像调用内部函数那样调用自定义函数,这样使程序设计工作事半功倍。

(1)自定义函数的结构

一个自定义函数实际上就是一个子程序,唯一的区别是自定义函数在 RETURN 语句后面带有表达式,以指出函数的返回值。

格式:

```
FUNCTION <函数名>
[PARAMETERS <参数表>]
  <语句序列>
RETURN [<表达式>]
```

功能：自定义一个函数。

说明：

①FUNCTION 是标识函数的关键字。函数名是标识函数的名字，以后对函数的调用就用这个名字，这个名字最大可为 32 个字符，包括字母、数字、下划线等。一般选择一个具有一定意义且能体现函数功能的名字，并且这个名字是唯一的，不能和内部函数的函数名同名。

②若自定义函数中包含自变量，程序的第一行必须是参数定义命令 PARAMETERS。

③自定义函数的数据类型取决于 RETURN 语句中的表达式的数据类型，若省略表达式，则返回逻辑真.T.。

(2)自定义函数的调用

格式：

<函数名>(<自变量表>)

功能：调用函数名指定的函数。

说明：

其中的自变量可以是任何合法的表达式，其个数必须与自定义函数中的 PARMETERS 语句里的变量个数相等，自变量的数据类型也应符合自定义函数的要求。

例 8.18 从键盘输入一个圆的半径，输出圆的面积，其中圆的面积的计算通过函数 area 来完成。

参考程序如下。

```
*主程序 ymj.prg
SET TALK OFF
CLEAR
r=0
@ 10,20 SAY "请输入圆的半径：" GET r
READ
?"圆的面积为："
?? area(r)                            && 调用函数 area
SET TALK ON
RETURN

**以下是被调用的自定义函数**
FUNCTION area                         && 自定义名为 area 的函数
PARAMETERS x
s=PI()*x^2                            && 计算圆的面积
RETURN s                              && 返回面积的值
```

可以看出，主程序中通过“?? area(r)”命令调用自定义函数 area，函数 area(r)中的 r 值传递到自定义函数中的 x 中，最后通过“RETURN s”语句返回面积 s 的值。

8.5.2 参数传递

在例 8.18 中，主程序中的 area(r)用于调用函数名为 area 的函数，其中的参数 r 以用户从键盘输入的数据为依据传递到 area 中,所以该参数 r 称为实参;而自定义函数中的 x 是一个形参,它只是用该参数组成一个计算公式的形式,因此形参必须是一个变量。形参与实参可以是同一个变量,也可以不是同一个变量,甚至实参可以用数值来替换。

模块程序可以接收调用程序传递过来的参数,并能够根据接收到的参数控制程序流程或对接收到的参数进行处理,从而大大提供模块程序功能设计的灵活性。

接收参数的格式为

PARAMETERS <形参1>[,<形参2>,…]

用 PARAMETERS 命令声明的形参被看作是模块程序中建立的私有变量,此命令应该是模块程序的第一条可执行命令。

调用模块程序的格式为

DO <文件名>|<过程名> WITH <实参1>[,<实参2>,…]

实参可以是常量、变量,也可以是一般形式的表达式。调用模块程序时,系统会自动把实参传递给对应的形参。形参的数目不能少于实参的数目,否则系统会产生运行时错误。如果形参的数目多于实参的数目,那么多余的形参取初值逻辑假.F.。

调用模块程序时,如果实参是常量或一般形式的表达式,系统会计算出实参的值,并把它们赋值给相应的形参变量,这种情形称为按值传递。如果实参是变量,那么传递的将不是变量的值,而是变量的地址,这时形参和实参实际上是同一个变量(尽管它们的名字可能不同),在模块程序中对形参变量值的改变,同样是对实参变量值的改变,这种情形称为按引用传递。

例 8.19 写出下列程序的运行结果。

```
*主程序:MAIN.prg
SET TALK OFF
CLEAR
X=3
Y=1
DO SUB WITH X,(Y),2
? X,Y
RETURN
**以下是被调用的过程 SUB**
PROCEDURE SUB
PARAMETER A,B,C
A=A+B-C
B=A-B+C
RETURN
```

程序将3个参数传递给过程 SUB,第1个参数 X 采用引用传递的方式,变量 A 的变化将引起 X 的变化;第2个参数 Y 采用值传递方式,B 的变化不引起 Y 的变化;第3个参数是常量。运行结果为

```
2    1
```

8.5.3 内存变量的作用域

程序设计离不开变量。一个变量除了类型和取值之外，还有一个重要的属性就是作用域。变量的作用域指的是变量在什么范围内是有效或能够被访问的。在 Visual FoxPro 中，若以变量的作用域来分，内存变量可分为全局变量、局部变量和私有变量 3 类。

1. 全局变量

在任何模块中都可以使用的变量称为全局变量。全局变量要先建立后使用，可用 PUBLIC 命令建立。

格式：

PUBLIC <内存变量表>

功能：建立全局的内存变量，并为它们赋初值逻辑假.F.。

例如，通过命令“PUBLIC x,y,s(5)”建立了 3 个全局内存变量：简单变量 x 和 y 及含 5 个数组元素的数组 s，它们的初值都是.F.。

全局变量一旦建立就一直有效，即使程序运行结束返回到命令窗口也不会消失。只有当执行 CLEAR MEMORY，RELEASE，QUIT 等命令后，全局变量才被释放。

在命令窗口中直接使用而由系统自动隐含建立的变量也是全局变量。

2. 局部变量

局部变量只能在建立它的模块中使用，不能在上层或下层模块中使用。局部变量要先建立后使用，可用 LOCAL 命令建立。

格式：

LOCAL <内存变量表>

功能：建立局部的内存变量，并为它们赋初值逻辑假.F.。由于 LOCAL 与 LOCATE 前 4 个字母相同，所以这条命令的命令动词不能缩写。

当建立局部变量的模块程序运行结束时，局部变量自动释放。

3. 私有变量

私有变量可以在建立它的模块及其下属的各层模块中使用，可用 PRIVATE 命令建立。

格式：

PRIVATE <内存变量表>

功能：建立指定的内存变量。

PRIVATE 命令可以将上层中创建的与私有变量同名的内存变量隐藏起来，使得这些变量在当前模块中暂时无效。一旦建立私有变量的模块程序运行结束，这些私有变量将自动清除，那些被隐藏的内存变量就自动恢复有效性，并保持原有的取值。

在程序中直接使用（没有通过 PUBLIC 和 LOCAL 命令事先声明）而由系统自动隐含建立的变量都是私有变量。

例 8.20　读下列程序，分析全局变量、局部变量和私有变量的作用域。

```
SET TALK OFF
CLEAR
PUBLIC a,b
a="1"
b="2"
?"主程序中的初值为:a="+a+"b="+b
f1()
?"回到主程序,值为:a="+a+"b="+b

FUNCTION f1()                          && 函数 f1
PRIVATE a
a="f1_1"
?"函数 f1()中的值为:a="+a+"b="+b
f2()
RETURN

FUNCTION f2()                          && 函数 f2
LOCAL a
a="f2_1"
?"函数 f2()中的值为:a="+a+"b="+b
f3()
RETURN

FUNCTION f3()                          && 函数 f3
b="f3_2"
?"函数 f3()中的值为:a="+a+"b="+b
RETURN
```

程序的运行结果如图 8.17 所示。

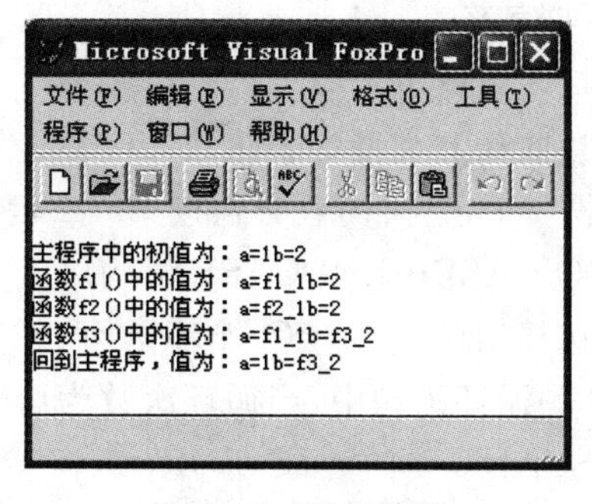

图 8.17　运行结果

在此程序中，主程序调用函数 f1，函数 f1 调用函数 f2，函数 f2 调用函数 f3，分别对变量 a 和 b 进行修改，包括作用域和值。由运行结果可知，全局变量的作用域贯穿整个程序，但在下层模块中可以被私有变量屏蔽；私有变量的作用域贯穿声明的模块和相应的下层模块，但在下层模块中可以被局部变量屏蔽。图 8.18 能形象地说明 3 种变量的作用域。

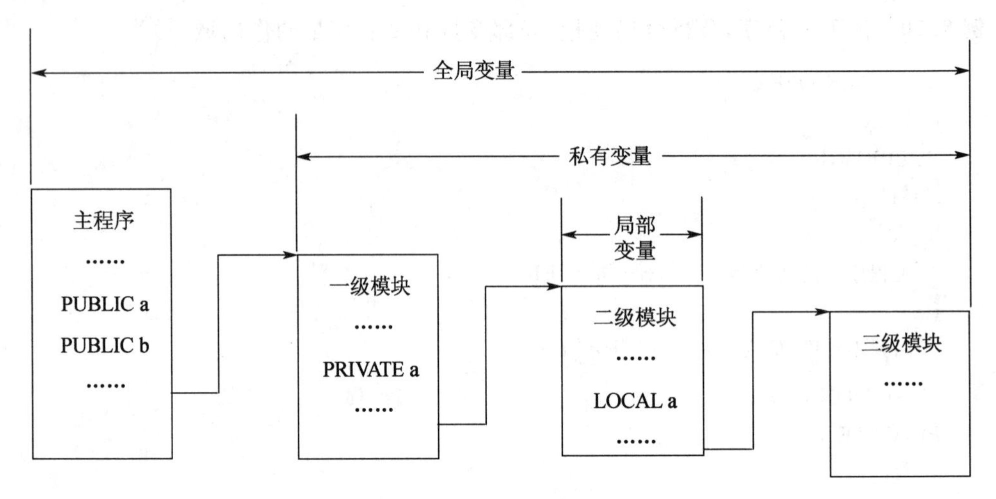

图 8.18　3 种变量的作用域

习　题　8

1. 选择题。

(1)在 Visual FoxPro 中,用于建立或修改过程文件的命令是________。

A. MODIFY <文件名>

B. MODIFY COMMAND <文件名>

C. MODIFY PROCEDURE <文件名>

D. B 和 C 都对

(2)运行程序命令 DO 不能调用扩展名为________的文件。

A. fxp　　B. app　　C. prg　　D. cdx

(3)下列叙述正确的是________。

A. INPUT 命令只能接收字符串

B. ACCEPT 命令只能接收字符串

C. ACCEPT 命令可以接收任意类型的表达式

D. WAIT 命令只能接收一个字符,而且必须按 Enter 键

(4)Visual FoxPro 中的 DO CASE…ENDCASE 语句属于________。

A. 顺序结构　　B. 选择结构　　C. 循环结构　　D. 模块结构

(5)在 Visual FoxPro 的 3 种循环语句中,当循环次数为已知时,应选用________语句。

A. DO WHIIE　　B. SCAN　　C. FOR　　D. LOOP

(6)当变量 i 在奇数和偶数之间变化时,下面程序的运行结果是________。

```
CLEAR
i=0
DO WHILE i<10
  IF INT(i/2)=i/2
    ?"W"
```

```
   ENDIF
   ? "ABC"
   i=i+1
 ENDDO
```

A. W ABC ABC 连续显示 5 次　　B. ABC ABC W 连续显示 5 次

C. W ABC ABC 连续显示 4 次　　D. ABC ABC W 连续显示 4 次

(7)Visual FoxPro 程序设计语句 LOOP 和 EXIT 不能用于________结构中。

A. IF…ELSE…ENDIF　　B. SCAN…ENDSCAN

C. DO WHILE…ENDDO　　D. FOR…ENDFOR

(8)在 DO WHILE 循环中，若循环条件设置为.T.，则下列说法中正确的是________。

A. 程序一定出现死循环

B. 程序不会出现死循环

C. 在语句序列中设置 EXIT 防止出现死循环

D. 在语句序列中设置 LOOP 防止出现死循环

(9)如果一个过程不包含 RETURN 语句，那么该过程________。

A. 没有返回值　　B. 返回 0　　C. 返回.T.　　D. 返回.F.

(10)在 Visual FoxPro 中，如果希望一个内存变量只限于在本过程中使用，说明这种内存变量的命令是________。

A. PRIVATE　　B. LOCAL

C. PUBLIC　　D. 在程序中直接使用(不通过 A,B,C 选项说明)

2. 填空题。

(1)在命令窗口中创建的任何变量或数组，均为________变量。

(2)完善程序题。下列程序的功能是计算数列 1!,2!,…,n!的前 10 项之和。

```
nresult=0
nmult=________
FOR n=1 TO 10
  nmult= nmult * n
  nresult=________
ENDFOR
? nresult
```

(3)完善程序题。下列程序的功能是将任意字符(包括汉字)组成的字符串反序显示。

```
STORE "abcdef 张三" TO c,cc
p=SPACE(0)
DO WHILE LEN(c)>0
  x=ASC(LEFT(c,1))
  i=IIF(X>127,2,1)
  * ASCII 码值大于 127 的字符为汉字(此时 x 为半个汉字)
  p=LEFT(c,i)+________
  C=SUBSTR(c,________)
```

```
ENDDO
? cc+"的反序为:"+p
```

3. 判断题。

(1)使用命令方式进入程序代码窗口时，可以在同一个屏幕上编辑多个文件。 ( )

(2)建立程序文件的过程就是在程序代码窗口中输入一条条命令或语句的过程，当用命令方式或用菜单方式进入程序代码窗口后，可以输入用户所需要的各种命令或语句。 ( )

(3)运行一个程序文件时，只可以使用命令方式，不可以使用菜单方式。 ( )

(4)结构化程序设计，简单地说，就是采用自顶向下、逐步求精的设计方法和单入口、单出口的控制结构。 ( )

(5)结构化程序设计主要依靠系统提供的结构化语句完成，而基本的结构控制方式有顺序结构、选择结构和循环结构。 ( )

(6)@命令的功能是在屏幕指定的位置输出用户所需要的数据。 ( )

(7)读语句是用来读用户从键盘输入的数据，并相应地赋值给指定的变量。 ( )

(8)选择语句中的条件，只允许是逻辑表达式，即只能使用 AND,OR,NOT 逻辑运算符。 ( )

(9)在 Visual FoxPro 中，允许用户进行多层嵌套，原则上没有限制。 ( )

(10)多分支选择语句中的 DO CASE 与第一个 CASE 之间，可以插入其他语句，但这些语句通常是不被执行的。 ( )

(11)多分支选择语句中的 OTHERWISE 选项是指，当所有的条件都不满足时，执行该选项后面的语句序列，执行完后，返回到 DO CASE 语句。 ( )

(12)循环结构中的 3 种语句为当循环结构语句、FOR 循环语句、顺序循环结构语句。 ( )

(13)在应用程序中常用的循环语句条件有多种形式，其中，DO WHILE .T. 表示该循环语句永远满足循环条件。使用这种形式的循环语句，在循环体内必须要有一个 LOOP 命令与一个条件语句进行强制退出。 ( )

(14)循环语句的嵌套，必须是外循环内套一个内循环，也可以外循环内套两个或三个内循环，但它们的嵌套不能交叉进行。 ( )

(15)在主程序中，因为它不返回，因而最后加 RETURN 语句是错误的。 ( )

4. 编程题。

(1)从键盘输入 4 个数，利用计算机判断它们的大小，并分别打印出它们的最大值和最小值。

(2)给出一个百分制的学生成绩，要求利用计算机判断并输出该成绩的等级“优秀”、“良好”、“中等”、“及格”、“不及格”。其中，90 分以上为优秀，80～89 分为良好，70～79 分为中等，60～69 分为及格，60 分以下为不及格。

(3)假设某班在期中考试中，共考英语、物理、化学、生物 4 门课程，其中英语和物理为主课，要求凡是满足以下条件者，打印他们的学号及每门课程的成绩。

①4 门课程总分大于 360 分。

②两门主课中只要有一门为 100 分，其余各门大于 80 分。

③两门主课均大于 90 分，其余各门大于 75 分。

（4）某工厂在年终发放奖金时，奖金基数为 1 万元，为了鼓励职工多创造利润，每个职工实际得到的奖金数额与该职工在一年内所创造的产值直接挂钩。对一年内少于 10 万元产值者，奖金为 3%；等于或大于 10 万元而少于 30 万元产值者，奖金为 5%；等于或大于 30 万元而少于 50 万元产值者，奖金为 7%；50 万元产值以上者，奖金为 9%。请编写一个程序，输入每一个职工的产值，就可得到该职工的实际奖金额。要求：

①用 IF 语句编写程序。

②用 DO CASE 语句编写程序。

（5）输入 20 个数，统计其中正数、负数、零的个数。

（6）编写程序，分别输出如下图形。

```
        *                      1
      * * *                   222
    * * * * *                33333
  * * * * * * *             4444444
* * * * * * * * *          555555555
                          66666666666
                         7777777777777
```

第9章

表单的设计与应用

Visual FoxPro 提供了可视化的程序设计工具，使应用开发者能以直观的方式进行程序运行界面的设置，且这种界面是当今计算机软件的主流样式，即图形方式和窗口风格。这就是 Visual FoxPro 中的表单设计。应用开发者进行表单设计时，表单内可以包含标签、文本框、命令按钮、表格及列表框等各种界面元素，形成供用户操作使用的功能窗口或对话框。用户使用这种表单界面的应用程序，可以对数据进行编辑、查询和统计等各种操作。

本章主要介绍表单的创建，表单的基本设置与使用，以及常用的表单控件及其应用。

9.1 表单的初步操作

表单(form)是可视化程序设计的载体。为了进行可视化的程序设计，必须首先掌握创建、运行和保存表单的方法，并且熟悉与表单设计有关的工具栏。

9.1.1 创建表单

在 Visual FoxPro 中，创建表单一般采用两种方法：一是由表单向导创建表单；二是用表单设计器创建表单。

1. 由表单向导创建表单

Visual FoxPro 的表单向导可帮助应用开发者创建基于一个表的表单或者创建基于两个具有一对多关系的表的表单。

使用表单向导创建表单的主要操作步骤如下。

①选择“文件”→“新建”菜单项，系统弹出“新建”对话框。在“新建” 对话框中，选择“表单”单选按钮，单击“向导”按钮，如图 9.1 所示。

②在系统弹出的“向导选取”对话框中，从“选择要使用的向导”列表框中选择要使用的向导，然后单击“确定”按钮，如图 9.2 所示。

无论使用两种表单向导的哪一种，系统都会打开相应的对话框，一步一步地向用户询问一些简单的问题，并根据用户的回答自动创建表单。

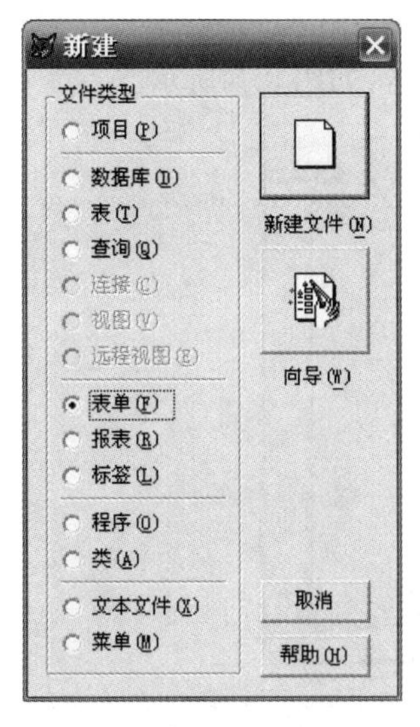

图 9.1　“新建”对话框

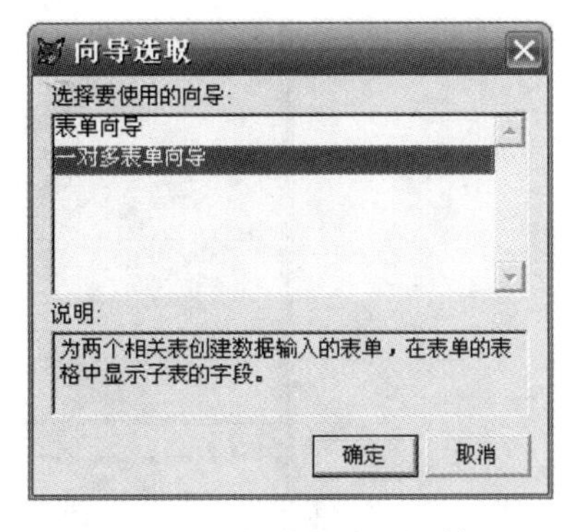

图 9.2　“向导选取”对话框

2. 用表单设计器创建表单

使用表单设计器创建表单，可以有 3 种创建方法。

(1)使用菜单方式创建

所用的菜单命令与上面的向导方式相同，只是在“新建”对话框中，单击“新建文件”按钮即可。

(2)由项目管理器创建

①在“项目管理器”窗口中选择“全部”选项卡，选择“文档”层次下的“表单”图标，然后单击“新建”按钮，如图 9.3 所示。

②在系统弹出的“新建表单”对话框中，单击“新建表单”按钮，如图 9.4 所示。

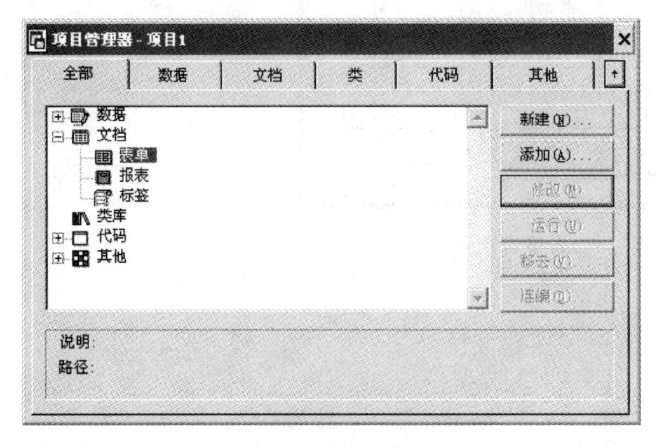

图 9.3　“项目管理器”窗口

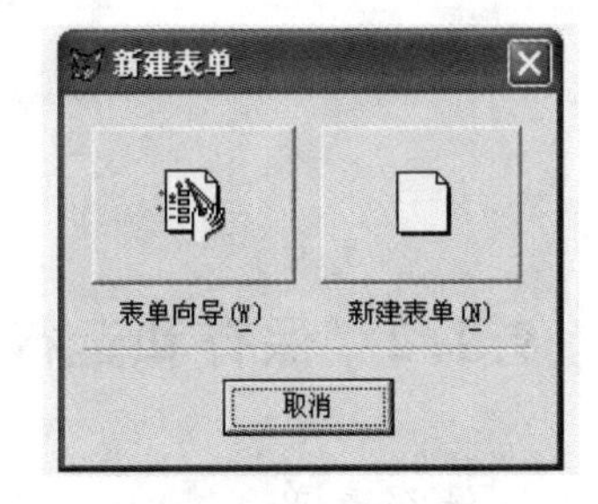

图 9.4　“新建表单”对话框

(3)使用命令方式创建

格式：

```
CREATE FORM [文件名]
```

功能:创建表单。

不管采用哪种方法创建表单,系统都将打开表单设计器,如图 9.5 所示。

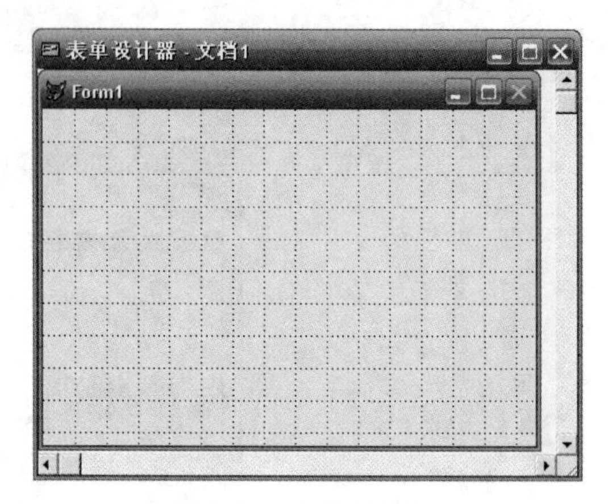

图 9.5　表单设计器

在表单设计器为系统的当前子窗口时,Visual FoxPro 系统菜单中将显现“表单”菜单。“表单”菜单中的菜单项可用于进行表单的有关操作,再利用与表单设计相关的一些工具栏,应用开发者可以交互式、可视化地设计具有应用特点的表单。

表单设计作为一种可视化的编程方式,其大体设计步骤是先进行界面设置再进行代码编写。图 9.6 展示的是一个已设计好并正在运行的表单,其主要功能是根据用户输入的学号查询学员的课程成绩。

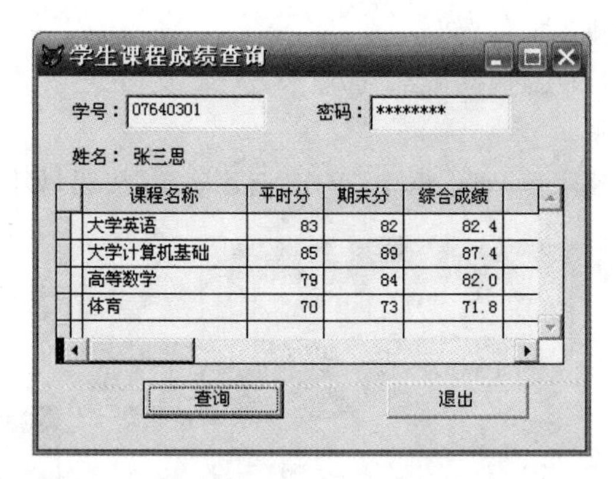

图 9.6　表单应用示例

9.1.2　保存和运行表单

1. 保存表单

要保存设计好的表单,可以在表单设计器环境下选择“文件”→“保存”菜单项,或单击“常用”工具栏上的“保存”按钮,然后在打开的“另存为”对话框中指定表单文件的文件名,表单将保存在一个表单文件和一个表单备注文件里。系统将表单文件以“scx”为扩展名保存,将表单备注文件以“sct”为扩展名保存。

2. 运行表单

运行表单的方式有多种,常用的有如下4种。

(1)菜单方式

选择"表单"→"执行表单"菜单项。

(2)在设计表单时运行

首先打开表单设计器,然后单击"常用"工具栏上的"运行"按钮,或者在表单设计器中右击,在弹出的快捷菜单中选择"执行表单"命令。

(3)在项目管理器中运行

在项目管理器中选择"文档"选项卡中的"表单",然后选定相应的表单文件,再单击"运行"按钮。

(4)命令方式

可在命令窗口中输入以下命令运行表单。

DO FORM <表单名>

实际上,用命令运行表单的方式主要出现在程序代码中,这样就可以实现应用系统对表单的调用。

3. 打开表单

选择"文件"→"打开"菜单项,在"打开"对话框中选择文件类型为表单,选定相关文件夹中的指定表单文件,单击"确定"按钮,该表单即呈现在表单设计器中。

用"MODIFY FORM <表单文件名>"命令也可以打开表单。

9.1.3 与表单设计有关的工具栏

在设计表单时,可以利用系统具备的"表单设计器"工具栏和"表单控件"工具栏等对表单设计提供帮助和支持。

1. "表单设计器"工具栏

"表单设计器"工具栏是表单设计器的总工具栏,该工具栏上的9个按钮依次为"设置Tab键次序"按钮、"数据环境"按钮、"属性窗口"按钮、"代码窗口"按钮、"表单控件工具栏"按钮、"调色板工具栏"按钮、"布局工具栏"按钮、"表单生成器"按钮和"自动格式"按钮,如图9.7所示。

图9.7 "表单设计器"工具栏

"表单设计器"工具栏与其他工具栏一样,既可以隐藏,又可以显示。如果选择"显示"→"工具栏"菜单项,出现"工具栏"对话框,从中选中"表单设计器"复选框,则在设计表单时出现"表单设计器"工具栏。

2."表单控件"工具栏

"表单控件"工具栏主要用于在表单中添加各种控件,其中包含 4 个辅助按钮和 21 个控件按钮,如图 9.8 所示。

"表单控件"工具栏的 4 个辅助按钮分别如下。

- "选定对象"按钮:默认该按钮处于按下状态。当该按钮处于按下状态时,表示不可添加控件,此时可以对已添加的控件进行编辑。当该按钮处于未按下状态时,表示允许添加控件。
- "查看类"按钮:在设计表单时,除了可以使用基类外,还可以使用保存在类库中的用户自定义类,但要先将它们添加到"表单控件"工具栏中后才能使用。添加的方法是单击工具栏上的"查看类"按钮,在弹出的菜单中选择"添加"命令,弹出"打开"对话框,选定所需的类库文件,单击"打开"按钮。要使"表单控件"工具栏重新显示基类,可在单击"查看类"按钮后弹出的菜单中选择"常用"命令。

图 9.8 "表单控件"工具栏

- "按钮锁定"按钮:用于在表单中连续添加某一个控件。当该按钮被按下时,从"表单控件"工具栏中选定某种控件按钮,就可以在表单中连续添加这种控件。再次单击该按钮可解锁。
- "生成器锁定"按钮:当该按钮处于按下状态时,每次往表单添加控件,系统都会自动打开相应的生成器,以便用户对控件的常用属性进行设置。再次单击该按钮可解锁。

在实际应用中,"表单控件"工具栏的 21 个控件按钮使用得更为频繁,它们的具体用法将在 9.3 节讨论。

3."布局"工具栏

"布局"工具栏主要用于界面设计过程中各控件的对齐与位置设置,如图 9.9 所示。

图 9.9 "布局"工具栏

9.2 表单的基本设置与编辑

表单的设计主要在表单设计器中进行,设计中经常涉及表单属性的设置、方法的调用及事件的响应,还时常需要有表配合表单一起使用,而向表单添加各种所需的控件更是必不可少,这些都是表单设计中应该掌握的基本操作。

9.2.1 表单的属性及其设置

表单的属性是对表单外观或运行特征的描述。表单的属性有很多,刚刚新建表单时,这些属性都有相应的默认值，创建表单后，常常需要根据应用情况重新设置其中的某些属性。表单的常用属性如表 9.1 所示。

表 9.1　表单的常用属性

属性名	含　义	默认值
BackColor	表单背景色	235,233,237(Windows XP) 240,240,240(Windows 7)
BorderStyle	表单边框样式及是否可调	3-可调边框
Caption	表单标题	Form1
MaxButton	表单是否有"最大化"按钮	.T.-真
Name	表单名称	Form1
Picture	显示在表单上的图形	(无)
ShowWindow	表单是子表单还是顶层表单	0-在屏幕中
Width	表单的宽度	375
WindowType	表单是否有模式，有模式则不能切换	0-无模式

1. 设置表单属性

在设计表单时，如果需要改变表单某个属性的值，可以在表单设计器中右击表单本身，在快捷菜单中选择"属性"命令，然后在系统显示的"属性"窗口中进行设置操作，如图 9.10 所示。

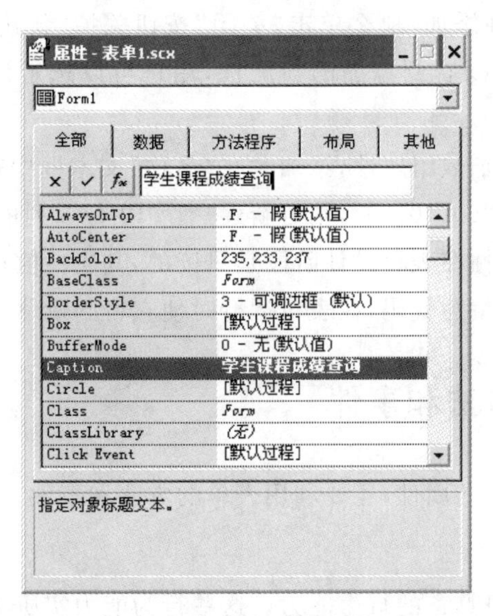

图 9.10　表单设计时的"属性"窗口

设置属性时，先在"属性"窗口的列表框中选定要设置新值的属性，当该属性值可由用户输入时，列表框上方相邻处就呈现为文本框，用户在此输入新属性值，然后按 Enter 键完成设置；当该属性值只能在系统设定项中选取时，列表框上方相邻处则呈现为下拉列表框，用户从中选取即可。前者如表单的 Caption 属性，后者如表单的 ShowWindow 属性。

为使"属性"窗口显示得更清楚，可调整窗口整体的宽度，并且当鼠标指向该窗口中列表框内属性名与属性值两列交界处时，可以调整这两列的宽度。

通常，一属性若能在“属性”窗口中设置新值，那么也可在程序代码中为该属性赋值。一般来说，相对静态的属性取值就在“属性”窗口中设置，相对动态的属性取值要用代码为其赋值。另外，一些属性的值还可以在程序中被读取，进而加以分析和利用。总之，在编程时可以对某些属性进行读或写的操作，这在本章后面的案例中可以见到。

2. 添加新属性

根据应用需求用户可以为表单添加新属性，并像其他常用属性一样设置和引用。向表单添加新属性时，选择“表单”→“新建属性”菜单项，打开“新建属性”对话框，在其中的“名称”文本框中输入新属性的名称，并且还可以在“说明”文本框中输入简明扼要的说明信息，然后单击“添加”按钮，如图 9.11 所示。

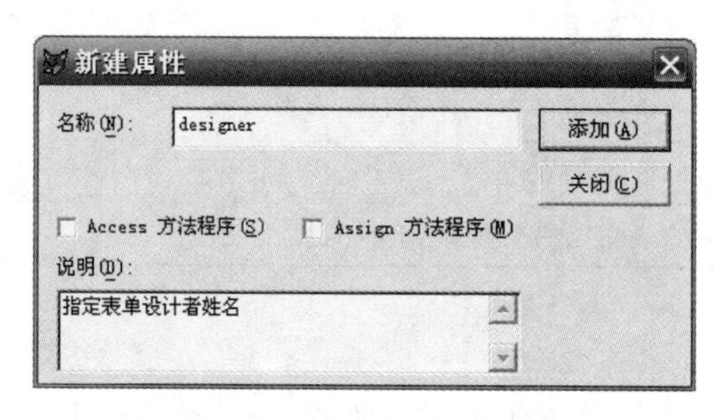

图 9.11 “新建属性”对话框

如果之后没有另一属性添加，那么单击“关闭”按钮关掉“新建属性”对话框。随后在“属性”窗口中列表框的底部可以看到添加的新属性，用户可以选定该属性，为之设置相应的属性值。

如果有需要，还可以添加数组属性，添加时在“名称”文本框中输入数组名，并指定数组最大下标及维数。例如，输入“qq[10,3]”，则可新建一个 10 行 3 列的二维数组属性。不过此时应注意的是，新建的数组属性在表单设计阶段是只读的，其属性值在“属性”窗口的列表框中以斜体显示，但可用相应命令编写代码，在表单运行时使它得到赋值。

9.2.2 表单的方法和事件

表单设计不仅涉及表单的属性，还要利用表单的方法和事件。

1. 表单的方法

表单的方法是表单自身具备的行为能力。这些行为能力实质源于系统封装的一些预设程序过程，系统将它们作为表单的方法，供用户需要时调用，其程序过程的名称就是方法的名称，程序执行效果就是方法的作用。

表单的方法有很多，在“属性”窗口中选择“方法程序”选项卡，其中的列表框里名称不含“Event”字样的即为已有预设程序过程的表单方法，但多数不太常用，表单的常用方法如表 9.2 所示。

表 9.2　表单的常用方法

方法名称	说　明
Release	将表单从内存中释放
Refresh	刷新表单或控件
Show	显示表单
Hide	隐藏表单

调用表单的某个方法可产生相应的行为效果，调用的一般形式为

ThisForm.＜方法名称＞

这样的调用构成 Visual FoxPro 认可的一条命令。例如，以下一条方法调用命令用于释放当前表单。

```
ThisForm.Release
```

2.表单的事件

表单的事件是表单能感知并且可响应的外部操作。这里所谓的外部操作，其一是指系统对表单进行的操作，其二是指用户对表单施加的操作。

表单的事件已由系统全部列举并命名。在“属性”窗口中选择“方法程序”选项卡，其中的列表框里名称后缀有“Event”单词的即为表单的事件，但多数事件与应用开发者关系不大，表单的常用事件如表 9.3 所示。

事件的作用在于它实际上是一个可利用的机会。系统为每种事件预留了空的过程，可称之为事件过程，系统将对应的事件名称就作为该事件过程的名称。编程者如果需要利用哪个事件，就在该事件过程中写入所需代码。表单运行时，一旦某个事件被触发了，该事件过程就会激活投入执行，此即所谓事件驱动的机制。

表 9.3　表单的常用事件

事件名称	说　明
Load	在对象创建之前触发
Init	当对象创建时触发
Click	单击对象时触发
RightClick	右击对象时触发
Error	当事件或方法发生错误时触发
Destroy	当对象从内存中释放时触发

3.表单的属性、方法和事件应用示例

下面进行一个教学示范性的表单设计，从中可以学习属性的设置、方法的调用和事件过程的编写。

例 9.1 响应操作的表单。新建一个表单，其标题初始设置为“我的表单”，表单被加载时，标题为“Load 加载”；表单被改变尺寸时，标题为“Height:”及表单当前高度；表单被单击时，标题为“Click 单击”；表单被双击时，标题为“DblClick 双击”，并弹出消息框，提示“确定后将关闭表单”，随后调用表单的 Release 方法关闭表单。

操作步骤如下。

①选择“文件”→“新建”菜单项，系统弹出“新建”对话框。在“新建” 对话框中，选择“表单”单选按钮，单击“新建文件”按钮，即可打开表单设计器。

②在表单设计器中右击表单，在快捷菜单中选择“属性”命令，然后在“属性”窗口的列表框中选定 Caption 属性，将其值设置为“我的表单”。

③在表单设计器中右击表单，在快捷菜单中选择“代码”命令，然后在该表单的 Load 事件过程窗口中输入代码，如图 9.12 所示。此处的一行代码为赋值语句，赋值号左边是对该表单 Caption 属性的引用，整个语句的效果是向 Caption 属性写入新的字符。

图 9.12　Form1 的 Load 事件过程

④接着在事件过程窗口右上方的下拉列表框中选择 Resize 事件，然后输入所需代码，如图 9.13 所示。此处代码也只有一条赋值语句，赋值号右边表达式中对该表单 Height 属性的引用是读取它的值。

⑤同理，可输入另外两个事件过程的代码。

以下为该表单 Click 事件过程的代码。

```
ThisForm.Caption="Click 单击"
```

以下为该表单 DblClick 事件过程的代码。

```
ThisForm.Caption="DblClick 双击"
MessageBox("确定后将关闭表单")            && 弹出消息框
ThisForm.Release                          && 调用表单的释放方法
```

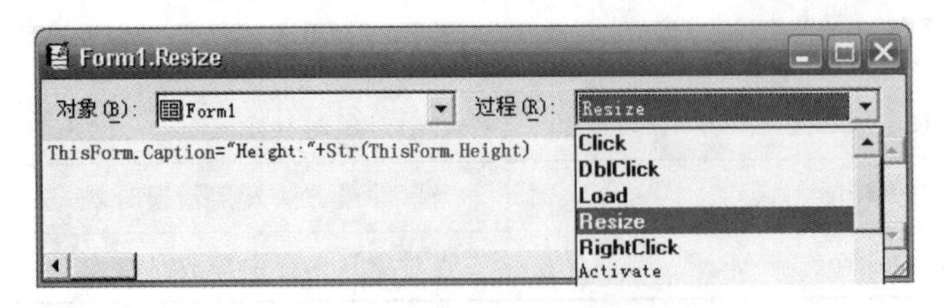

图 9.13　Form1 的 Resize 事件过程

⑥所需代码设计完成后，关闭上述事件过程窗口，使表单设计器为当前窗口，然后单击“常用”工具栏上的“运行”按钮，响应保存表单的提示后，表单将投入运行，Load 事件将被系统先期触发，之后用户可尝试改变表单运行时的尺寸，或者单击表单，或者双击表单，从而观察相应

的变化。图 9.14 显示的是表单运行时高度被用户缩小为 96 时的效果。

图 9.14　运行结果

9.2.3　设置表单的数据环境

表单的数据环境是表单使用时能够添加表的一种容器,其中所添加的表主要是作为实体集的表文件,也可以是当前数据库中的视图。

表单中的文本框、表格及列表框等控件常常需要使用表中的数据或结构信息,将这些控件添加在某表单上,如果让所用到的表也同时伴随着该表单,则数据的交互会更简捷。

向表单的数据环境添加表,就是使表伴随着表单,就能在表单设计和运行时方便地使用数据。当表单运行时,数据环境中的表会被自动打开;当表单关闭时,数据环境中的表会被自动关闭。

1. 数据环境设计器及表的添加

Visual FoxPro 提供数据环境设计器用以管理数据环境。在表单设计器中右击表单,选择快捷菜单中的“数据环境”命令,系统将打开数据环境设计器,数据环境被可视化地表示出来。如果数据环境为空,并且当前有打开的数据库,系统还同时弹出“添加表或视图”对话框,供用户添加数据库中的表或视图,还可添加其他表,如图 9.15 所示。

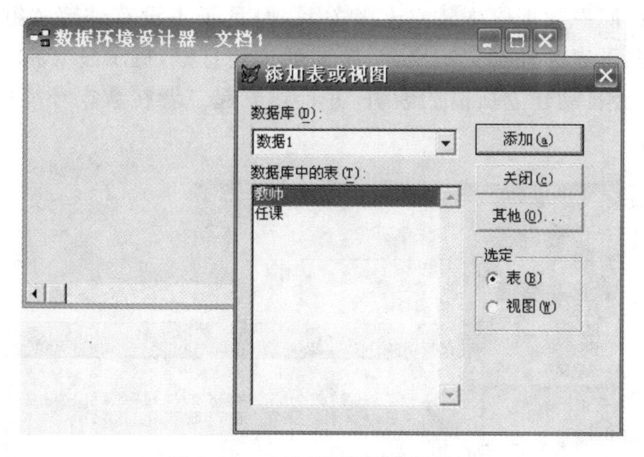

图 9.15　打开数据环境设计器

此时,用户可选择所需的表或视图,单击“添加表或视图”对话框中的“添加”按钮,将表或视图添加到数据环境中。添加完成后,单击“添加表或视图”对话框中的“关闭”按钮关闭该对话框,然后再关闭数据环境设计器。

如果数据环境为空但当前没有打开的数据库,系统会弹出“打开”对话框,供用户添加表,用户在其中选择表文件后,单击“确定”按钮即可。

在数据环境原先已添加有表的情况下，若还要增添另一个表，可右击数据环境空白处，选择快捷菜单中的“添加”命令，或者在系统菜单中选择“数据环境”→“添加”菜单项，在弹出的相应对话框中实现表或视图的添加。

在表单设计器为当前窗口时，从系统菜单中选择“显示”→“数据环境”菜单项，也可以打开或关闭数据环境设计器。

2. 建立数据环境中表间的关系

实际应用中经常需要在数据环境中添加多个表，并且应使相关的两个表之间建立关系。若两个表在数据环境中有关系，表单运行时，子表会随父表记录指针的移动而自动匹配出关键字段值相等的记录。这种效果是实际应用所需求的。

数据环境中的两个表建立关系时有下面 3 种情形。

①两个表在同一数据库中建立了永久关系，那么这两个表添加到当前数据环境中时会自动建立起二者在数据环境中的关系，如图 9.16 所示。

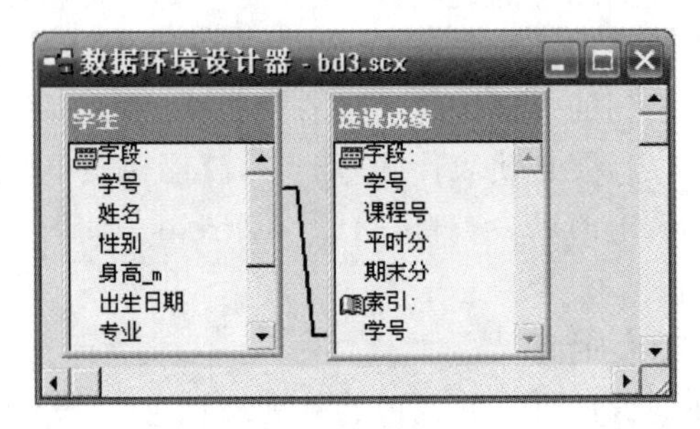

图 9.16　两个表在数据环境中建立关系

②两个表没有在同一数据库中建立永久关系，但子表有外部关键字的索引，那么，将父表的关键字段拖向该索引，即可建立二者在数据环境中的关系。

③两个表没有在同一数据库中建立永久关系，而且子表没有外部关键字的索引，那么，将父表的关键字段拖向子表的外部关键字，系统会弹出消息框，提示没有相关的索引。用户单击“确定”按钮后，系统会自动建立所需的索引，并且建立起二者在数据环境中的关系，如图 9.17 所示。

图 9.17　提示建立索引的消息框

上述操作中值得注意的是，两个表呈一对多关系时，“一方”是父表；而呈一对一关系时，通常将存放主要信息的表作为父表。

另外，若要删除两个表之间的关系，可以先单击选定该关系的连线，然后按 Delete 键。

3. 从数据环境移去表或视图

如果要将数据环境中的某个表或视图移出去，可以右击该表或视图，在快捷菜单中选择“移去”命令即可。也可以单击选定该表或视图，在系统菜单中选择“数据环境”→“移去”菜单项。

若要移去的表与数据环境中的某些表已建立了关系，系统将弹出消息框，提示该表涉及一些关系，这些关系将被自动删除。单击消息框中的“确定”按钮，该表就被移出数据环境；如果不想移去该表，单击“取消”按钮。

当有再次使用需求时，已移去的表还可以又添加进数据环境中，添加方法如前所述。

4. 关于数据环境使用的说明

①用表单设计器设计表单时，如果有文本框、列表框、组合框或表格等控件需要直接使用表中的数据，就有必要在数据环境中添加表。添加表之后，为这些控件设置数据源之类的属性时就能当即与表中信息关联。更有甚者，直接将数据环境中的表、字段拖入表单，即可自动添加与表中信息相关联的表格、文本框控件。

②一般情况下，如果表单中控件的数据源是来自 SQL 的 SELECT 查询，就不必向数据环境添加表。

③利用表单向导创建表单时，用户在表单向导中选择表，就会使该表添加到表单的数据环境中。

9.2.4　向表单添加控件

控件是已具备功能的通用性软件部件，由这种部件的开发方发布，供广大编程者在程序设计中使用，以利于简便和高效地构建出应用程序。Visual FoxPro 为表单设计提供了一批满足基本应用需求的控件，供编程者可视化地使用，这些控件是表单中实现人机交互与常用操作的重要组成部分。在表单的应用设计中，总是要添加一些控件到表单上，作为界面设置的元素和程序设计的对象，从而构成一个适用的程序。

以下介绍向表单添加控件的方法。

1. 使用“表单控件”工具栏添加控件

“表单控件”工具栏是表单设计的重要工具，用于向表单添加控件。使用“表单控件”工具栏添加控件，操作既简单又方便，是向表单添加控件的主要方法。

一般来说，新建或打开一个表单时，“表单控件”工具栏会随同表单设计器同时打开。如果“表单控件”工具栏被关闭了，选择“显示”→“表单控件工具栏”菜单项或单击“表单设计器”工具栏上的“表单控件工具栏”按钮，可打开“表单控件”工具栏。

从“表单控件”工具栏向表单添加控件时，先在“表单控件”工具栏中单击所需的控件按钮，接着在表单相应位置单击，该控件立即被添加到表单上，其左上角位于单击处，并呈现为默认的大小。

如果用户想掌控控件添加时的大小，在“表单控件”工具栏中单击所需的控件按钮后，接着在表单相应位置按下鼠标左键拖动，可画出适当大小的控件添加于表单上。

2. 使用数据环境设计器添加控件

在表单设计器中，打开数据环境设计器，添加所需的表或视图，将其中指定的字段拖放到表单上,即向表单添加了一个标签控件和一个文本框控件,标签的标题为字段名,文本框的内容为当前记录该字段上的值。若拖放数据环境设计器中表或视图的名字到表单上,则向表单添加了一个表格控件,表格的内容为该表或视图的相关记录。

如图 9.18 所示为从数据环境设计器向表单添加控件的效果,数据环境设计器中有学生和选课成绩两个表,二者按学号建立了关系。添加控件时,先拖放姓名字段到表单上,生成了一个标签控件和一个文本框控件;再拖放选课成绩表到表单,生成了一个表格控件。该表单运行时,文本框的内容显示的是某个学生的姓名,表格的内容显示的是该学生选课成绩的记录。

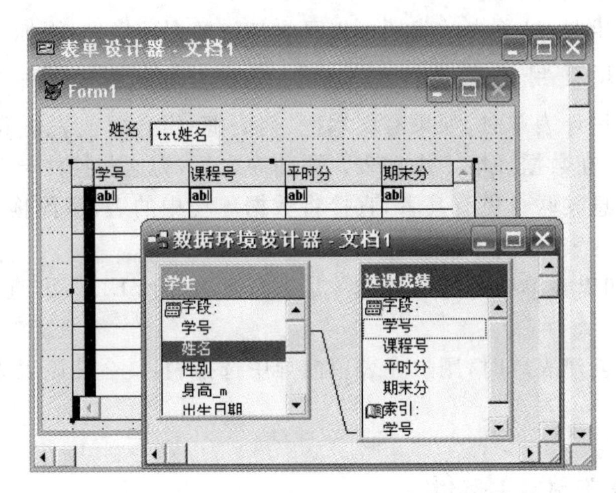

图 9.18　从数据环境设计器向表单添加控件

当需要添加显示字段值的文本框或显示表中记录的表格时,利用数据环境设计器进行添加操作效率较高,但应注意系统给这些控件的 Name 属性设置了新值作为其使用名。

3. 使用表单生成器添加控件

在表单设计器中右击表单,选择快捷菜单中的“生成器”命令,将弹出表单生成器,用户从中选定表或视图中的若干个字段,单击“确定”按钮,系统会自动在表单上生成若干个标签和文本框控件,用以显示相联系的数据。

表单生成器如图 9.19 所示。

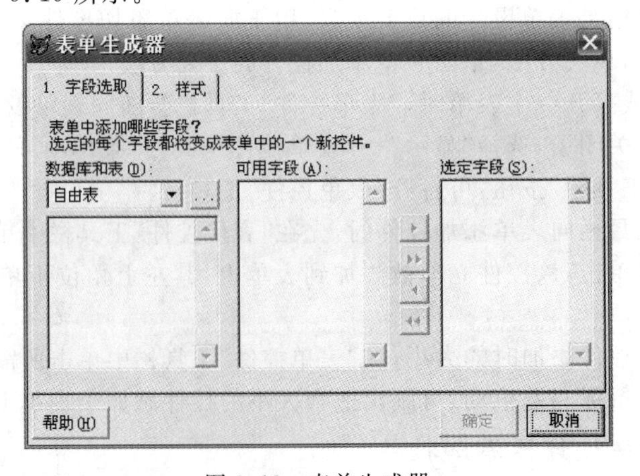

图 9.19　表单生成器

由表单生成器添加的控件在表单上的排列一般不太适用,需要用户按需进行调整。

9.2.5 表单中控件的操作

设计表单时,需要对添加到表单上的控件进行调整和设置。

1. 控件的基本操作

(1)选定控件

当“表单控件”工具栏中的“选定对象”按钮处于按下状态时,可在表单设计器中选定欲操作的控件,此时鼠标在表单中呈现为指向左上方的箭头形状。

要选定单个控件,单击该控件即可。要同时选定相邻的多个控件,可拖动鼠标使出现的方框框住要选的控件,然后松开鼠标即可。要同时选定不相邻的多个控件,可以在按住 Shift 键的同时,逐个单击各所需控件。

(2)移动控件

先选定控件,然后用鼠标将控件拖动到新的位置。按住 Ctrl 键再拖动,可使移动的距离更细微。选定控件后,按方向键也可以移动控件。

(3)调整控件大小

选定控件后,拖动控件四周的控制点可以改变控件的高度和宽度。按住 Ctrl 键再拖动,可使调整的距离更细微。另外,将鼠标指向表单的边框,可以调整表单的大小。

(4)设置控件属性

右击某个控件,选择快捷菜单中的“属性”命令,可在“属性”窗口中为该控件设置属性。

(5)编写代码

右击某个控件,选择快捷菜单中的“代码”命令,可在该控件的事件过程编辑窗口中选择事件,然后编写程序。双击该控件也可打开其事件过程编辑窗口。

(6)删除控件

选定需要删除的控件,按 Delete 键。

(7)复制控件

右击某个控件,选择快捷菜单中的“复制”命令,然后右击表单空白处,选择快捷菜单中的“粘贴”命令,最后将产生出的新控件拖动到指定位置。

(8)撤销与重做

若对控件进行了误操作,只要“常用”工具栏上的“撤销”按钮可用,单击该按钮可以撤销这个操作,但不能连续撤销。若想恢复刚撤销的操作,可以单击“常用”工具栏上的“重做”按钮。

2. 控件布局

设置表单界面时,控件的布局应该整齐,实用的排列主要从以下 4 方面进行考虑。

①选定位于同一列上的控件,可选择在这些控件中实现左边对齐、右边对齐、垂直居中对齐及垂直间距相同。

②选定位于同一行上的控件,可选择在这些控件中实现顶边对齐、底边对齐、水平居中对齐及水平间距相同。

③选定同一类的控件,可选择在这些控件中实现调整到最高、调整到最低、调整到最宽、调

整到最窄。

④选定区域内的所有控件，可选择使它们相对于表单或页面垂直居中、水平居中。

在选定相应控件后，以上布局操作主要通过选择“格式”菜单中的相应命令进行。选择“显示”→“布局工具栏”菜单项，通过打开的“布局”工具栏也可进行控件布局。

3. 重设控件的 Tab 键次序

运行表单时，按键盘上的 Tab 键可依次选择表单中的某个控件，使焦点位于该控件之上。设计表单时，各控件被先后添加，控件就有了初始的 Tab 键次序，以其 TabIndex 属性记载。

出于使用键盘操作表单的考虑，必要时可重新调整控件的 Tab 键次序。调整的方式有交互式和列表式，系统默认为交互式。选择“工具”→“选项”菜单项，打开“选项”对话框，选择“表单”选项卡，在“Tab 键次序”下拉列表框中可选择交互式或列表式。

设计表单时，选择“显示”→“Tab 键次序”菜单项，可重设控件的 Tab 键次序。

交互式情况下，初始的 Tab 键次序号在表单中各控件的左边显示出来。重设时，双击某控件，该控件被新近排定 Tab 键次序为 1，然后逐个单击控件次序号，Tab 键次序依次递增，最后可单击表单本身完成重设，如图 9.20 所示。

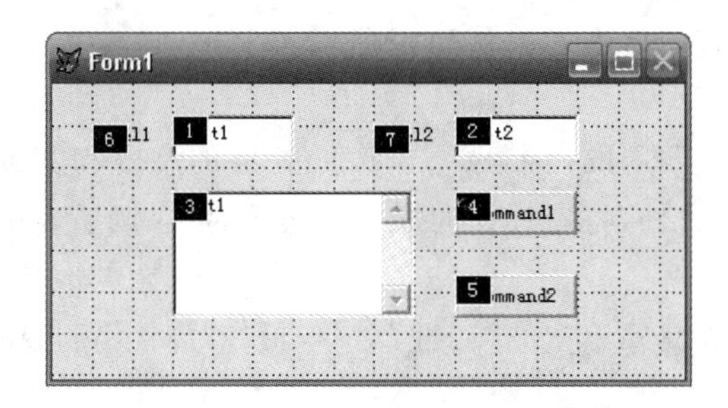

图 9.20　交互式重设 Tab 键次序

列表式情况下，在“Tab 键次序”对话框中拖动某控件名左边的按钮上下移动，即调整了该控件的 Tab 键次序，就绪后单击“确定”按钮完成重设，如图 9.21 所示。

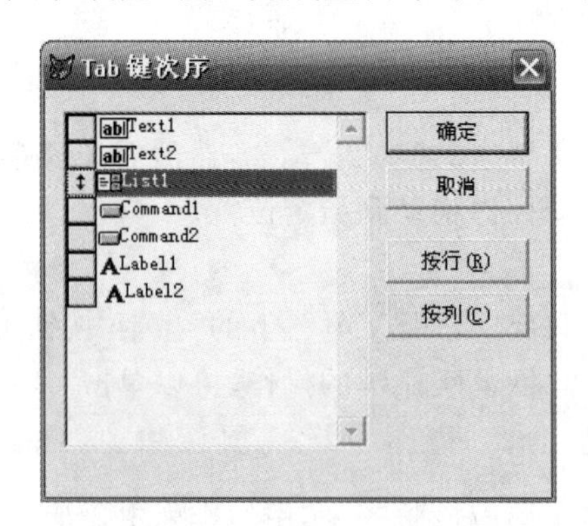

图 9.21　“Tab 键次序”对话框

9.2.6　表单集

表单集是表单的容器，它能将多个表单组合在一起，可以实现对所有表单进行统一操作。

例如，显示或隐藏表单集中的所有表单，对所有表单统一大小，控制和安排这些表单的相对位置等。此外，通过在表单集建立数据环境，表单集里面的多个表单将共用数据环境，可以自动同步多个表单中的记录指针，即当改变某个表单中父表记录指针的位置时，放在其他表单中的子表记录指针将自动调整并显示子表中的记录。

设计表单时，选择“表单”→“创建表单集”菜单项可以创建新的表单集。表单集创建后，可以通过选择“表单”→“添加新表单”菜单项，将表单分别添加到表单集中。

对已经包含在表单集中的表单，如果要从表单集中将其移出，则可以在表单设计器中选择要移出的表单，然后选择“表单”→“移除表单”菜单项。

运行表单集时，一般没有必要让每个表单都显示出来，所以，在设计表单时应编写相应的代码，对于要显示的表单，设置其 Visible 属性为.T.，否则设置为.F.。

在 Visual FoxPro 中，表单以表的形式存入扩展名为“scx”的表单文件中。在这种表中包含一条表单记录、一条数据环境记录和两条内部使用的记录。如果向表单添加了控件，或者向数据环境设计器添加了表，则每个控件和表在这种表中拥有一条记录。如果创建一个表单集，则表单集和每个表单在.scx 表单文件中都有一条相应的记录。

例如，设当前文件夹中已存在一个表单文件 bd1.scx，在命令窗口输入以下命令可在当前工作区打开名为 bd1.scx 的表，然后浏览其中的记录。

```
USE bd1.scx
BROWSE
```

9.3　常用的控件

一个表单通常包含多个控件，类似于表单，控件应用的重点也在于熟悉并利用各类控件的属性、方法和事件，本节依次对常用的控件进行介绍。

9.3.1　标签控件

标签常用于显示表单中各种字符型的说明文本或提示信息，也可以用来输出运算结果，但必须转换为字符型。标签不具有与表中数据值建立联系的数据源。

从“表单控件”工具栏添加到表单上的第1个标签，系统自动设置其 Name 属性值为“Label1”，作为该标签默认的使用名，之后添加的标签依次类推。设计表单时，可修改 Name 属性值重命名，但作为初学，本小节均不对添加的控件重命名。

值得注意的是，系统给第1个标签的 Caption 属性设置的值也为“Label1”，这个属性的值应该是要进行修改的，使之实现实际需求，但不能与 Name 属性混淆。

标签的常用属性如表 9.4 所示。

表 9.4　标签的常用属性

属性名称	说　明
Alignment	文本在标签中的对齐方式(左、右、居中)
AutoSize	指定是否自动调整大小以容纳其内容
BackColor	指定背景色
Caption	指定所显示的文本
Name	指定在代码中引用该标签时所用的名称
FontName	指定显示文本的字体名
FontSize	指定显示文本的字体大小
ForeColor	指定前景色

标签最主要的属性是 Caption,用来显示字符文本。Caption 属性的值可以在“属性”窗口中设置,也可以在代码中通过赋值语句给出,但表单运行时标签的内容不能直接在屏幕上编辑修改。

标签值得利用的事件是 Click 事件。

例 9.2　设计一个使用标签显示标题文本和时间字符的表单,如图 9.22 所示。

图 9.22　标签使用示例

操作步骤如下。

①新建表单,在表单设计器中,从“表单控件”工具栏向表单添加两个标签。

②选定标签 Label1,在“属性”窗口中分别设置如下属性。

- Caption:教学管理应用系统。
- FontName:华文行楷。
- FontSize:20。
- ForeColor:0,0,255。

③选定标签 Label2,在“属性”窗口中分别设置如下属性。

- Caption:=Time()。
- FontSize:16。

④双击标签 Label2,为其 Click 事件过程编写如下代码。

```
ThisForm.Label2.Caption=Time()          && 单击可获得新的时间
```

⑤保存表单。

⑥运行表单。

此例中标签 Label2 所显示的时间还不能自动变化，使用计时器控件可解决这个问题。

9.3.2　文本框和编辑框控件

1. 文本框

文本框是一种系统与用户之间进行数据交互的常用控件，它的主要功能是在表单运行时供用户输入数据。文本框具有基本文字处理功能，是一个非常灵活的数据编辑工具，可以输入字符型数据，能接收的字符的个数最多为 255 个，也可以输入数值型、日期型或逻辑型数据。文本框有与表中字段建立联系的数据源，允许用户添加或编辑保存在表中非备注型字段中的数据。

从“表单控件”工具栏添加到表单上的第 1 个文本框，系统自动设置其 Name 属性值为“Text1”，作为该文本框默认的使用名，之后添加的文本框依次类推。

在设计或运行时，可以为文本框的 Value 属性赋值。更主要的是，表单运行时程序可读取用户在文本框中输入的数据，进而作出相应处理。

文本框的常用属性如表 9.5 所示。

表 9.5　文本框的常用属性

属性名称	说　明
BorderStyle	指定文本框的边框样式
ControlSource	设置文本框的数据源
InputMask	设置如何输入和显示数据
Name	指定在代码中引用该文本框时所用的名称
PasswordChar	设置用户输入口令时显示的字符
ReadOnly	设置文本框的文本是否只读
SelLength	指定或返回选定文本的字符数目
SelStart	指定或返回选定文本的起点
Value	指定或返回文本框的当前内容

其中，InputMask 属性值是一个字符串。该字符串通常由若干个模式符组成，每个模式符规定了相应位置上数据的输入和显示行为。各种模式符的功能如表 9.6 所示。

表 9.6　模式符及其功能

模式符	功　能
X	允许输入任何字符
9	允许输入数字
#	允许输入数字、空格和正号、负号
$	在固定位置上显示当前货币符号
$ $	在数值前面相邻的位置上显示当前货币符号

续表

模式符	功　能
*	在数值左边显示 *
.	指定小数点的位置
,	分隔小数点左边的数字串

文本框的主要方法有 Refresh(刷新)方法、SetFocus(设置焦点)方法。

文本框主要加以利用的事件是 Click(单击)事件、InteractiveChange(内容发生改变)事件和 KeyPress(按键)事件。

例 9.3　设计如图 9.23 所示的表单,在例 9.2 的基础上,添加一个用于进行输入提示的标签、一个用于编辑和输入 8 位数字字符的文本框及一个用于显示当前日期的文本框。

图 9.23　文本框使用示例

操作步骤如下。

①打开原表单,在表单设计器中,移动标签 Label1 和标签 Label2,再添加一个标签控件和两个文本框控件。

②选中标签 Label3,在"属性"窗口中设置 Caption 属性的值为"请输入员工号:"。

③选中文本框 Text1,在"属性"窗口中设置 InputMask 属性的值为"99999999"。

④选定文本框 Text2,在"属性"窗口中分别设置如下属性。

- BorderStyle:0-无。
- Enabled:. F. -假。
- FontSize:16。
- Value:=Date()。

⑤保存表单。

⑥运行表单。

此例主要示范文本框的使用及属性设置,未涉及输入员工号之后的处理。

2. 编辑框

编辑框与文本框相似,它也是用来输入数据,但不同于文本框,编辑框可以自动换行或回车换行,可以接收长文本,接收字符的个数可达 2 147 483 647 个。编辑框实际上是一个完整的字处理器,利用它能够选择、剪切、复制及粘贴文本。编辑框能够有自己的垂直滚动条,可以用箭头在文本中移动光标。编辑框只能输入、编辑字符型数据,包括字符型内存变量、数组元素、字段及备注型字段的内容。

从"表单控件"工具栏添加到表单上的第 1 个编辑框,系统自动设置其 Name 属性值为

“Edit1”,作为该编辑框默认的使用名。

编辑框的常用属性如表 9.7 所示。

表 9.7　编辑框的常用属性

属性名称	说　明
AllowTabs	指定编辑框中能否使用 Tab 键
HideSelection	确定在编辑框没有获得焦点时,编辑框中选定的文本是否仍然显示为选定状态
ScrollBars	是否使用垂直滚动条。为 0 时,无滚动条;为 2 时,有垂直滚动条(默认)
SelText	返回在编辑框中选定的文本
Value	指定或返回编辑框中的文本

9.3.3　命令按钮与命令按钮组控件

1. 命令按钮

命令按钮是表单中使用较为频繁的控件,其主要功能是供用户单击,实现按钮标题所标示的操作。通常,表单设计中若要用程序实现数据处理,主要是添加命令按钮,然后在其单击事件的过程中编写相应的代码。所以,对表单设计者而言,不妨简言之命令按钮是用来编程的。

从“表单控件”工具栏添加到表单上的第 1 个命令按钮,系统自动设置其 Name 属性值为“Command1”,作为该命令按钮默认的使用名,之后添加的命令按钮依次类推。

命令按钮的常用属性如表 9.8 所示。

表 9.8　命令按钮的常用属性

属性名称	说　明
Cancel	指定命令按钮是否作为“取消”按钮响应 Esc 键
Caption	指定命令按钮上的标题
Default	指定命令按钮是否默认响应 Enter 键
Enabled	指定命令按钮是否响应由用户触发的事件
Name	指定在代码中引用该命令按钮时所用的名称

命令按钮主要的事件是 Click 事件。

例 9.4　新建表单,输入半径,求出圆面积。运行效果如图 9.24 所示。

操作步骤如下。

①新建表单,打开表单设计器,在“属性”窗口中设置表单的 Caption 属性的值为“求圆的面积”。

②添加两个标签控件、两个文本框控件、两个命令按钮控件到表单上。

③选中标签 Label1,在“属性”窗口中设置 Caption 属性的值为“请输入半径:”。

④选中标签 Label2,在“属性”窗口中设置 Caption 属性的值为“圆的面积为:”。

⑤选中文本框 Text1,在“属性”窗口中设置 Value 属性的值为“0”,使其值为数值型。

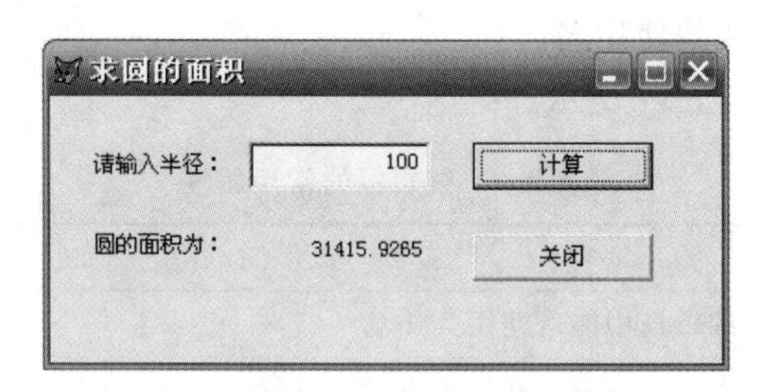

图 9.24 “求圆的面积”表单

⑥选中文本框 Text2，在“属性”窗口中设置 Value 属性的值为“0”，使其值为数值型；再设置其 ReadOnly 属性的值为“.T.-真”。

⑦选中命令按钮 Command1，在“属性”窗口中设置 Caption 属性的值为“计算”，然后双击该命令按钮，在其 Click 事件过程中编写以下代码求出圆的面积。

```
r=ThisForm.Text1.Value
a=Pi()*r^2
ThisForm.Text2.Value=a
```

⑧选中命令按钮 Command2，在“属性”窗口中设置 Caption 属性的值为“关闭”，然后双击该命令按钮，在其 Click 事件过程中编写以下代码关闭表单。

```
ThisForm.Release
```

⑨保存表单。

⑩运行表单，输入各种半径值，单击“计算”命令按钮，相应的圆面积就显示在文本框 Text2 中。

2. 命令按钮组

命令按钮组是一种容器控件，其中可以包含多个命令按钮。当表单上需要若干个操作相近的命令按钮时，可以使用命令按钮组，其中的各个命令按钮对应的操作，可以写在命令按钮组的单击事件过程中，用多分支选择结构安排各命令按钮所对应的程序代码。这就可免除多个事件过程各自单独编程的烦琐。

从“表单控件”工具栏添加到表单上的第 1 个命令按钮组，系统自动设置其 Name 属性值为“Commandgroup1”，作为该命令按钮组默认的使用名。

刚添加到表单上时，命令按钮组中初始有两个上下排列的命令按钮，之后，在“属性”窗口中更改 ButtonCount 属性的值，可以重新设定其中包含的命令按钮的数目。

命令按钮组还有一个重要的属性是 Value，若命令按钮组未绑定数据源，Value 属性的值是一个正整数，用以记载刚被用户操作的是其中哪一个命令按钮。

对命令按钮组中的命令按钮进行设置，有两种方法可以任选。一是在“属性”窗口中位于上方的下拉列表框中选择命令按钮组中的某个命令按钮；二是在表单上右击命令按钮组，选择快捷菜单中的“编辑”命令，然后选定其中的某个命令按钮。

命令按钮组的主要事件是 Click 事件，若为其中某个命令按钮的 Click 事件也编写了代码，系统将执行该命令按钮的代码而不执行命令按钮组的代码。

命令按钮组的单击事件过程中常用以下选择结构安排各命令按钮的操作。

```
x=This.Value                         &&This是控件本身的自称代词
Do Case
  Case x=1
    *命令按钮1对应的代码
  Case x=2
    *命令按钮2对应的代码
  ……
EndCase
```

9.3.4　表格控件

表格用于在表单上显示二维表形式的数据。Visual FoxPro 既管理数据，又能编程直接处理表中的数据，处理的结果常常也由若干行和列构成。为此，Visual FoxPro 提供了独具特色的表格控件，使表单设计具备了强有力的数据显示工具。

从"表单控件"工具栏添加到表单上的第 1 个表格，系统自动设置其 Name 属性值为"Grid1"，作为该表格默认的使用名。

表格的常用属性如表 9.9 所示。

表 9.9　表格的常用属性

属性名称	说　明
ColumnCount	指定表格中列的数目
Name	指定在代码中引用该表格时所用的名称
ReadOnly	指定用户能否在表格中编辑
RecordSource	指定表格的数据源
RecordSourceType	指定与表格关联的数据源类型
Value	指定或返回表格中当前单元格中的数据

RecordSource 与 RecordSourceType 是两个配对使用的属性，对表格控件最为重要，表 9.10 列出了在实际应用中二者的设置情形。

表 9.10　表格数据源与数据源类型的匹配

对表格的实际需求	RecordSourceType 取值	RecordSource 取值
显示指定文件夹中指定表的数据	0-表	路径与表文件名
显示数据环境中指定表的数据	1-别名（默认）	表名
运行时从添加或打开表的对话框选定	2-提示	（无）
显示指定文件夹中查询文件的数据	3-查询(.QPR)	路径与查询文件名
显示由 SQL 的 SELECT 命令查询的数据	4-SQL 说明	SELECT 命令

需要说明的是，RecordSource 属性取值为 SELECT 命令时，由于这种命令多数情况下很长，所以一般是在代码中为该属性赋值，将 SELECT 命令作为字符表达式赋给 RecordSource

属性，并且 SELECT 命令的查询去向建议写为临时表。

表格可关注的事件是 AfterRowColChange(行或列改变)事件、MouseUp(鼠标按键释放)事件。

如果表单的数据环境中添加有表，可拖动该表到表单上添加成表格。不论以哪种方式添加表格后，都可在表单设计器中右击表格，选择快捷菜单中的“生成器”命令，在弹出的表格生成器中对表格进行表与字段的选定，并作进一步的设置。

例 9.5 设计一个有表格的表单，要求在表格中显示教师表中的所有记录，用户不能更改表格中的数据，当鼠标在表格左侧的记录选择器单击再释放后，用消息框显示当前记录的姓名及从教年数，如图 9.25 所示。

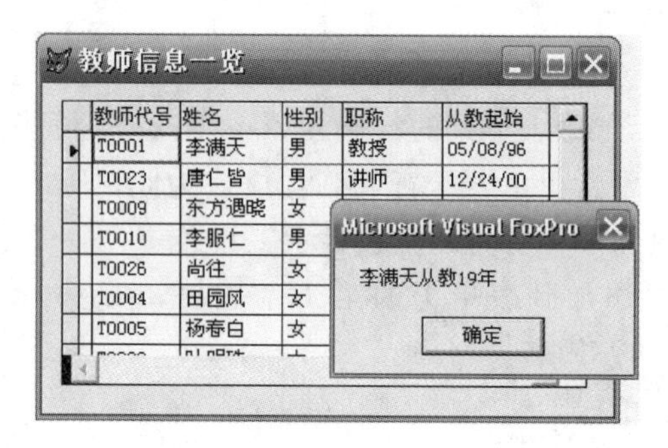

图 9.25 表格控件应用示例

操作步骤如下。

①新建表单，打开表单设计器，在“属性”窗口中设置表单的 Caption 属性的值为“教师信息一览”。

②打开表单的数据环境，添加教师表，再从数据环境中拖动教师表到表单上，添加为表格，最后关闭数据环境。

③选中表格，在“属性”窗口中设置 ReadOnly 属性的值为“.T.-真”。

④双击表格，在其 MouseUp 事件过程中编写以下代码。

```
n=Year(Date())-Year(从教起始)
s=姓名-"从教"-Str(n,2)-"年"
MessageBox(s)
```

⑤保存表单。

⑥运行表单，当鼠标在表格左侧的记录选择器或右侧的垂直滚动条单击再释放后，会弹出设计所要求的消息框。

9.3.5 选项按钮组与复选框控件

1. 选项按钮组

选项按钮组控件是包含多个选项的容器对象，常用它在表单中为用户预定义一组可选项，在多个可选项中实现多选一的控制，故也称选项按钮组中的选项按钮为单选按钮。当用户单击某个选项按钮时，该选项按钮中会显示一个圆点，表示当前被独占选中，余下同组中的选项按钮都会变为空心的未选中状态。

从“表单控件”工具栏添加到表单上的第 1 个选项按钮组，系统自动设置其 Name 属性值为“Optiongroup1”，作为该选项按钮组默认的使用名。

刚添加到表单上时，选项按钮组中初始有两个上下排列的选项按钮，之后，在“属性”窗口中更改 ButtonCount 属性的值，可以重新设定其中包含的选项按钮的数目。

选项按钮组还有一个重要的属性是 Value，若选项按钮组未绑定任何数据源，Value 属性的值是一个整数，用以记载刚被用户操作的是其中哪一个选项按钮。

对选项按钮组中的选项按钮进行设置，有两种方法可以任选。一是在“属性”窗口中位于上方的下拉列表框中选择选项按钮组中的某个选项按钮；二是在表单上右击选项按钮组，选择快捷菜单中的“编辑”命令，然后选定其中的某个选项按钮。选项按钮的主要属性是 Caption，用以指定选项按钮的标题。

选项按钮组的主要事件是 Click 事件，若为其中某个选项按钮的 Click 事件也编写了代码，系统将执行该选项按钮的代码而不执行选项按钮组的代码。通常建议只对选项按钮组的 Click 事件编写代码，在该事件过程中采用多分支选择结构编程。

2. 复选框

复选框是一种具有开关性质的控件，它能独立地标记一个二值状态。运行表单时，反复单击某个复选框，该复选框在有勾选中与空白未选中之间切换。设计表单时，常常用多个复选框对一个应用问题给出多个选项，使用户可以并列地进行多种选择，各个复选框的选择操作互不影响。

从“表单控件”工具栏添加到表单上的第 1 个复选框，系统自动设置其 Name 属性值为“Check1”，作为该复选框默认的使用名，之后添加的复选框依次类推。

复选框的主要属性是 Caption 和 Value，后者读取或指定复选框被选择与否的状态。复选框内出现“√”时，Value 属性值为“1”或“. T. ”；复选框内为空白时，Value 属性的值为“0”或“. F. ”。

复选框的主要事件是 Click 事件。

例 9.6　设计表单，用一个含 3 个选项按钮的选项按钮组选择文本框的字号，用 3 个复选框控制文本框的字形，如图 9.26 所示。

图 9.26　选项按钮组和复选框应用示例

操作步骤如下。

①新建表单，从“表单控件”工具栏向表单添加 1 个文本框、1 个选项按钮组、3 个复选框控件到表单上。

②选定选项按钮组 Optiongroup1，在“属性”窗口中设置 ButtonCount 属性值为“3”。

③右击选项按钮组，选择快捷菜单中的“编辑”命令，为其中的 3 个选项按钮分别设置 Caption 属性的值。

④双击选项按钮组，为其 Click 事件过程编写如下代码。

```
i=This.Value                           && 变量 i 得到选项按钮组被选中的选项按钮号
ThisForm.Text1.FontSize=6+2^i+i
```

⑤分别设置 3 个复选框的 Caption 属性。

⑥逐个双击复选框，为其 Click 事件编写如下代码。

Check1 的 Click 事件过程如下。

```
ThisForm.Text1.FontBold=This.Value
```

Check2 的 Click 事件过程如下。

```
ThisForm.Text1.FontItalic=This.Value
```

Check3 的 Click 事件过程如下。

```
ThisForm.Text1.FontUnderline=This.Value
```

⑦保存表单。

⑧运行表单，在文本框中输入文字，为其选择字号和字形。

9.3.6 列表框与组合框控件

1. 列表框

列表框用于显示一系列选项，是一个可滚动的列表，移动滚动条可以浏览到所有选项，供用户从中选择一个或多个选项，但不允许在其中直接编辑和输入数据。

从“表单控件”工具栏添加到表单上的第 1 个列表框，系统自动设置其 Name 属性值为“List1”，作为该列表框默认的使用名。

列表框的常用属性如表 9.11 所示。

表 9.11 列表框的常用属性

属性名称	说　明
ListCount	返回列表框中选项的数目
MultiSelect	指定能否在列表框内进行多重选定
RowSource	指定列表框的数据源
RowSourceType	指定 RowSource 属性的类型
Selected	返回列表框内选项是否处于选定状态
Value	返回列表框当前选项的值

列表框的 RowSourceType 属性和 RowSource 属性是相对应的，如果 RowSourceType 属性的值设置为“1-值”，则 RowSource 属性就必须设置为以英文逗号分隔的一组值；如果 RowSourceType 属性的值设置为“6-字段”，则 RowSource 属性就应设置为数据环境中某个表的一个指定字段。

列表框常用的方法有 AddItem(添加选项)方法和 RemoveItem(移去选项)方法，主要利用的事件是 Click 事件。

2. 组合框

组合框相当于一个文本框和一个列表框的组合，它既可以有文本框的功能，又具有列表框的作用。组合框的主要功能还是供用户选择选项，但它在表单上占据的面积比列表框小，高度只有一行，使用时单击其下拉按钮才展开多个选项供选择。

从“表单控件”工具栏添加到表单上的第 1 个组合框，系统自动设置其 Name 属性值为“Combo1”，作为该组合框默认的使用名。

组合框的属性、方法及事件与列表框的基本相同，但组合框没有 MultiSelect 属性，其特有的属性是 Style 属性。

组合框的样式有两种，即下拉组合框和下拉列表框，可以通过 Style 属性来选择。如果选择 0，为下拉组合框，此时它兼有文本框作用；如果选择 2，为下拉列表框。

例 9.7　设计表单，用一个列表框选择课程表的课程名称，用一个组合框选择星期，所做的选择分别显示在两个白色背景的标签中，如图 9.27 所示。

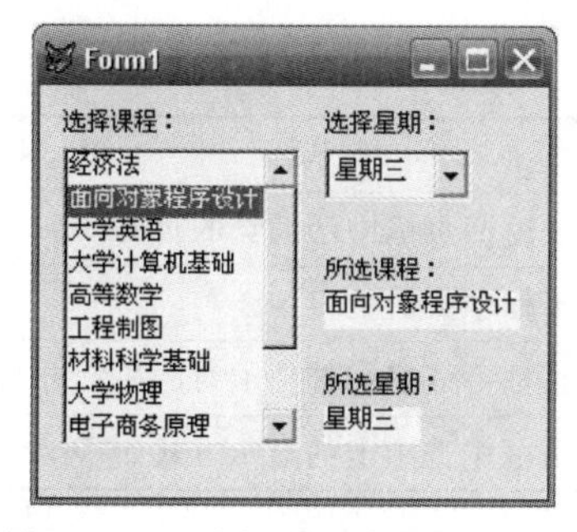

图 9.27　列表框和组合框应用示例

操作步骤如下。

①新建表单，从“表单控件”工具栏向表单添加 1 个列表框、1 个组合框、6 个标签控件到表单上，然后打开表单的数据环境将课程表添加进去。

②依次选定标签 Label1，Label2，Label3，Label4，在“属性”窗口中将其 Caption 属性分别设置为相应的提示信息。

③分别选定标签 Label5，Label6，在“属性”窗口中设置其 Caption 属性为空值，并将背景色设置成白色。

④选定列表框 List1，在“属性”窗口中设置其 RowSourceType 属性值为“6-字段”，设置其 RowSource 属性值为课程表的课程名称。双击列表框，为其 Click 事件过程编写如下代码。

```
ThisForm.Label5.Caption=This.Value
```

⑤选定组合框 Combo1，在“属性”窗口中设置其 RowSourceType 属性值为“1-值”，设置其 RowSource 属性值为“星期一，星期二，星期三，星期四，星期五”。双击组合框，为其 Click 事件过程编写如下代码。

```
ThisForm.Label6.Caption=This.Value
```

⑥保存表单。

⑦运行表单，在列表框和组合框中选择选项，可看到选择效果。

9.3.7 页框控件

页框是包含若干个页的容器控件,而页又用于包含控件。在表单中,一个页框可以有两个及以上的页,它们共同占有表单中的一块区域,但在任何时候只能看见一页,即活动页。表单使用了页框,就具有了多页的界面设计空间,因而极大地拓展了容纳控件的能力。如果不用页框而用多个表单,则使用起来时间与空间效率都较低,所以,当一个表单上要使用的控件很多时,应该先添加页框,再将要使用的控件按具体问题分类,添加到页框中的各个页上。

页框定义各页的总体特性,如大小和位置、边框类型和活动页等。表单运行时,用户对页框的操作,主要就是单击某页上端称为选项卡的页标题区,使之成为活动页,如此可以在多个页之间切换,进而使用到每一页中的操作界面。

从“表单控件”工具栏添加到表单上的第 1 个页框,系统自动设置其 Name 属性值为“Pageframe1”,作为该页框默认的使用名。

页框的常用属性如表 9.12 所示。

表 9.12 页框的常用属性

属性名称	说　明
ActivePage	指定或返回页框中活动页的页码
PageCount	设置页框中页的数目
TabStretch	指定页框不能容纳选项卡时的显示方式(0-多重行,1-单行)
TabStyle	指定页框中选项卡的显示方式(0-两端,1-非两端)

页框的主要事件是 Click 事件。

对页框中的页进行设置,有两种方法可以任选。一是在“属性”窗口中位于上方的下拉列表框中选择页框中的某个页;二是在表单上右击页框,选择快捷菜单中的“编辑”命令,然后选定其中的某一页。页的主要属性是 Caption 属性,用以指定页的标题。

例 9.8 设计一个表单,在数据环境中添加课程表和选课成绩表,建立父子关系,并利用页框控件,将课程表、选课成绩表各用一页显示在表格中,而且在选课成绩表所在的页添加一个文本框,用以显示课程名称。要求表格和文本框均为只读状态,界面设置及运行效果如图 9.28、图 9.29 所示。

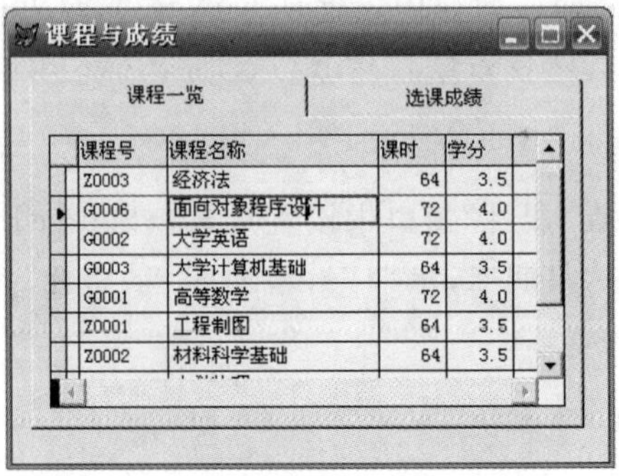

图 9.28　页框应用示例(第 1 页)

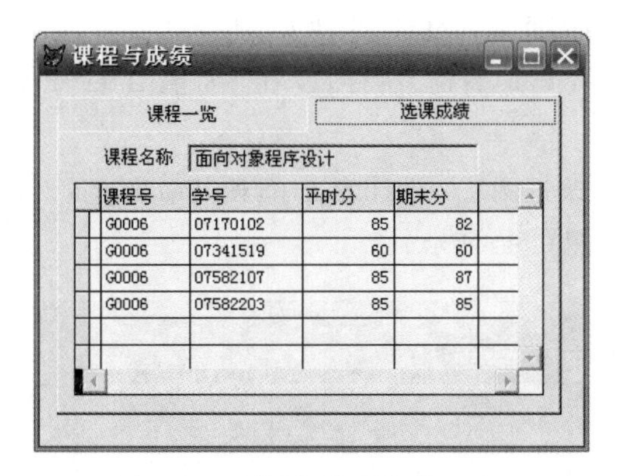

图 9.29　页框应用示例(第 2 页)

操作步骤如下。

①新建表单,设置表单的 Caption 属性值为“课程与成绩”。打开表单的数据环境,添加课程表和选课成绩表,以课程表为父表建立两个表的关系。

②添加一个页框到表单上,右击页框,选择快捷菜单中的“编辑”命令,选定第 1 页,设置其 Caption 属性值为“课程一览”。将数据环境中的课程表拖动到第 1 页上,添加为表格,设置该表格的 ReadOnly 属性值为“. T. -真”。

③选定页框的第 2 页,设置其 Caption 属性值为“选课成绩”。将数据环境中的课程名称拖动到第 2 页上边,添加为文本框(txt 课程名称),设置该文本框的 ReadOnly 属性值为“. T. -真”;再将数据环境中的选课成绩表拖动到该页上,添加为表格,设置该表格的 ReadOnly 属性值为“. T. -真”。

④右击第 2 页中的表格,选择快捷菜单中的“编辑”命令,向右拖动该表格中第 1 列的学号标题,使之成为第 2 列。

⑤双击第 2 页,为其 Click 事件过程编写如下代码。

```
This. txt 课程名称. Refresh && 刷新文本框,取课程表当前记录的课程名称
```

⑥保存表单。

⑦运行表单,选择第 1 页课程表任意一行成为当前记录,查看第 2 页对应的数据。

9.3.8　计时器控件

在表单应用设计中,利用计时器能实现以一定的时间间隔重复执行某种操作。例如,可以利用计时器来实施控件中数据的自动刷新,实现字幕滚动,制作电子时钟及设计计时秒表等。

从“表单控件”工具栏添加到表单上的第 1 个计时器,系统自动设置其 Name 属性值为“Timer1”,作为该计时器默认的使用名。计时器在设计时可见,但在表单运行时是隐藏的,因此它的大小与位置无关紧要。

计时器的常用属性有 Enabled 和 Interval 属性,前者指定计时器当前是否可用,后者更为

重要，用于设置计时器的时间间隔，其值以毫秒为单位。

计时器的主要事件是 Timer(计时)事件，该事件每隔 Interval 属性所设置的毫秒便被系统触发一次。

例 9.9 利用计时器，改进例 9.2 设计的表单，使其中显示的时间自动实时变化。添加了计时器的表单设计界面如图 9.30 所示。

图 9.30 计时器应用示例

操作步骤如下。

①打开原表单作改进设计，从“表单控件”工具栏添加一个计时器控件到表单上。

②选中计时器 Timer1，在“属性”窗口中设置其 Interval 属性值为“1 000”。

③双击计时器，在 Timer1 的 Timer 事件过程中编写如下代码。

```
ThisForm.Label2.Caption=Time()
```

④保存表单。

⑤运行表单，可以看到标签 2 上显示的时间每秒都在改变。

9.4 表单设计综合应用

Visual FoxPro 作为一种数据库管理系统，还能为数据库系统构建数据库应用系统，为此提供的开发手段很全面：数据处理时可使用 SQL SELECT 命令；代码框架可运用自含语言的 3 种基本结构；交互界面的可视化设计能应用表单及控件的属性、方法和事件。本节给出的数据查询、统计及检索示例，涉及这些技术的综合应用，希望读者能由这些案例的设计做到举一反三和融会贯通，从而对实际应用的开发有所启迪。

9.4.1 数据查询表单

从大量数据中查询出符合特征值的相关数据，这样的应用非常广泛，有必要掌握其表单界面的设计及程序代码的编写。

例 9.10　新建表单，实现由输入的学号及密码查询其课程成绩。单击“查询”命令按钮，核对学号与密码，均无误后，用 SQL SELECT 命令从学生、选课成绩和课程 3 个表查询出课程名称、平时分、期末分及综合成绩（综合成绩＝平时分×0.4＋期末分×0.6）。查询的姓名在标签中显示，课程名称及分数在表格中显示。表单界面的设计效果如图 9.31 所示。

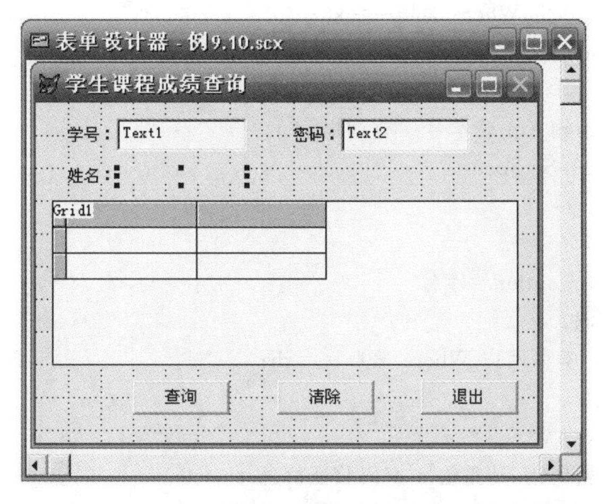

图 9.31　数据查询表单的设计示例

说明：

密码存放在学生用户.dbf 表中的密码字段中，初始密码为学生的学号。

操作步骤如下。

①新建表单，打开表单设计器，从“表单控件”工具栏添加 4 个标签、2 个文本框、1 个表格和 3 个命令按钮控件到表单上。

②表单及各控件的属性设置如表 9.13 所示。

表 9.13　“学生课程成绩查询”表单及各控件的属性设置

控件名	属性名	属性值
表单 Form1	Caption	学生课程成绩查询
标签 Label1	Caption	学号
标签 Label2	Caption	密码
标签 Label3	Caption	姓名
标签 Label4	Caption	（空）
文本框 Text2	PasswordChar	*
表格 Grid1	RecordSourceType	4-SQL 说明
命令按钮 Command1	Caption	查询
命令按钮 Command2	Caption	清除
命令按钮 Command3	Caption	退出

③表单的 Load 事件代码：

```
Close Database All
```

④命令按钮 Command1 的 Click 事件代码：

```
xh=Alltrim(ThisForm. Text1. Value)
m=Alltrim(ThisForm. Text2. Value)
 **以下核对学号**
Select 姓名 From 学生 Where 学号==xh;
  Into Cursor xm
If Eof()
  MessageBox("请输入正确学号","查询提示")
  ThisForm. Text1. SetFocus
  Return
EndIf
ThisForm. Label4. Caption=姓名
 **以下验证密码**
Select 密码 From 学生用户 Where 学号==xh;
  Into Array a
If Not a(1)==m
  MessageBox("密码错,请重输","密码验证信息")
  ThisForm. Text2. SetFocus
  Return
EndIf
 **以下查询数据**
ThisForm. Grid1. RecordSource=";
Select 课程名称,平时分,期末分,平时分*0.4+期末分*0.6 as 综合成绩;
  From 学生,选课成绩,课程;
  Where 学生.学号=选课成绩.学号;
    And 选课成绩.课程号=课程.课程号;
    And 学生.学号=xh;
  Into Cursor cj"
```

⑤命令按钮 Command2 的 Click 事件代码：

```
ThisForm. Text1. Value=""
ThisForm. Text2. Value=""
ThisForm. Label4. Caption=""
ThisForm. Grid1. RecordSource=";
Select 课程名称,平时分,期末分,平时分*0.4+期末分*0.6 as 综合成绩;
  From 学生,选课成绩,课程;
  Where .f. ;
  Into Cursor cj"
ThisForm. Text1. SetFocus
```

⑥命令按钮 Command3 的 Click 事件代码：

```
Close Database All
ThisForm. Release
```

⑦保存表单,运行表单。

9.4.2　数据统计表单

对大量原始数据进行统计计算，得到新的数据，有助于决策分析及事务管理。数据统计的核心方法是用 SQL SELECT 命令及统计计算函数进行分组统计，并借助表单界面交互式地进行操作和显示。

例 9.11　新建表单，使单击"统计"命令按钮后，能用 SQL SELECT 命令进行分组统计，从课程、选课成绩两个表查询课程号、课程名称、选课人数及期末平均分，查询结果在表格中显示。表单运行效果如图 9.32 所示。

图 9.32　数据统计表单示例

操作步骤如下。

①新建表单，打开表单设计器，从"表单控件"工具栏添加一个表格和两个命令按钮控件到表单上。

②表单及各控件的属性设置如表 9.14 所示。

表 9.14　"课程数据统计"表单及各控件的属性设置

控件名	属性名	属性值
表单 Form1	Caption	课程数据统计
表格 Grid1	RecordSourceType	4-SQL 说明
	ColumnCount	4
表格 Grid1 列 1 标头	Caption	课程号
表格 Grid1 列 2 标头	Caption	课程名称
表格 Grid1 列 3 标头	Caption	选课人数
表格 Grid1 列 4 标头	Caption	期末平均分
命令按钮 Command1	Caption	统计
命令按钮 Command2	Caption	关闭

③表单的 Load 事件代码：

```
Close Database All
```

④命令按钮 Command1 的 Click 事件代码：

```
ThisForm.Grid1.RecordSource="；
Select 课程.课程号,课程名称,；
  Count(*)As 选课人数,Avg(期末分)As 期末平均分；
From 课程,选课成绩；
Where 课程.课程号=选课成绩.课程号；
Group By 选课成绩.课程号；
Into Cursor tj"
```

⑤命令按钮 Command2 的 Click 事件代码：

```
Close Database All
ThisForm.Release
```

⑥保存表单，运行表单。

9.4.3 数据检索表单

实际应用时，表中存储的数据非常多，人们经常只要求检索其中满足条件的若干行记录，或者只需要检索其中指定的若干列字段。这些操作交互性更强，程序设计也有一定技巧。

例 9.12 新建表单，对课程信息进行检索，要求用页框分为 3 页。第 1 页为全部信息检索，在表格中显示出课程表全部信息；第 2 页为分类记录检索，在组合框中选择公共课、专业课、选修课之一作为条件，用 SELECT 命令查询出相应课程，显示在该页的表格中；第 3 页为部分字段检索，在列表框中选择若干个字段，单击"检索"命令按钮，用 SELECT 命令查询课程表中选定字段的信息，显示在本页的表格中。

表单的运行效果如图 9.33、图 9.34 及图 9.35 所示。

操作步骤如下。

①新建表单，打开表单设计器，将课程表添加到表单的数据环境中。从"表单控件"工具栏添加一个页框控件到表单上，并将其 PageCount 属性值设置为"3"。

②编辑页框，将数据环境中的课程表拖到第 1 页，添加成表格控件；从"表单控件"工具栏添加一个表格和一个组合框控件到第 2 页；添加一个标签、一个列表框、一个表格和一个命令按钮控件到第 3 页。

③表单及各控件的属性设置如表 9.15 所示。

表 9.15 "课程数据检索"表单及各控件的属性设置

控件名	属性名	属性值
表单 Form1	Caption	课程数据检索
页框 Pageframe1	PageCount	3
页 1Page1	Caption	全部信息检索

续表

控件名	属性名	属性值
页 1 表格 grd 课程	ReadOnly	.T.-真
页 2Page2	Caption	分类记录检索
页 2 表格 Grid1	RecordSourceType	4-SQL 说明
页 2 组合框 Combo1	RowSourceType	1-值
	RowSource	G-公共课,Z-专业课,X-选修课
页 3Page3	Caption	部分字段检索
页 3 标签 Label1	Caption	选择字段:
页 3 列表框 List1	RowSourceType	8-结构
	RowSource	课程
	MultiSelect	.T.-真
页 3 表格 Grid1	RecordSourceType	4-SQL 说明
页 3 命令按钮 Command1	Caption	检索

图 9.33　数据检索表单第 1 页之全部信息检索

图 9.34　数据检索表单第 2 页之分类记录检索

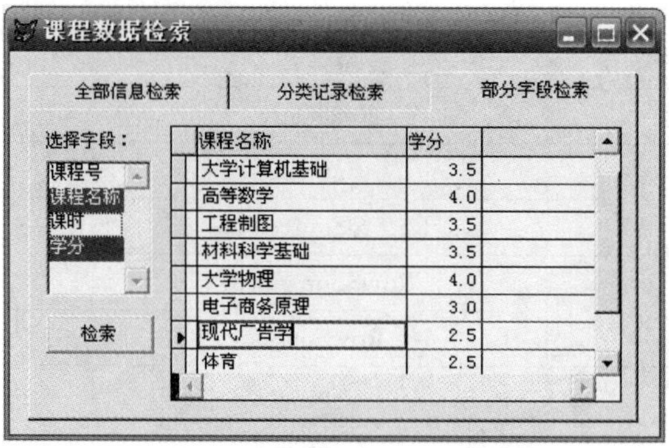

图 9.35　数据检索表单第 3 页之部分字段检索

④页 2 组合框 Combo1 的 Click 事件代码：

```
t=Left(This.Value,1)
This.Parent.Grid1.RecordSource=";
Select * From 课程;
  Where Left(课程号,1)=t;
  Into Cursor kc1"
```

⑤页 3 命令按钮 Command1 的 Click 事件有两种版本的代码可选：

● 版本 1：

```
* * 简要版,运行后表格列宽可能需手动调整 * *
n=This.Parent.List1.ListCount
f=""
For i=1 to n
  If This.Parent.List1.Selected(i)                  && 若当前选项被选中
    f=f+This.Parent.List1.List(i)+","               && 字符变量 f 连接起查询字段集
EndIf
EndFor
f=Left(f,Len(f)-1)                                  && 去掉待查字段集最后逗号
s="Select &f From 课程 Into Cursor kc2"             && 字符变量 s 得到查询语句字符串
This.Parent.Grid1.RecordSource=s
```

● 版本 2：

```
* * 格式版,自动设置表格各列所需宽度 * *
AFields(bjg)                                        && 当前表的结构写到 bjg 数组
This.Parent.Grid1.ColumnCount=0                     && 页 3 中表格初始列数为 0
x=0                                                 && 变量 x 准备记载表格列数
n=This.Parent.List1.ListCount
f=""
```

```
For i=1 to n
  If This.Parent.List1.Selected(i)
    f=f+This.Parent.List1.List(i)+","
    x=x+1                                        && 变量 x 增 1 记载表格列数
    This.Parent.Grid1.ColumnCount=x              && 表格列数更新
    w=Max(Len(bjg(i,1))*8, bjg(i,3)*7)           && 取字段名长度与字段宽度之大者
    This.Parent.Grid1.Columns(x).Width=w         && 指定表格当前列宽度
    This.Parent.Grid1.Columns(x).Header1.Caption=bjg(i,1)    && 当前列标题
  EndIf
EndFor
f=Left(f,Len(f)-1)
s="Select &f From 课程 Into Cursor kc2"
This.Parent.Grid1.RecordSource=s
```

⑥表单的 Unload 事件代码：

```
Close Database All
```

⑦保存表单，运行表单。

习　题　9

1. 简述表单标题、表单名称和表单文件名称各是由什么决定的，以及各是怎样设置的。

2. 向表单添加控件有哪几种方法？其中主要方法是哪一种？另外的方法添加的是哪几种控件？

3. 整理并画出一张表格，将表单及各个常用控件的主要属性、方法和事件开列出来，以便清晰地查阅和浏览。

4. 标签、文本框、命令按钮、表格、列表框、组合框及计时器这几种控件，在表单中通常谁占的位置最多？试以一般情形将它们按所占位置由少到多排一个序，依次写出控件名。

5. 在文本框中输入完密码后，按 Enter 键可以激活密码验证程序吗？具体可用什么事件过程？怎样判断按的是 Enter 键？

6. 简述表格控件数据源与数据源类型两个属性的关系。

7. 举例说明页框控件的作用。

8. 选项按钮组单击事件过程的代码常用到程序的什么结构？

9. 控件布局时通常主要考虑哪几方面的情形？

10. 先在数据库中建立一个视图，由选课成绩和课程两个表，查询学号、课程名称、平时分；再由表单向导创建一对多的表单，父表为学生表，选择其学号、姓名、性别及专业字段，子表为前述视图，字段全选，实现对每位学生的简况及其各门课程平时分进行浏览。表单运行效果如图 9.36 所示。

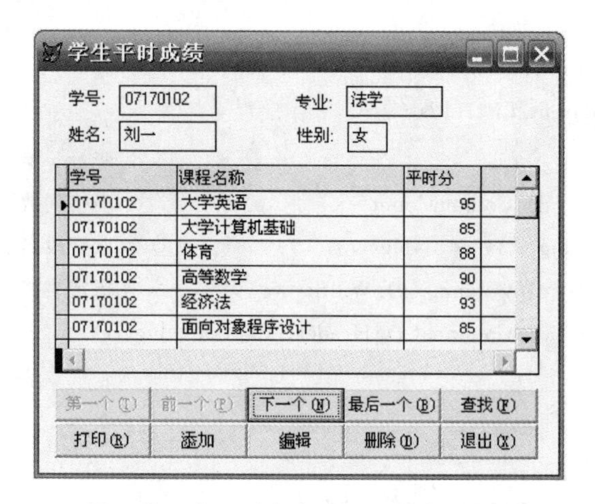

图 9.36 由一对多表单向导创建的表单

11. 新建表单,输入课程名称,单击“查询”命令按钮,由课程、选课成绩、学生 3 个表,查询该课程的课程号、课程名称、姓名及期末分,查询结果显示在表格中。

12. 新建表单,单击“统计”命令按钮,由教师、任课两个表,查询统计每位教师的姓名、职称及任课门数,查询结果显示在表格中。

13. 新建表单,单击“统计”命令按钮,由学生、选课成绩两个表,查询统计每位学生的学号、姓名、选课门数、平均平时分和平均期末分,查询结果显示在表格中。

14. 新建表单,对学生表,实现按用户选定的字段进行查询,选定若干个字段后,单击“查询”命令按钮,查询结果显示在表格中。

15. 新建表单,在表单中,用标签和计时器控件,实现反复右进左出的滚动字幕,字幕内容自定。

提示:可设置计时器的 Interval 属性值为“50”,在其 Timer 事件过程中编写代码。在代码中使标签的 Left 属性值比原来减少 2,并判断如果标签 Left 属性值小于其 Width 属性的负值,意味着字幕已左出了,则应使之右进。

16. 自己发现一个小的实际应用问题,进行表单设计,使之能解决这个应用问题。

第10章

类的设计与应用

上一章中所讲解的表单设计，属于面向对象程序设计的可视化表层性的技术，为了更深入及较全面地掌握面向对象程序设计方法，本章对面向对象程序设计的基本知识作简明概述，然后着重对类的设计加以介绍并同时给出典型的实际应用案例。

10.1 面向对象程序设计的基本知识

面向对象程序设计是现在计算机程序设计的主要方法，在此种方法中，系统开发者基础性的工作是设计并提供类，继而还可派生设计子类。在具体应用开发时，由相应的类产生对象实例，利用或加工这些对象以实现应用需求。下面对主要的相关概念作出叙述。

10.1.1 对象与类

对象和类是面向对象程序设计的两个最基本的概念，准确了解这二者的含义、作用及其建立和使用的过程，是掌握面向对象程序设计方法所必需的。

1. 对象

对象是具有特征和行为能力并接受操作的功能性软件构件。在程序设计时，添加并加工对象就添加了所需的基本功能及具体效用；在程序运行时，系统和用户对对象进行操作从而实现其功效。

在 Visual FoxPro 的表单设计中，新建的表单就是一个对象，添加在表单上的某个控件也是一个对象。

对象有属性、方法和事件 3 个要素。

(1)属性

属性是对象某方面的特征。一个对象刚被设置时，其各个属性均有相应的默认值。为了应用的需求，设计者可以给某对象的一些属性写入具体的值，或者，设计者还可在程序中读取某属性的值加以利用。每个对象必然具有 Name 属性，其值作为该对象使用时的名称。

(2)方法

方法是对象自身具备的行为能力，也就是某对象名下所能调用的一个过程，相应的过程名即该方法的名称，此过程中代码所达到的效果即该对象的行为能力。Visual FoxPro 中对象的方法可分为内置型、事件型及用户添加型。内置型方法封装在对象中，仅供编程者调用，其代码在对象设计时不可见，也不能更改。事件型方法是系统交给对象的采用者去编写出的程序，常简称为事件过程。虽然事件型方法也可调用，但顾名思义它主要由事件驱动，从而实现对象更有针对性的功能。用户添加型方法是编程者新建方法程序写出的，供其他过程的代码调用。

多数情况下，对象的方法一般指系统内置的方法，如表单的 Release 方法、文本框的 SetFocus 方法等。

(3)事件

事件是对象能识别并且可响应的系统操作和用户操作。一个对象的各种事件是系统已固定预计的，对象的采用者不存在增加事件的问题。重要的是，系统为对象所能识别的每种事件都预留了空的响应过程，交给编程者根据需要去充实某个事件过程，在程序运行期间当该事件触发时将驱动相应的过程。最典型的事件当属命令按钮的 Click 事件。

2. 类

类是拥有共同特征和行为能力并接受相同操作的对象的抽象统一设计体，是相应对象的来源。也可以说类是对象的模板。

在 Visual FoxPro 的“表单控件”工具栏中展示的某个控件，就代表一个类。

类的作用在于提高编程效率，优化模块封装，而且某个类能够被作为基类，派生扩充出子类。在继承父类特性的基础上，子类可设计增长出新的性能，从而使编程者能有更得力的对象投入使用，而且还可以多处重复使用。

例如，在一个应用系统中多个编程者在好多地方要用到一种特殊的文本框，要求它只能输入最多 7 位整数、2 位小数的数字，其 Value 属性的初值为“0”，且该文本框被单击时，能自动选定文本框中的全部内容，便于重新输入数据。对于这种需求，编程者可以基于文本框类派生设计一个子类，其基本特性从文本框类继承，在这个子类的设计中又专门去达到上述要求，封装进所需的数据与程序代码，成为一个特殊的文本框类，将其存储于一个类库文件中，交给每个编程者使用。当需要这类文本框时，从这个特殊的文本框类中产生一个对象即可直接使用，免除了重复的设置、编程或过程调用。如此一来就使得应用开发得到方便，提高了质量与效率。这样的程序设计在方法上有着质的跃进。

对于类的设计，人们在实践中还是先具体认识到众多具有共性的实体对象，不对它们逐一描述和编程，而是把它们抽象为一个类，然后将处理这类实体所需的数据与程序封装于其中，提供给众多编程者使用。编程者从类中生成应用系统中的一个个具体对象，也就使应用程序配置上了所需的功能。这种从具体到抽象、再从抽象到具体的设计过程，符合人类对事物的认识规律。作为学习者，应学会对有共性的事物进行抽象，并着力加强这种能力。

10.1.2 Visual FoxPro 的基类

Visual FoxPro 支持用户使用面向对象程序设计的方法进行软件开发，为此它提供了丰富的系统基础类，即 Visual FoxPro 的基类。用户可以直接使用这些基类生成对象，也可以派生出子类，再生成新的对象，从而设计出解决具体问题的应用程序。

Visual FoxPro 系统提供的基类可分为两类：容器型基类和非容器型基类，其生成的对象也可相应地分为容器型对象和非容器型对象。容器型对象可容纳别的对象，但不同的容器所能容纳的对象的类型是不同的;非容器型对象仅实现自身功能,其中不容纳别的对象。常用的Visual FoxPro 的基类如表 10.1、表 10.2 所示。

表 10.1　Visual FoxPro 的常用容器型基类

类　名	中文称谓
CommandGroup	命令按钮组
Container	容器
FormSet	表单集
Form	表单
Grid	表格
OptionGroup	选项按钮组
PageFrame	页框

表 10.2　Visual FoxPro 的常用非容器型基类

类　名	中文称谓
CheckBox	复选框
ComboBox	组合框
CommandButton	命令按钮
EditBox	编辑框
Image	图像
Label	标签
Line	线条
ListBox	列表框
OleBoundControl	OLE 绑定控件
OptionButton	选项按钮
Spinner	微调
TextBox	文本框
Timer	计时器

上述 Visual FoxPro 的基类是系统本身内含的,是 Visual FoxPro 提供给用户进行可视化图形方式、Windows 风格的应用程序开发的必备基本模板。程序开发中,当用户由 Visual FoxPro 的"表单控件"工具栏中的某个控件生成相应对象时就用到这个控件所代表的基类。若用户建立子类,在系统弹出的"新建类"对话框中作"派生于"选择时可以见到这些基类的名字。

10.1.3　对象的引用

在实际应用开发中,常常先由容器类产生对象,如页框,然后又在其中添加标签、文本框、命令按钮等对象，于是产生了层次型的多级对象；因此，Visual FoxPro 对引用对象的属性或方法有层次路径方面的表述要求。在前面的表单设计学习中，已经使用过这种引用。现在，再以一个教学示范性的例子，对于层次型的对象的引用进行形象的演示，然后加以全面归纳和规范。

例 10.1 对象的引用训练。

新建表单，在表单中先添加一个页框 Pageframe1，然后编辑该页框，在其中的页面 1Page1 中添加一个命令按钮 Command1，要求在页框被单击时，将页框的名称 Pageframe1 及字符“——>”分别加在表单、页面 1 和命令按钮的初始标题之前。在表单被单击、命令按钮被单击或页面 1 被双击时，也要求能实现将当前被操作对象的名称及字符“——>”分别加在表单、页面 1 和命令按钮的初始标题之前。如图 10.1 所示为单击页框时的效果。

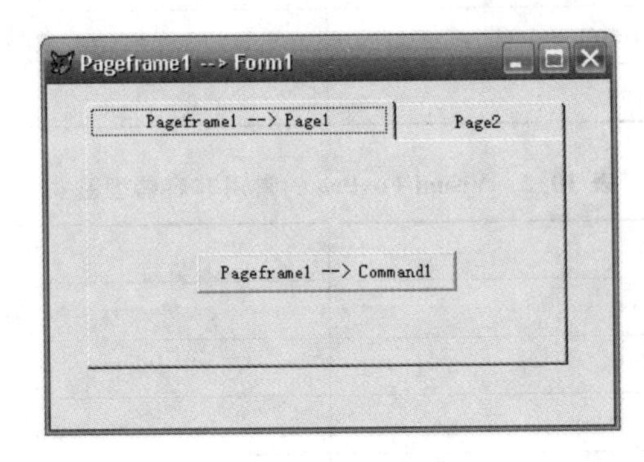

图 10.1 对象引用示例之单击页框的效果

为此，下面给出 Pageframe1 的 Click 事件相应过程中的 3 行代码，每行代码都是一条赋值语句，3 个赋值号“=”的左边均出现了对象的引用，即具体是从页框视角依次对表单、页面 1 及命令按钮对象的 Caption 属性进行引用。

```
ThisForm.Caption="Pageframe1 --> Form1"
This.Page1.Caption="Pageframe1 --> Page1"
This.Page1.Command1.Caption="Pageframe1 --> Command1"
```

Command1 的 Click 事件过程中的代码如下。

```
ThisForm.Caption="Command1 --> Form1"
This.Parent.Caption="Command1 --> Page1"
This.Caption="Command1 --> Command1"
```

对象分层引用的具体路径常常不是唯一的。例如，以上 Command1 的 Click 事件过程中的第 2 行代码还可等效地写为

```
ThisForm.Pageframe1.Page1.Caption="Command1 --> Page1"
```

至于 Form1 的 Click 事件及 Page1 的 DblClick 事件各自相应过程中的代码就作为练习留下，请读者自己写出。

下面给出 Visual FoxPro 对象引用的规范性说明。

程序设计时，若在一对象的某事件过程中引用另一对象的属性或方法，引用时的层次表述可以采取两种方式，分别可称之为绝对路径引用和相对路径引用。

(1)绝对路径引用

绝对路径引用从当前表单或表单集起始,此方式以 ThisForm(或 ThisFormSet)作起始代词,然后逐层对象具名下行,一直表述到被引用的对象及其属性或方法。例如:

```
ThisForm. Pageframe1. Page1. Caption ="Command1 --> Page1"
```

(2)相对路径引用

相对路径引用以出事方作起始,此方式规定以 This 自称作起始代词,上行时只能用父对象代词 Parent,下行时所遇的对象具名,一直表述到被引用的对象及其属性或方法。例如:

```
This. Parent. Caption="Command1 --> Page1"
```

以上两种引用方式的中间均用英文圆点分隔,不妨将其念作"的",这样会有助于对象引用的准确书写和理解。书写时,两种方式任选一种即可,但以路径较短为佳,且注意 This,ThisForm,ThisFormSet 这 3 个代词只能出现在引用时的起始位置。

对象引用时经常用到的代词及其含义如表 10.3 所示。

表 10.3　Visual FoxPro 对象引用的常用代词

代　词	含　义
ThisFormSet	表示对象所在表单所属的表单集
ThisForm	表示对象所在的表单
This	表示对象自身
Parent	表示对象的父容器对象

10.2　类的设计实例

在面向对象程序设计中,类的设计有着重要的系统性基础地位。Visual FoxPro 的用户既可在扩展名为"prg"的程序文件中编程生成类,也可用可视化的类设计器来设计类。本节采用可视化的方法,以几个具有一定实用价值的案例来介绍类的设计和应用。

10.2.1　关闭按钮类的设计与应用

在此先示例和讨论一个较简单的类的设计案例,制作一个专用的命令按钮类,以供在表单设计需要时取为一个对象,直接用于关闭表单和数据库。

例 10.2　设计关闭按钮类。

操作步骤如下。

①首先,在 Visual FoxPro 系统菜单中选择"文件"→"新建"菜单项,在"新建"对话框中选定文件类型为"类",单击"新建文件"按钮开始新建类。

②在系统弹出的“新建类”对话框中，输入自定义的类名“CloseButton”，从下拉列表框中作派生于 CommandButton 基类的选择，并输入存储新类的自命名文件名“MyClass”(扩展名“vcx”可省略)，然后单击“确定”按钮，如图 10.2 所示。

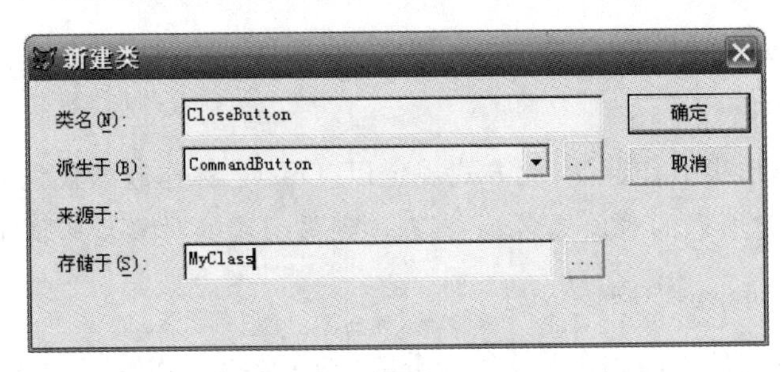

图 10.2 “新建类”对话框

③在接下来的类设计器中，右击其中的命令按钮，选择快捷菜单中的“属性”命令，在“属性”窗口中设置其 Caption 属性值为“关闭表单和数据库”，且适当加大该命令按钮的宽度以恰好显示这个新设置的标题，如图 10.3 所示。

图 10.3 使用类设计器设计子类

④右击类设计器中的命令按钮，选择快捷菜单中的“代码”命令，为其 Click 事件过程编写代码，使之具备受单击时能关闭表单和数据库的功能，如图 10.4 所示。

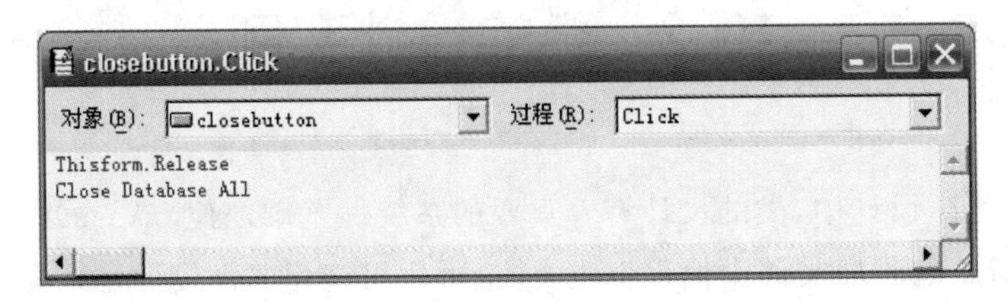

图 10.4 为新建的类写入代码

⑤选择“文件”→“保存”菜单项，关闭类设计器，这个新建的类就保存在前面命名过的 MyClass.vcx 类库文件中了。至此，已经为经常需要使用的能直接关闭表单和数据库的对象设计了一个类，可以用以下后续步骤测试其功能。

⑥新建一个表单，在“表单控件”工具栏中单击“查看类”按钮，在弹出的菜单中选择“添加”命令，随后在系统弹出的“打开”对话框中，选择相应的类库文件，单击“打开”按钮，如图 10.5 所示，前面已设计好的 CloseButton 类即以控件形式呈现在“表单控件”工具栏中。单击该 CloseButton 控件，添加到表单上生成为一个 Closebutton1 对象，如图 10.5、图 10.6 所示。

⑦打开某个数据库，还不妨再打开某个表，然后运行表单，单击“关闭表单和数据库”命令按钮，可以看到该表单和当前打开的数据库及表都被关闭。

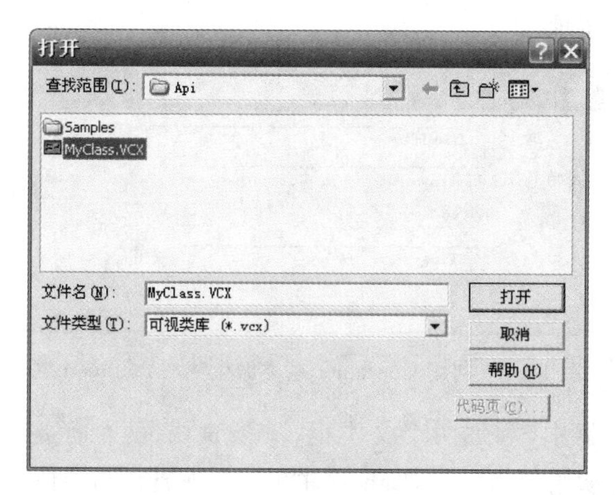

图 10.5　“打开”对话框

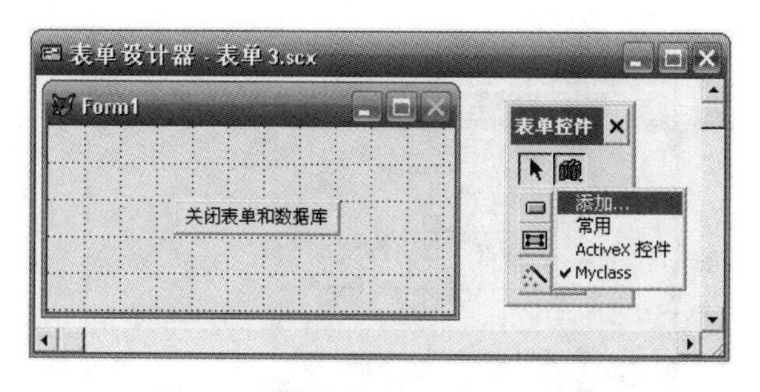

图 10.6　从新类中向表单添加对象

在这个表单中，Closebutton1 是 CloseButton 子类的一个对象。CloseButton 子类派生于 Visual FoxPro 的 CommandButton 类并经过设计制作而成，它继承了其父类的属性、方法和事件响应机制，但是其 Caption 属性的默认值被设置成了“关闭表单和数据库”，并且在其 Click 事件过程中封装了内容为“ThisForm. Release”和“Close Database All”的代码，从而 Closebutton1 比一般的命令按钮多具备了这种特定的功能。

10.2.2　运算器类的设计与应用

本实例想设计出一种软件构件，提供两数运算的功能，即运算器类。当用户想利用该类产生一个加法器对象时，只需设置其中相应的 yunSuanFu 属性值为“+”。若想由该类产生减法器、乘法器及除法器对象，同样类似设置其中相应的 yunSuanFu 属性即可。

为此，以下讲解该运算器类的设计方法及过程。

例 10.3　设计四则运算器类。

操作步骤如下。

①选择“文件”→“新建”菜单项，在“新建”对话框中选定文件类型为“类”，单击“新建文件”按钮开始新建所需要的类。

②在系统弹出的“新建类”对话框中，输入自定义的类名“siZeYunSuan”，从下拉列表框中作派生于 Container 基类的选择，可仍然存储于名为“MyClass. vcx”的类库文件中，然后单击

“确定”按钮，如图 10.7 所示。

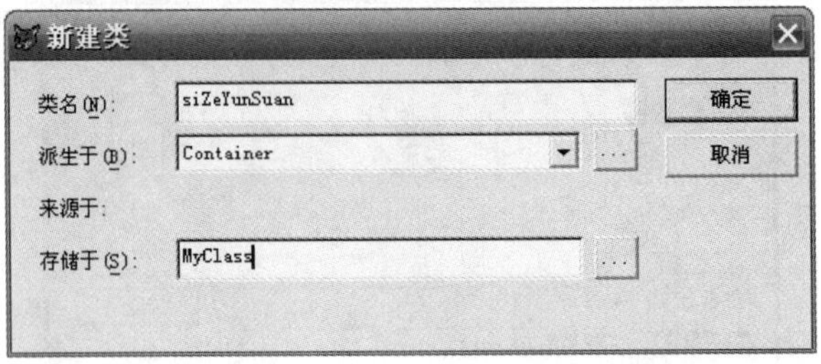

图 10.7　利用 Container 基类派生 siZeYunSuan 类

③接下来在类设计器中，添加两个文本框、一条直线、两个标签及一个命令按钮。标签 Label1 的 Caption 属性初始值为“+”，Label2 的 Caption 属性初始值为空且背景色为白色，命令按钮的 Caption 属性值为汉字输入法软键盘中选取的数学符号“=”，如图 10.8 所示。

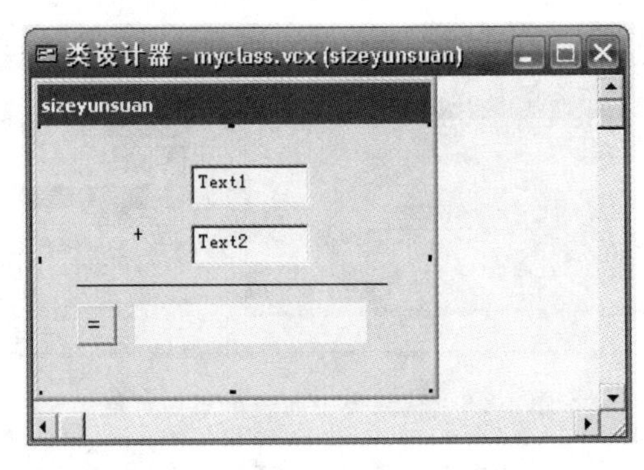

图 10.8　设计运算器类

④为该类添加一个新的属性，以供用户设置四则运算符。从 Visual FoxPro 系统菜单中选择“类”→“新建属性”菜单项，在“新建属性”对话框中输入名称“yunSuanFu”作为属性名，并输入提示用户的说明文字，然后单击“添加”按钮，如图 10.9 所示，单击“关闭”按钮。

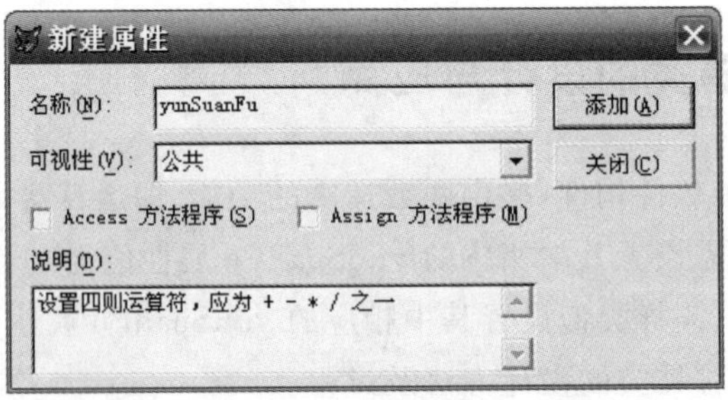

图 10.9　为 siZeYunSuan 类新建 yunSuanFu 属性

⑤在类设计器中右击 siZeYunSuan 类，选择快捷菜单中的“属性”命令，选取位于“属性”窗口最下一行的 yunSuanFu 属性，设置其初始值为“+”，如图 10.10 所示。

⑥作为对两个数进行加、减、乘、除的四则运算类，其主要运算程序将编写在以“=”为标题的命令按钮 Command1 的单击事件中。另外，该类产生的对象被系统初始化时，应该读取

yunSuanFu 属性的值,写到标签 Label1 的标题上。以下分别给出这两段代码。

siZeYunSuan 类的 Init 事件过程的代码:

```
This.Label1.caption=This.yunSuanFu
Do Case
  Case This.yunSuanFu="+"
    ThisForm.Caption="加法器"
  Case This.yunSuanFu="-"
    ThisForm.Caption="减法器"
  Case This.yunSuanFu="*"
    ThisForm.Caption="乘法器"
  Case This.yunSuanFu="/"
    ThisForm.Caption="除法器"
EndCase
Return
```

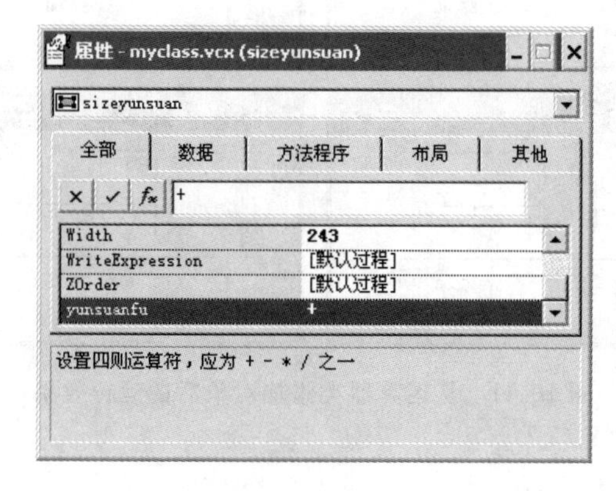

图 10.10　设置 siZeYunSuan 类的 yunSuanFu 属性的初始值

Command1 的 Click 事件过程代码:

```
a=Val(This.Parent.Text1.Value)
b=Val(This.Parent.Text2.Value)
Do Case
  Case This.Parent.yunSuanFu="+"
    c=a+b
  Case This.Parent.yunSuanFu="-"
    c=a-b
  Case This.Parent.yunSuanFu="*"
    c=a*b
  Case This.Parent.yunSuanFu="/" and b<>0
    c=a/b
  Otherwise
```

```
        This.Parent.Label2.Caption="除 0 或运算符错"
        Return
    EndCase
    This.Parent.Label2.Caption=Str(c,19,2)
    Return
```

⑦选择"文件"→"保存"菜单项，关闭类设计器，这个可作四则运算的 siZeYunSuan 类就保存在 MyClass.vcx 类库文件中了。

图 10.11 展示了在表单中从 siZeYunSuan 类添加对象并分别设置其 yunSuanFu 属性为"+"、"-"、"*"、"/"后运行时的效果。从新类中添加对象的方法在上一个实例中已作介绍，这里不再赘述。

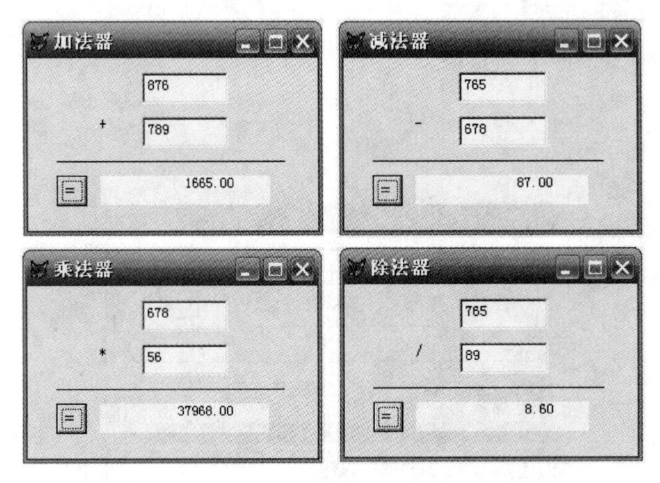

图 10.11　从运算器类添加对象后的运行效果

10.2.3　数据统计类的设计与应用

Visual FoxPro 将数据存放在表中，其数据统计的应用需求非常多，本实例欲设计出一种软件构件，提供对表中的数据进行分组统计的功能，即数据统计类。

以下讨论并介绍该数据统计类的设计方法及过程。

例 10.4　设计数据统计类。

操作步骤如下。

①选择"文件"→"新建"菜单项，在"新建"对话框中选定文件类型为"类"，单击"新建文件"按钮开始新建数据统计类。

②在系统弹出的"新建类"对话框中，输入自定义的类名"tongJi"，从下拉列表框中作派生于 Container 基类的选择，不妨仍然存储于"MyClass.vcx"类库文件中，然后单击"确定"按钮，如图 10.12 所示。

③接着在类设计器中添加 3 个标签、2 个组合框及 3 个命令按钮。3 个标签都用于作相应的提示；两个组合框一个用于在数据统计时选择分组字段，一个用于选择统计字段，它们的

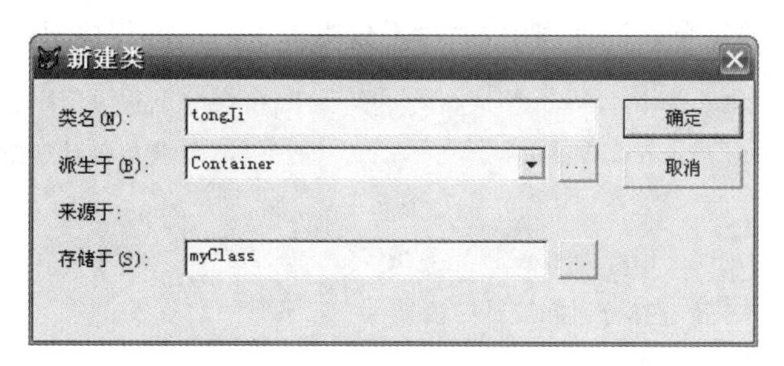

图 10.12　利用 Container 基类派生 tongJi 类

RowSourceType 属性值均为“8-结构”，以便在其中选择当前表的字段；3 个命令按钮用于激活所需的具体统计运算。该数据统计类可视化设计的界面如图 10.13 所示。

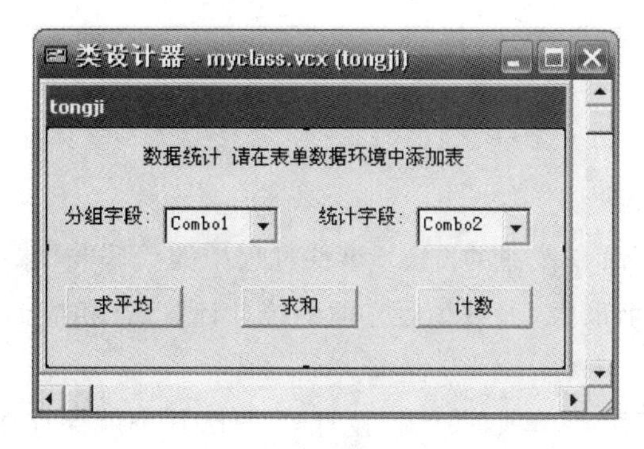

图 10.13　设计数据统计类

④该类的目的是提供对表进行分组统计的功能，具体运用时，表单不仅要从该类中添加对象，对象所在表单的数据环境里还要添加表，添加哪个表，就能对哪个表作数据统计，所以该类提供的数据统计功能是通用的。本实例按此设想编写出相应的程序。

以下为 tongJi 类的 Init 事件过程的代码，该事件发生相对较早。

```
Public b                                  && 全局变量 b 用于存放当前表别名
If Not Empty(Alias())
  b=Alias()                               && 数据环境非空，b 就获得当前别名
EndIf
```

以下还为 tongJi 类的 MouseMove 事件过程设计了代码，其主要作用是确保能操作到数据环境中的表。

```
If Empty(Alias())                         && 如果别名为空，则提示并关闭表单
  MessageBox("请在表单数据环境中添加表")
  ThisForm.Release
Else
  Select &b                               && 选择指定表所在的工作区
EndIf
```

在 Command1 的 Click 事件过程中，编写了分组求平均值的程序，详见以下代码。

```
fzzd=This.Parent.Combo1.Value                    && 获得分组字段字符
tjzd=This.Parent.Combo2.Value                    && 获得统计字段字符
Do Case
  Case Empty(fzzd)or Empty(tjzd)
    MessageBox("请选择分组和统计字段")
  Case Type(tjzd)<>"N"
    MessageBox("请选择数值型统计字段!")
  Otherwise
    Select &fzzd,Avg(&tjzd)As &tjzd.平均值;
      From &b Group By &fzzd
    Use
    Select &b                                    && 选择指定表所在的工作区
EndCase
```

另外，“求和”、“计数”命令按钮的 Click 事件过程中的代码与“求平均”命令按钮的代码类似，不必一一开列。还有求最大、求最小等方面的统计计算，连相应命令按钮都未设计进去，这些都可交由读者去完善。

⑤选择“文件”→“保存”菜单项，关闭类设计器，tongJi 类就保存在 MyClass. vcx 类库文件中了。如果要修改该类的设计，可由“文件”菜单打开 MyClass. vcx 类库文件并从中选取 tongJi 类，即可再次进入类设计器进行编辑。

数据统计的应用是经常要进行的，tongJi 类的设计使用有其价值。在此作一个示例性运用，新建一个表单，在其数据环境中添加学生表，然后从 tongJi 类添加一个 Tongji1 对象到表单，接下来直接运行表单，即可对学生表进行数据的分组统计，如图 10.14 所示。当然，如果添加别的表，也能进行所需的数据统计，读者不妨一试。

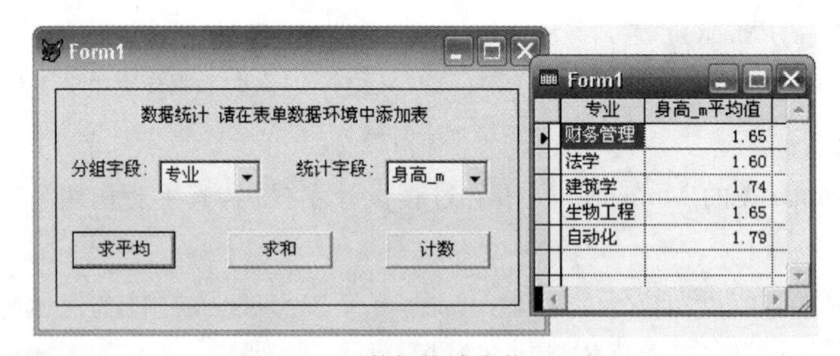

图 10.14　数据统计类使用示例

习　题　10

1. 简述面向对象程序设计的特点。

2. 试说明对象与类的异同及各自的作用。

3.完成例 10.1 中余留的两个过程中的代码，以实现对象正确的分层引用。

4.新建一个类，派生于文本框基类，在类设计器中设置其功能，使之只能输入最多 7 位整数、2 位小数的数字，并设置其 Value 属性的初值为“0”，且编程使该文本框被单击时，能自动选定文本框中的全部内容。

5.新建一个类，派生于容器基类，在类设计器中设置其功能，使之能输入两直角边长度，并添加一个自定义的 SelectF 属性，其初始值为“1”，且提示用户该属性选择“1”或“2”，然后添加一个标题为“计算”的命令按钮，使其被单击时能根据 SelectF 属性的值作相应运算。当 SelectF 属性值为“1”时，求出长方形的面积，当 SelectF 属性值为“2”时，求出直角三角形斜边的长。结果都输出在同一个标签中。

6.自己发现一种实际问题中会应用得较多的新对象，为之从 Visual FoxPro 的基类中派生，设计出一个新的类。

第11章

菜单的设计

在一个完整的数据库应用程序中,菜单是必不可少的,它是构成应用程序框架的重要组成部分。在 Visual FoxPro 中,一个数据库应用系统通常由若干个子系统构成,而这些子系统又由若干个功能模块构成,这些功能模块可以由一些程序来实现。菜单能够将应用程序的各功能模块有机地联系起来,用户通过菜单调用应用程序的各种功能。菜单系统设计的好坏反映了应用程序中的功能模块组织的水平,一个好的菜单系统不仅会给用户一个友好的界面,也会给操作上带来便利。

11.1 菜单概述与 Visual FoxPro 系统菜单

11.1.1 菜单的结构

Visual FoxPro 包括两种类型的菜单:菜单和快捷菜单。菜单由菜单栏(主菜单)、子菜单(下拉菜单)及菜单项组成;快捷菜单是用户在选定对象上右击时弹出的菜单。无论哪种菜单,它们都有一组菜单项供用户选择,用户只要选择其中的某个菜单项时都会有一定的动作。动作可以分为 3 种:执行一条命令、执行一个过程或激活另一个菜单。图 11.1 显示了菜单系统的结构。

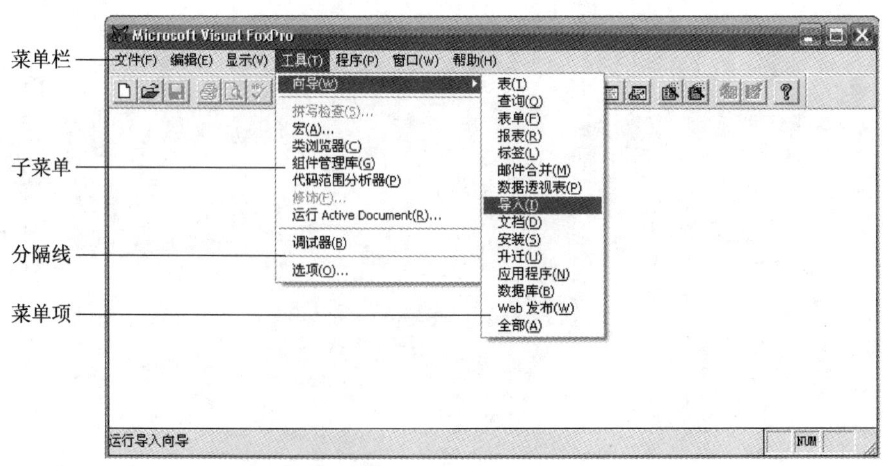

图 11.1 菜单结构

在菜单中，每一个菜单项都可以设置一个访问键(热键)或快捷键。访问键通常是一个带有下划线的字符，当菜单激活时，可以按菜单项的访问键快速选择该菜单项(如在如图 11-1 所示的状态下，按下 T 键，会出现表向导窗口)。快捷键是由 Ctrl 键和另一个字符键组成的组合键，不管菜单激活与否，都可以通过快捷键选择相应的菜单项。

11.1.2　菜单设计的一般步骤

欲使菜单系统能够很好地反映出应用程序的功能架构，必须先对菜单系统进行规划。创建一个完整的菜单系统都需经过以下几个步骤。

(1)规划菜单系统

菜单系统质量的好坏决定应用程序的实用性，因此，菜单系统的规划非常重要。菜单系统的规划包括确定需要哪些菜单项，这些菜单项出现在界面的何处，哪些菜单有子菜单，哪些菜单和菜单项要设置访问键或快捷键，哪些菜单要执行相应的操作等。

(2)创建菜单和子菜单

利用菜单设计器可以定义菜单、子菜单和菜单项。

(3)为各菜单项指定任务

指定菜单所要执行的任务，任务可以是执行一条命令或执行一个程序，也可以显示一个对话框等。

(4)预览菜单系统

在菜单设计过程中，可随时单击“预览”按钮查看菜单的显示情况，以便修改。

(5)生成菜单程序

菜单建立好之后，将生成一个以“mnx”为扩展名的菜单文件(该文件是一个表，存储与菜单系统有关的所有信息)和以“mnt”为扩展名的菜单备注文件。选择“菜单”→“生成”菜单项将生成扩展名为“mpr”的菜单程序文件。

(6)运行菜单程序文件

选择“程序”→“执行”菜单项，即可运行扩展名为“mpr”的菜单程序文件，也可以在命令窗口中输入 “DO 菜单名. mpr”命令运行菜单程序文件。

11.1.3　Visual FoxPro 系统菜单

Visual FoxPro 系统菜单是一个典型的菜单系统，它代表了 Visual FoxPro 的许多功能。Visual FoxPro 系统菜单的主菜单是一个条形菜单，选择条形菜单中的每一个菜单项都会激活一个下拉菜单。在 Visual FoxPro 中，每一个条形菜单都有一个内部名字和一组菜单项，每个菜单项都有一个名称(标题)和内部名字。例如，Visual FoxPro 主菜单的内部名字为“_MSYSMENU”，条形菜单项“文件”的内部名字为“_MSM_FILE”，“编辑” 的内部名字为“_MSM_EDIT”。每一个下拉菜单也有一个内部名字和一组菜单项，每个菜单项则有一个名称(标题)和选项序号。菜单项的名称用于在屏幕上显示菜单系统，而内部名字或选项序号则用于在程序代码中引用。

使用 SET SYSMENU 命令可以允许或禁止在程序执行时访问系统菜单，也可以重新设置系统菜单。

格式：

```
SET SYSMENU ON | OFF | AUTOMATIC
| TO[<下拉菜单名表>]
| TO[<条形菜单项名表>]
| TO[DEFAULT] | SAVE | NOSAVE
```

说明：

①SET SYSMENU ON 表示程序执行时允许访问系统菜单；SET SYSMENU OFF 表示程序执行时禁止访问系统菜单；AUTOMATIC 可使系统菜单显示出来，可以访问系统菜单。

②TO 子句用于重新设置系统菜单。“TO[<下拉菜单名表>]”以菜单项内部名字列出可用的下拉菜单。例如，命令 SET SYSMENU TO_MFILE_MEDIT 将使系统菜单只保留“文件”和“编辑”两个子菜单。“TO[<条形菜单项名表>]”以条形菜单项内部名字列出可用的子菜单。

③TO DEFAULT 将系统菜单恢复为默认设置。不带参数的 SET SYSMENU TO 命令将屏蔽系统菜单，使系统菜单只剩下一个与当前子窗口对应的菜单。

④SAVE 将当前的系统菜单指定为默认设置。如果在执行了 SET SYSMENU SAVE 命令之后修改了系统菜单，那么执行 SET SYSMENU TO DEFAULT 命令就可以恢复 SET SYSMENU SAVE 命令执行之前的菜单设置。

⑤NOSAVE 将缺省设置恢复成 Visual FoxPro 系统的标准设置。要将系统菜单恢复成标准设置，可先执行 SET SYSMENU NOSAVE 命令，然后执行 SET SYSMENU TO DEFAULT 命令。

11.2 下拉菜单的设计

11.2.1 菜单设计器的使用

1. 启动菜单设计器

(1)菜单方式

具体操作步骤如下。

①选择“文件”→“新建”菜单项，打开“新建”对话框。

②从“文件类型”区域中选择“菜单”单选按钮，单击“新建文件”按钮，出现如图 11.2 所示对话框。

③单击“菜单”按钮，即启动菜单设计器，如图 11.3 所示。

(2)命令方式

使用命令方式新建菜单也将打开如图 11.2 所示的“新建菜单”对话框，单击“菜单”按钮打

图 11.2　“新建菜单”对话框

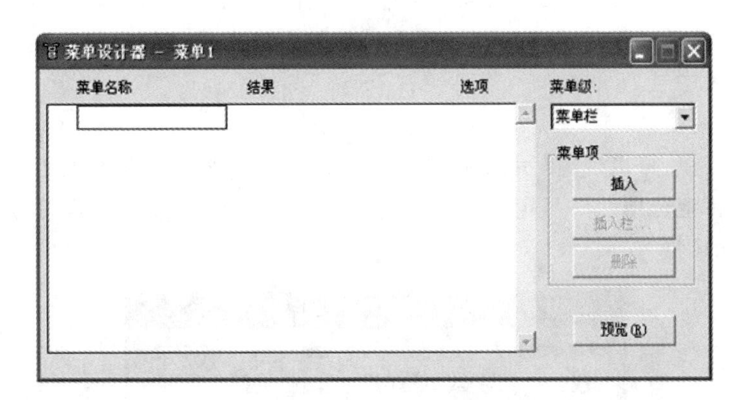

图 11.3　菜单设计器

开菜单设计器。

格式：

CREATE MENU ＜菜单名＞

功能：新建菜单。

2. 菜单设计器的组成

(1)“菜单名称”列

在“菜单名称”文本框中输入的文本将作为菜单项的显示名称，该名称也称为菜单标题，并非菜单的内部名称。

设计良好的菜单都具有访问键。定义访问键的方法是在某一字符的左侧输入“\＜”。如果未指定访问键，那么 Visual FoxPro 会自动指定第一个字母作为访问键。

分隔线是一个下拉菜单中分隔两个菜单项的水平线条。使用分隔线可以将功能相似或相近的菜单项进行分组，如新建、打开、关闭分为一组。设置分隔线的方法是在相应行的“菜单名称”文本框中输入“\－”，即在两菜单项之间插入一条水平分隔线。

(2)“结果”列

在“结果”列的下拉列表框中有 4 个选项：命令、填充名称/菜单项＃、子菜单、过程。

● 命令：用户选择该菜单标题后，执行一条 Visual FoxPro 命令。要执行的一条命令输入到右侧的文本框内即可。如果所要执行的动作需多条命令才能完成，那么在下拉列表框中选择“过程”。

● 过程：该选项用于为菜单或菜单项定义一个过程。定义时一旦选择了“过程”选项，下拉列表框的右边就会出现一个“创建”按钮或“编辑”按钮(建立时显示“创建”，修改时显示“编辑”)。单击相应按钮后将出现一个文本编辑窗口，可以在文本编辑窗口中输入过程代码。

● 子菜单：用户选择“子菜单”选项后，下拉列表框的右边会出现一个“创建”按钮或“编辑”按钮(建立时显示“创建”，修改时显示“编辑”)。单击相应按钮，菜单设计器显示新的一屏用以创建下拉菜单，其创建方法与创建主菜单相同。同时，还可以看到菜单设计器右侧的“菜单级”下拉列表框中的内容也发生变化。“菜单级”下拉列表框用于显示当前所处的菜单级别，可以从下级菜单页切换到上级菜单页。

● 填充名称/菜单项＃：用于标识由菜单生成过程所创建的菜单或菜单项。该选项是用户定义主菜单的内部名字或子菜单的菜单项序号。若当前是主菜单，显示“填充名称”，即输入菜单内部名；若当前是子菜单项，则显示“菜单项＃”，即输入菜单项序号。定义时在右侧的文本框内输入名字或序号。

(3)“选项”按钮

单击“选项”按钮，将出现“提示选项”对话框，如图 11.4 所示。用户可自定义设置菜单系统中各菜单项的特定选项。一旦定义了特定选项后，按钮面板上就会出现符号“√”，同时在状态栏中显示对应的信息。

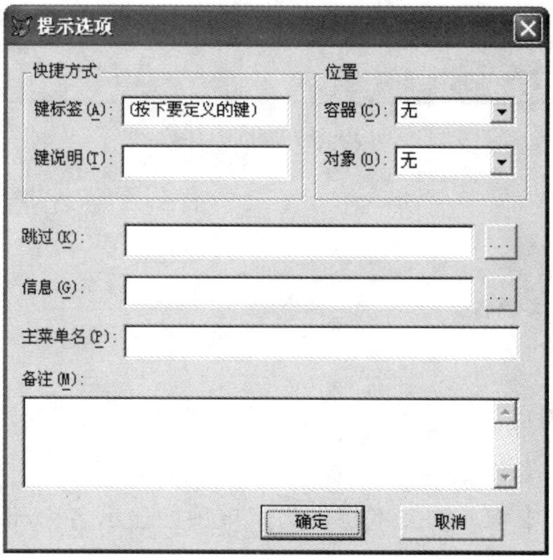

图 11.4 “提示选项”对话框

● “快捷方式”区域：指定菜单项的快捷键。快捷键是 Ctrl 键与另一个字符键的组合。例如，Visual FoxPro 系统菜单中的“编辑”→“粘贴”菜单项，其快捷键为 Ctrl＋V。快捷键与访问键的不同之处在于不需要激活菜单，按下快捷键即可执行该菜单功能。

定义快捷键的方法是，单击“键标签”文本框，使光标定位到文本框，然后在键盘上按快捷键。例如，若按下 Ctrl＋A，“键标签”文本框中会显示 Ctrl＋A，同时“键说明”文本框中也会出现相同的内容，但该内容可以修改。当菜单激活时，“键说明”文本框中的内容将显示在菜单项标题的右侧，对快捷键进行说明。

● “跳过”文本框：单击“跳过”文本框右侧的 ... 按钮，将显示“表达式生成器”对话框。在“跳过＜expL＞”文本框中指定一个逻辑表达式，由表达式的值决定该菜单项是否可选。即当菜单激活时，如条件为真，则对应菜单项以灰色显示，表示不可选。通常用于对动态菜单的控制。

● “信息”文本框：单击“信息”文本框右侧的 按钮，将显示“表达式生成器”对话框。在“信息＜expr＞”文本框中输入说明菜单或菜单项的信息。当鼠标指向该菜单项时，说明信息将会显示在 Visual FoxPro 的状态栏中。

● “主菜单名”文本框：用于指定可选菜单的标题。如不指定，系统会自动设定。

● “备注”列表框：用于输入对菜单及菜单项的注释。

(4)“菜单级”下拉列表框

此下拉列表框用于显示当前编辑的主菜单或子菜单。用户可以在主菜单或子菜单之间切换。

(5)“菜单项”区域

● “插入”按钮：单击该按钮，在当前菜单项之前插入一个新行。

● “插入栏”按钮：单击该按钮，显示如图 11.5 所示的对话框。用户可在其中选择一个标准的 Visual FoxPro 菜单项来插入到当前菜单项之前。

● “删除”按钮：单击该按钮，即删除当前的菜单项。

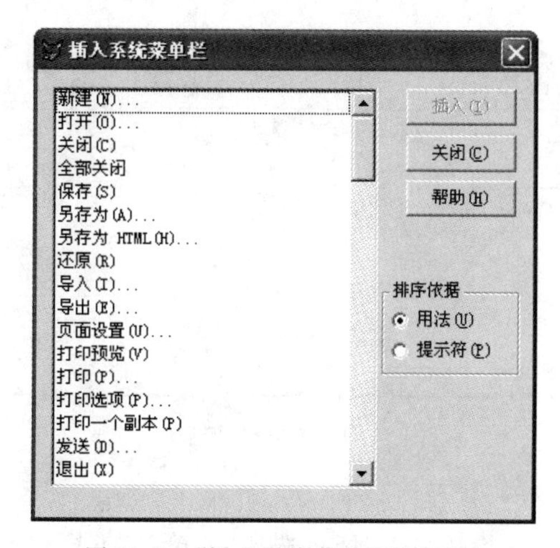

图 11.5　“插入系统菜单栏”对话框

(6)“预览”按钮

用于预览菜单效果。使用该按钮可以暂时屏蔽当前使用的系统菜单，显示当前设计的菜单的菜单名、提示及命令等相应信息。

11.2.2　创建和运行菜单程序

例 11.1　创建一个下拉菜单“学生基本信息.mnx”。菜单结构如表 11.1 所示，其中的“退出”菜单用于退出本菜单，并自动恢复 Visual FoxPro 的系统菜单。

表 11.1　例 11.1 的菜单结构

主菜单	子菜单
学生信息	学生基本情况
	学生成绩

续表

主菜单	子菜单
数据维护	浏览记录
	修改记录
	插入记录
退出	

操作步骤如下。

①选择“文件”→“新建”菜单项，打开“新建”对话框。选择“菜单”单选按钮，单击“新建文件”按钮，在打开的“新建菜单”对话框中单击“菜单”按钮，打开菜单设计器。

②在菜单设计器里，可以看到“菜单级”下拉列表框中呈现的是“菜单栏”字样。依次在“菜单名称”列下输入主菜单的提示字符串，前两项的“结果”下拉列表框选择“子菜单”，最后一项选择“过程”，如图 11.6 所示。

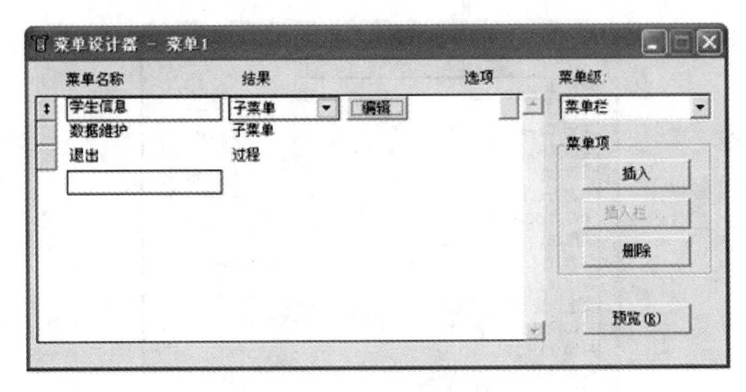

图 11.6　菜单设计器(1)

③选中“菜单名称”为“学生信息”的所在行，并单击“创建”按钮，编辑子菜单，此时“菜单级”下拉列表框中呈现的是“学生信息”字样。选择“菜单级”下拉列表框中的“菜单栏”，回到如图 11.6 所示的状态，选中“菜单名称”为“退出”的所在行，并单击“创建”按钮，将调出编辑窗口供输入过程代码(Set Sysmenu Nosave;Set Sysmenu To Default)，如图 11.7 所示。

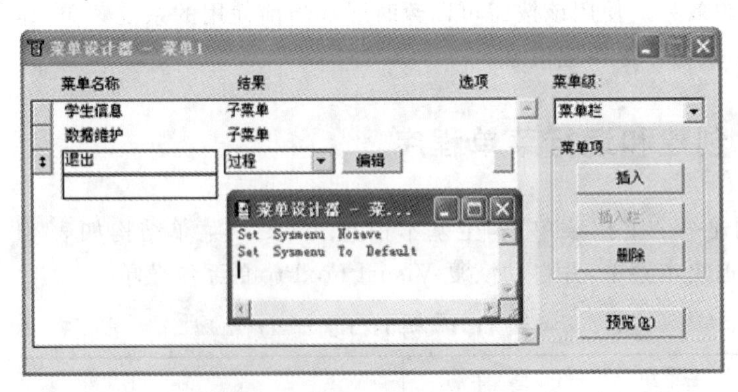

图 11.7　菜单设计器(2)

④保存菜单文件，文件名为“学生基本信息.mnx”。

⑤如果菜单设计器关闭了，则打开学生基本信息.mnx 文件，在打开的菜单设计器中单击“预览”按钮，可预览菜单设计的效果。

⑥生成菜单程序文件。选择“菜单”→“生成”菜单项，打开“生成菜单”对话框，如图 11.8 所示，即可生成同名的.mpr 菜单程序文件（注意：菜单一旦修改，必须重新生成菜单程序文件，否则运行的菜单程序文件还是未修改的菜单）。

图 11.8　“生成菜单”对话框

⑦运行菜单程序文件。选择“程序”→“运行”菜单项，或在命令窗口中输入命令“ Do 学生基本信息.mpr”（扩展名“mpr”不可省略）。

11.2.3　创建快速菜单

Visual FoxPro 还为用户提供了一个非常简单、快速创建菜单的方法，即快速菜单。在启动菜单设计器后，选择“菜单”→“快速菜单”菜单项，即可创建快速菜单。如果用户要创建类似 Visual FoxPro 系统菜单的菜单，就可以选择“快速菜单”菜单项创建菜单。

选择“快速菜单”菜单项后，Visual FoxPro 系统菜单的所有内容会自动复制到菜单设计器中，供用户按需要选择菜单。应用这种方法创建菜单既简便又快速，但必须只有在菜单设计器为空时才允许选择“快速菜单”菜单项，否则它是不可用的。使用“快速菜单”菜单项仅可用于定义下拉菜单，不能用于定义快捷菜单。

11.3　为顶层表单配置下拉菜单

一般情况下，使用菜单设计器设计的菜单，是在 Visual FoxPro 的窗口中运行的。即用户菜单不是在窗口的顶层，而是在第 2 层，因为 Visual FoxPro 标题一直都被显示。要去掉 Visual FoxPro 系统的标题并换成用户指定的标题，只有通过顶层表单的设计才能实现。

创建顶层表单的基本思想是：首先创建菜单，然后创建表单，通过表单的 Init 事件调用菜单。

例 11.2　创建一个顶层表单“tj_top”，然后创建并在表单中添加菜单“tj_top.mnx”。效果如图 11.9 所示。

图 11.9　顶层表单实例

操作步骤如下。

①创建下拉菜单 tj_top. mnx。其中,“关闭”菜单的过程命令代码如下。

```
Set Sysmenu To Default
tj_top. Release
```

②选择“显示”→“常规选项”菜单项,打开“常规选项”对话框,选中“顶层表单”复选框,单击“确定”按钮。

③生成菜单程序文件 tj_top. mpr。

④创建表单 tj_top. scx,分别为 Init 事件和 Destroy 事件添加命令代码,并设置表单的 ShowWindow 属性值为“2”。

Init 事件代码:

```
Do tj_top. mpr With This
```

Destroy 事件代码:

```
Release Menu tj_top
```

⑤保存和运行表单。

11.4 快捷菜单的设计

一般情况下,下拉菜单作为应用程序的菜单系统,而快捷菜单是从属于某个界面对象的。快捷菜单是用户在选定对象或控件上右击时弹出的菜单,它的创建过程同创建下拉菜单类似,但运行方法不同。

11.4.1 创建快捷菜单

同样可以使用菜单设计器创建快捷菜单。打开如图 11.2 所示对话框,单击“快捷菜单”按钮,打开快捷菜单设计器。快捷菜单的设计过程与下拉菜单基本相同,只是在“菜单级”下拉列表框中显示的是快捷菜单,表示当前创建的是快捷菜单。

11.4.2 运行快捷菜单

快捷菜单创建后同样需要生成菜单程序文件才能运行。运行的方法是在快捷菜单的控件或对象的 RightClick 事件(右击事件)中添加执行菜单程序文件的代码。

执行菜单程序的 RightClick 事件代码为“Do 快捷菜单名. mpr”。

例 11.3 为例 11.2 的表单 tj_top. scx 创建快捷菜单 kkk. mnx,其菜单项有按姓名查询、按学号查询、显示查询结果、打印查询结果,效果如图 11.10 所示。

操作步骤如下。

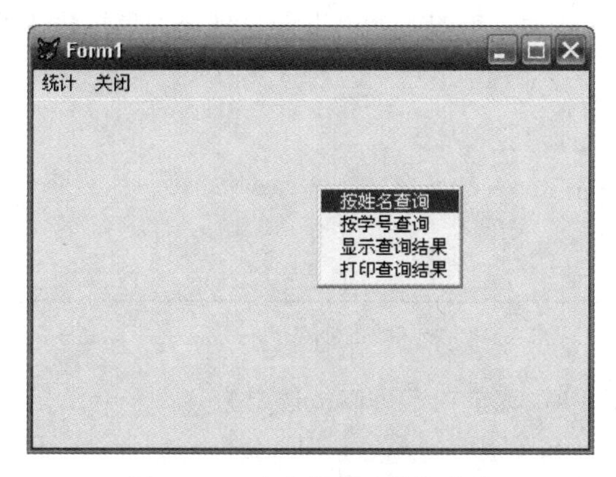

图 11.10　为表单创建快捷菜单

①打开快捷菜单设计器，定义快捷菜单各菜单项的内容，如图 11.11 所示。

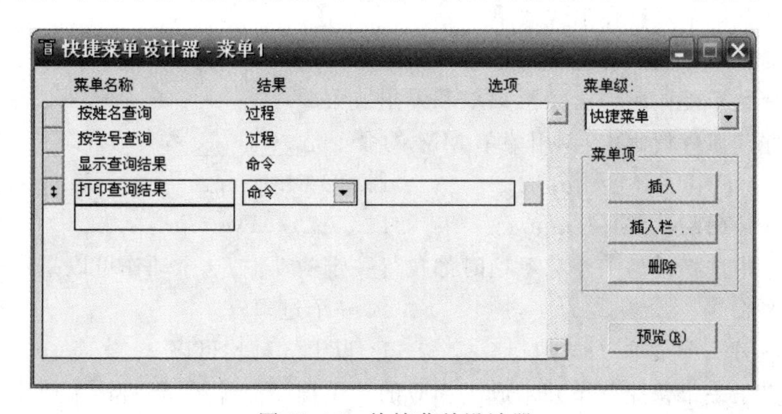

图 11.11　快捷菜单设计器

②选择“显示”→“菜单选项”菜单项，打开“菜单选项”对话框，在“名称”文本框中输入快捷菜单的内部名字“kkk”，如图 11.12 所示。

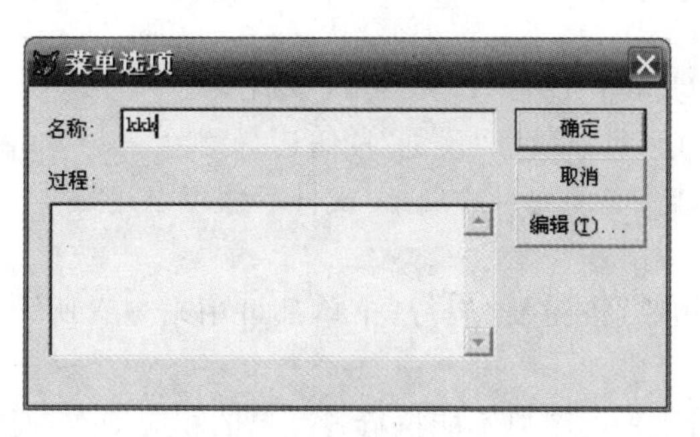

图 11.12　“菜单选项”对话框

③选择“显示”→“常规选项”菜单项，打开“常规选项”对话框，选中“清理”复选框，打开清理代码编辑窗口，在此窗口中输入清理快捷菜单的命令：

```
Release Popups kkk
```

④保存菜单，并生成菜单程序文件 kkk.mpr。

⑤打开表单 tj_top. scx，为表单的 RightClick 事件添加调用快捷菜单的命令：

```
Do kkk. mpr
```

⑥保存和运行表单。

习 题 11

1. 选择题。

(1)定义一个用户菜单时，菜单项不可以被选定为________。

A. 过程　　B. 程序　　C. 命令　　D. 子菜单

(2)下列关于快捷菜单的说法，正确的是________。

A. 快捷菜单中只有条形菜单

B. 快捷菜单中只有弹出式菜单

C. 快捷菜单不能同时包含条形菜单和弹出式菜单

D. 快捷菜单能同时包含条形菜单和弹出式菜单

(3)在程序或事件代码中，调用菜单 MM 的命令是________。

A. DO MENU MM. mpr　　B. DO MM. mpr

C. CALL MENU MM. mpr　　D. CALL MM. mpr

(4)在菜单中选择任何一个菜单项时都执行一定的动作，这个动作可以是________。

A. 一条命令　　B. 一个过程

C. 激活另一个菜单　　D. 以上 3 种均可以

(5)在定义了一个快捷菜单并生成了相应的菜单程序文件后，要将该菜单作为一个对象的快捷菜单，通常是在对象的________事件代码中添加调用该菜单程序文件的命令。

A. RightClick　　B. Click

C. DblClick　　D. Init

(6)以下描述正确的是________。

A. 创建一个菜单后，可直接运行其. mnx 文件

B. 创建一个菜单后，可以通过“预览”按钮运行菜单

C. 创建一个菜单后，必须先生成. mpr 文件后才可以运行

D. 以上答案均错误

(7)菜单设计器的“预览”按钮及“运行”菜单都可用来查看所设计的菜单，这两者的区别是________。

A. “预览”按钮所查看的菜单不能执行各菜单的相应动作，而“运行”菜单则可以

B. “运行”菜单所查看到的菜单不能执行各菜单的相应动作，而“预览”按钮则可以

C. 两者都可以执行各菜单的相应动作，只是显示结果不一样

D. 以上答案均错误

(8)用户设计菜单时，系统默认菜单的位置是________。

A. 替换原有菜单系统　　B. 追加在原菜单系统的后面

C. 插入到原菜单系统的前面　　D. 与原有菜单系统无关

(9)为了从用户菜单返回到系统菜单应该使用命令________。

A. SET DEFAULT SYSTEM

B. SET MENU TO DEFAULT

C. SET SYSTEM TO DEFAULT

D. SET SYSMENU TO DEFAULT

(10)在制作菜单时,若某一菜单项的“结果”下拉列表框中选择要发生的动作类型为“过程”,则表示要________。

A. 执行一条命令　　B. 执行一段程序代码

C. 执行一个子菜单　　D. 什么都不执行

(11)设计菜单时,不需要完成的操作是________。

A. 生成菜单程序文件　　B. 浏览表单

C. 指定菜单任务　　D. 创建主菜单及子菜单

(12)在菜单设计器中,若要将定义的菜单分组,应该在“菜单名称”文本框输入________字符。

A. |　　B. -　　C. \-　　D. C

(13)如果菜单项的名称为“统计”,访问键是“T”,在“菜单名称”文本框中应输入________。

A. 统计(\<T)　　B. 统计(Ctrl+T)

C. 统计(Alt+T)　　D. 统计(T)

(14)下列文件扩展名中,与菜单无关的是________。

A. mnx　　B. mnt　　C. mem　　D. mpr

(15)可以在菜单设计器右侧的________下拉列表框中查看菜单项所属的级别。

A. 菜单项　　B. 菜单级　　C. 预览　　D. 插入

2. 填空题。

(1)在命令窗口中输入________命令可以创建一个新菜单。

(2)打开菜单设计器后,“显示”菜单中会出现两个与菜单设计有关的菜单项,分别是________和________。

(3)访问键和快捷键的区别是使用________时,菜单必须处在激活状态。

(4)在菜单设计器中,要为定义的“编辑”菜单项设置一个访问键“E”,则该菜单项的菜单名称对应为________。

(5)在菜单中添加分隔线的方法是插入一个新的菜单项,然后输入________。

(6)将 Visual FoxPro 系统菜单设置为默认菜单的命令是________。

(7)使用菜单设计器定义的菜单文件的扩展名是________,生成可执行的菜单程序文件的扩展名是________。

(8)要将创建好的快捷菜单添加到控件上,必须在该控件的________事件中添加执行菜单程序文件的代码。

(9)要为顶层表单添加菜单,首先需要在定义菜单时选择“常规选项”对话框中的________复选框,其次要将表单的 ShowWindow 属性设置为________,使其成为顶层表单,最后需要在表单的________事件代码中添加调用菜单程序文件的命令。

(10)用户在自定义菜单中,如要插入系统菜单项“新建”,必须在菜单设计器中单击________按钮。

3. 菜单设计。

(1)利用菜单设计器创建一个下拉菜单 mymenu_xj. mnx。要求:

①包括“浏览表”和“关闭”两个菜单。

②“浏览表”菜单包括“学生表”和“教师表”两个菜单项。“学生表”菜单项在过程中使用 SQL 命令“SELECT * FROM 学生”显示所有学生的信息;“课程表”菜单项在过程中使用 SQL 命令“SELECT * FROM 教师”显示所有教师的信息。

③“关闭”菜单包括“返回到系统菜单”一个菜单项,“返回到系统菜单”菜单项在过程中使用命令返回系统默认的菜单。

(2)设计一个下拉菜单 mymenu_zj. mnx,运行该菜单程序时会在当前 Visual FoxPro 系统菜单的末尾追加一个“统计”菜单,“统计” 菜单下有“求和”和“求平均值” 两个菜单项。

提示:选中“常规选项”对话框中的“追加”单选按钮,才能将用户定义的菜单内容添加到当前系统菜单原有内容的后面。

(3)创建一个名为“kj”的快捷菜单,要求菜单中有“查询”和“关闭”两个菜单项。其中,“查询”菜单下有“总人数”和“平均分”两个菜单项,然后在表单 Myform_kj 中的 RightClick 事件中调用快捷菜单。要求:

①其中,“总人数”菜单项根据学生表统计学生总人数。

②其中,“平均分”菜单项根据课程和选课成绩表,求每门课程的期末平均分。

(4)建立一个顶层表单,表单文件名为“myform_dc. scx”,表单标题为“顶层表单”。为顶层表单建立菜单 mymenu,其菜单设计器如图 11. 10 所示(无下拉菜单),单击“退出”菜单时,关闭释放此顶层表单,并返回到系统菜单(在过程中完成)。

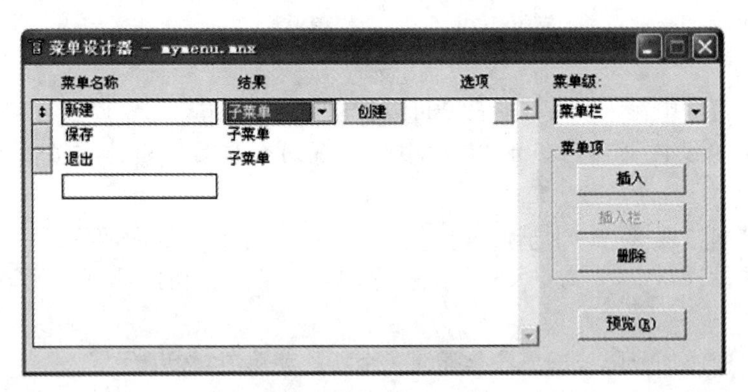

图 11.10　菜单实例

第12章

报表与标签

除了屏幕输出外,打印报表是用户获取信息的另一条重要途径,因此,报表和标签设计是数据库系统应用的一个重要功能。通过报表与标签,可将数据库系统中的数据转换成用户所需要的有用信息,使数据库产生经济效益。如何设计出符合用户实际需要的、输出形式灵活的各种报表和标签是数据库系统的关键之一,这也是体现数据库系统应用能力的重要指标。报表与标签设计主要包括数据源的确定、输出形式的定义和输出命令的实现。Visual FoxPro 提供了较完善的报表与标签的输出命令和设计工具,在实际应用时,必须全面地掌握报表和标签设计的全过程。

12.1 报表的设计

报表主要由两部分组成:数据源和报表布局。

报表的数据源通常是数据库表或自由表,也可以是视图、查询或临时表。在进行报表设计前,应打开报表的数据源。

报表的布局则定义报表打印格式,根据实际应用需要,布局可以是简单的,也可以是复杂的。

12.1.1 报表的布局

报表布局就是报表的输出格式。创建报表,就是设计报表的输出格式,实际上就是设计报表布局,即设置报表的页面大小,报表的报表标题、页标题、列标题、组标题,以及数据的显示位置。

报表的常用布局类型的说明及它们的一般用途如表 12.1 所示。

表 12.1 报表的常用布局类型

布局类型	说　明	示　例
列报表	每行一条记录,每个字段一列,每条记录的字段在页面上按水平方向放置	分组和总计报表、财政报表、存货清单、销售总结等

续表

布局类型	说　明	示　例
行报表	每个字段一行，字段名在数据的左侧，每条记录的字段在一侧放置	货物清单、产品目录等
一对多报表	一条记录或一对多关系，其内容包括父表的记录及其相关子表的记录	发票、会计报表等
多栏报表	多列的记录，每条记录的字段沿分栏的左边缘竖直放置	电话号码簿、名片等

每张报表都有一定的格式，统一保存在报表文件中。在 Visual FoxPro 6.0 中，报表文件的扩展名为“frx”，每个报表文件还伴随着一个扩展名为“frt”的备注文件。报表文件统一规定了将要打印的字段、相关文本及它们在页面上的输出位置和格式等。

12.1.2　创建报表

Visual FoxPro 提供了 3 种创建报表的方法：使用报表向导创建报表、使用报表设计器创建自定义的报表和使用快速报表创建简单规范的报表。

1. 报表向导

报表向导是创建报表的最简单途径，它自动提供很多报表设计器的定制功能。利用报表向导可以创建一个基于表或视图的报表。

启动报表向导主要有以下几种途径。

①选择“文件”→“新建”菜单项，或单击“常用”工具栏上的“新建”按钮，打开“新建”对话框。在“文件类型”区域中选择“报表”单选按钮，然后单击“向导”按钮，如图 12.1(a)所示。

②选择“工具”→“向导”→“报表”菜单项，如图 12.1(b)所示。

③单击“常用”工具栏上的“报表”按钮，如图 12.1(c)所示。

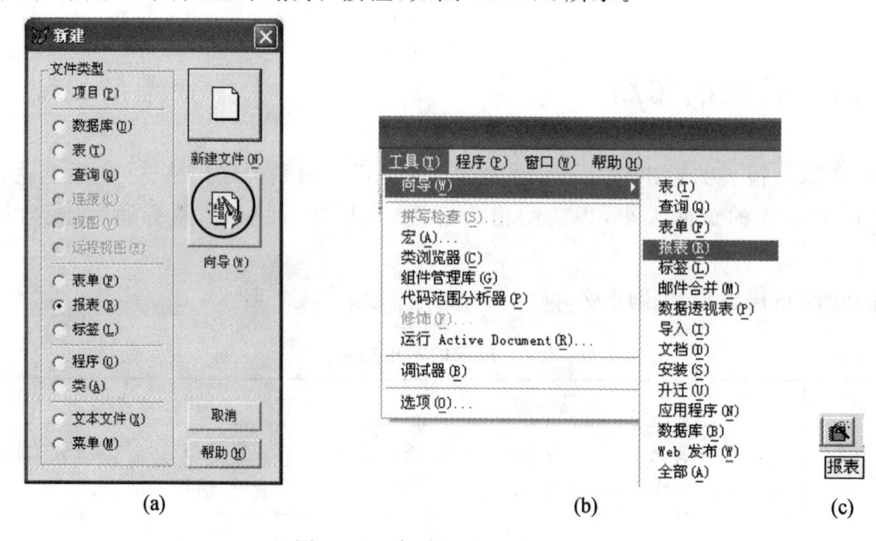

图 12.1　启动报表向导的途径

报表向导启动时，首先弹出如图 12.2 所示的“向导选取”对话框。如果数据源是一个表，应选取“报表向导”；如果数据源包括父表和子表，则应选取“一对多报表向导”。

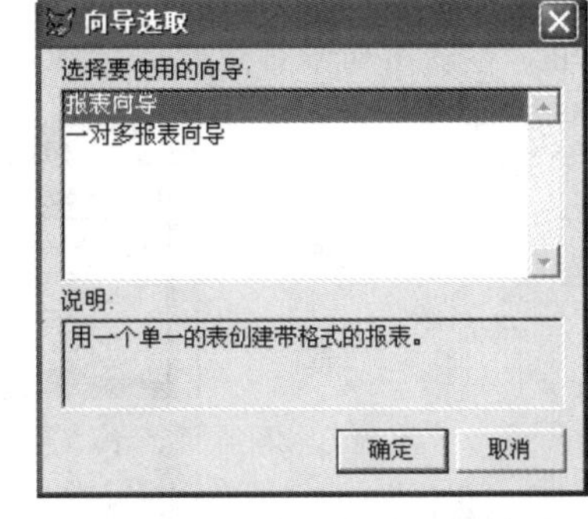

图 12.2　“向导选取”对话框

报表向导一般有 6 步，按照系统的提示一步步做即可。6 步的主要内容如下。

(1)字段选取

从数据库中的表、视图、查询或临时表中选取要放在报表中的字段。

(2)分组记录

可以使用分组来分类并排序字段，这样能够方便读取。可以通过“分组选项”和“总结选项”按钮来进一步完善分组设置，还可以选择与用来分组的字段中所含的数据类型相关的筛选级别，以及为报表选择“细节及总结”、“只包含总结”或“不包含总计”等。

(3)选择报表样式

当选择任何一种样式时，报表向导都在放大镜中更新成该样式的示例图片。

(4)定义报表布局

指定列数或布局时，报表向导即在放大镜中更新成选定布局的实例图形。但要注意的是，如果在步骤 2 中指定分组选项，则本步骤中的“列数”微调框和“字段布局”区域不可用。

(5)排序记录

按照视图查询结果排序的顺序选择字段和索引标识。

(6)完成

完成向导操作，可以在本步骤中预览报表。

例 12.1　使用报表向导，对自由表学生.dbf 创建报表。

操作步骤如下。

①通过上述介绍的启动报表向导的任何一种方法，打开“向导选取”对话框。

②由于本例的数据源是一个表，因此选择“向导选取”对话框中的“报表向导”。

③确定报表中出现的字段。如图 12.3 所示，选定了除备注型字段“简历”外的所有字段，单击“下一步”按钮。

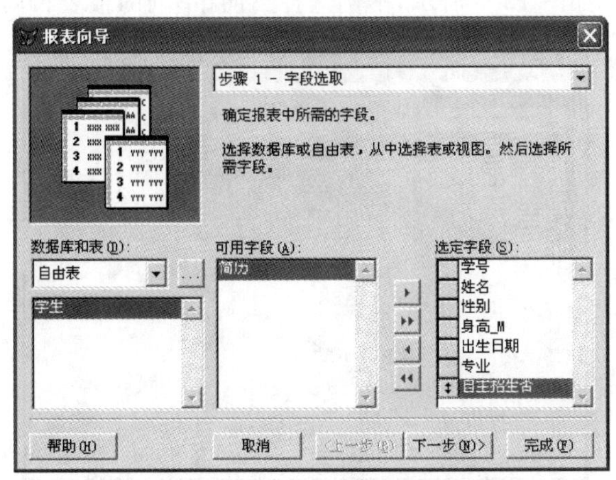

图 12.3　报表向导步骤(1)

④确定数据分组方式。只有按照分组字段建立索引之后才能正确分组，最多可建立 3 层分组。本例目前未指定分组选项，如图 12.4 所示，单击“下一步”按钮。

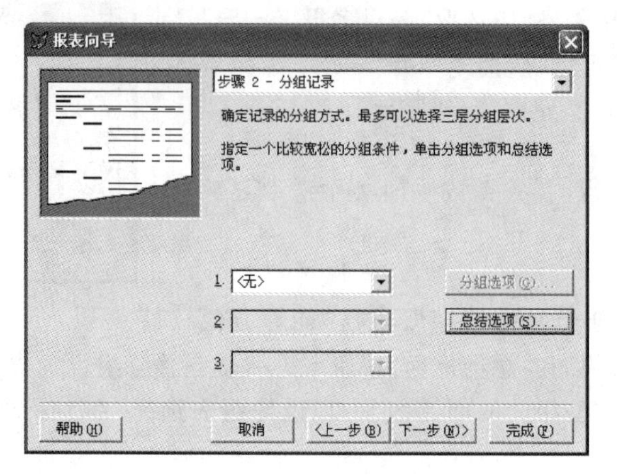

图 12.4　报表向导步骤(2)

⑤选择报表样式。如图 12.5 所示，本例选择“经营式”，单击“下一步”按钮。

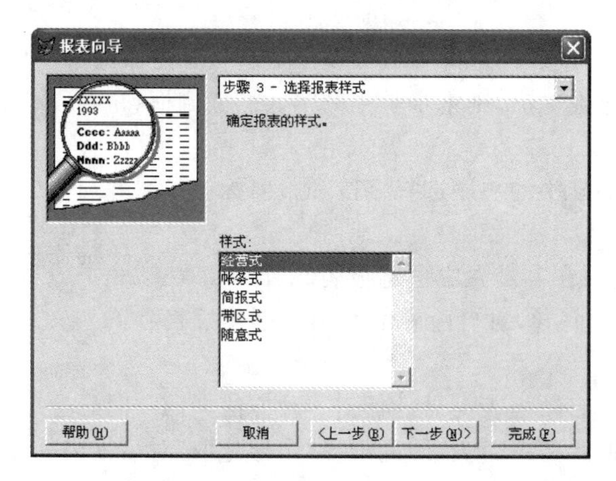

图 12.5　报表向导步骤(3)

⑥确定报表布局。如图 12.6 所示，本例选择纵向、单列的报表布局，单击“下一步”按钮。

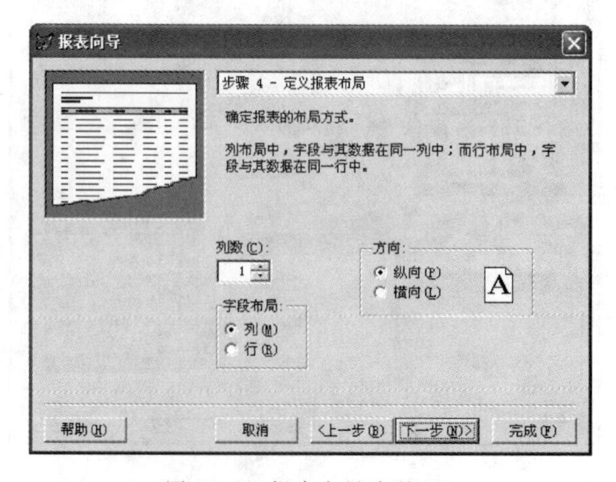

图 12.6　报表向导步骤(4)

⑦确定记录在报表中出现的顺序。如图 12.7 所示，本例指定按学号升序排序，单击“下一步”按钮。注意排序字段必须已经建立索引。

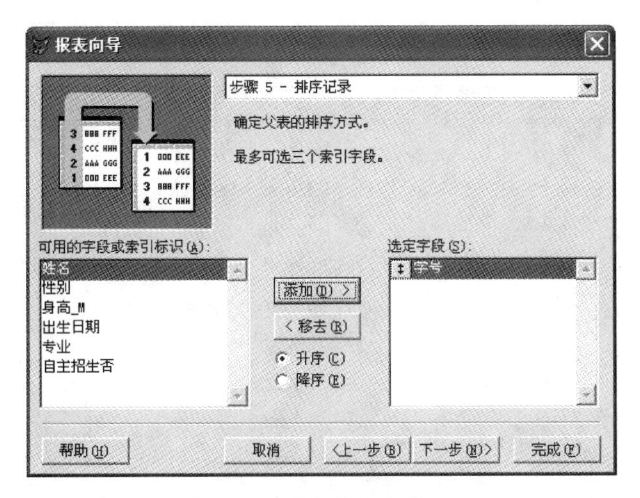

图 12.7　报表向导步骤(5)

⑧完成。如图 12.8 所示。

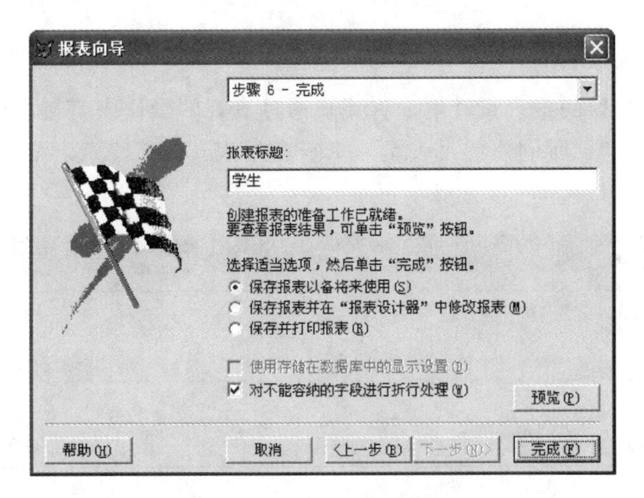

图 12.8　报表向导步骤(6)

为了查看所生成报表的情况，通常先单击“预览”按钮查看效果。本例的预览结果如图 12.9 所示。在预览窗口中出现“打印预览”工具栏，单击相应的按钮可以改变显示的百分比，也可以退出预览或直接打印报表等。

最后单击报表向导中的“完成”按钮，将弹出“另存为”对话框，可以指定报表文件的保存位置和名称，将报表保存为扩展名为“frx”的报表文件。

一般情况下，直接使用报表向导所获得的结果并不能满足要求，还需要使用报表设计器来进行进一步的修改。

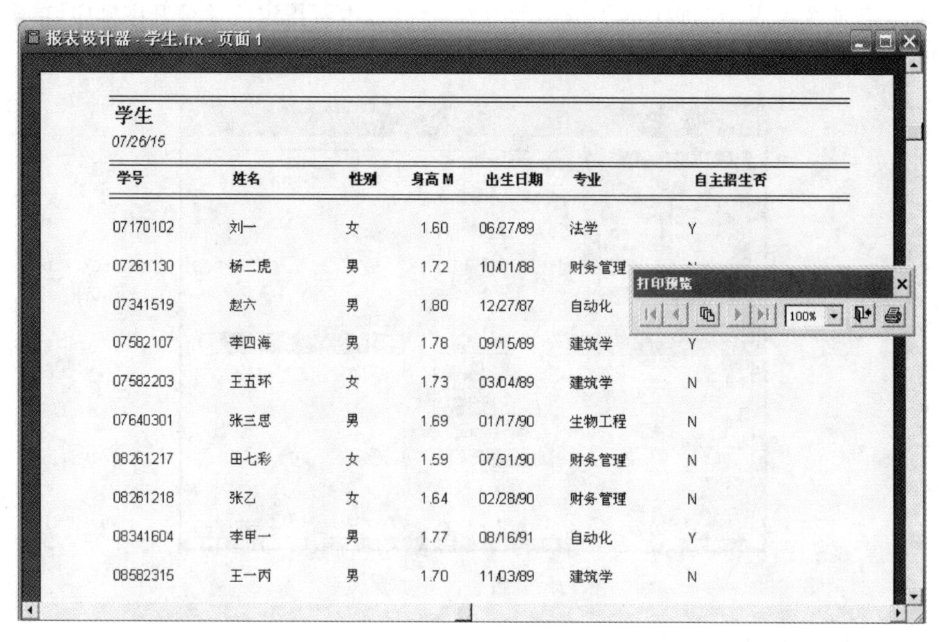

学生

07/26/15

学号	姓名	性别	身高 M	出生日期	专业	自主招生否
07170102	刘一	女	1.60	06/27/89	法学	Y
07261130	杨二虎	男	1.72	10/01/88	财务管理	
07341519	赵六	男	1.80	12/27/87	自动化	
07582107	李四海	男	1.78	09/15/89	建筑学	Y
07582203	王五环	女	1.73	03/04/89	建筑学	N
07640301	张三思	男	1.69	01/17/90	生物工程	N
08261217	田七彩	女	1.59	07/31/90	财务管理	N
08261218	张乙	女	1.64	02/28/90	财务管理	N
08341604	李甲一	男	1.77	08/16/91	自动化	Y
08582315	王一丙	男	1.70	11/03/89	建筑学	N

图 12.9　预览报表

2. 报表设计器

Visual FoxPro 提供的报表设计器允许用户通过直观的操作来直接设计报表，或者修改报表。直接调用报表设计器所创建的报表是一个空白报表，如图 12.10 所示。可以使用下列方法之一调用报表设计器。

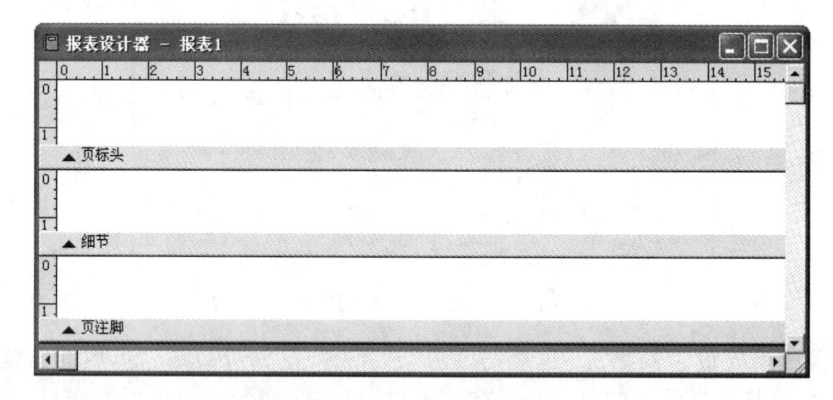

图 12.10　报表设计器

①选择“文件”→“新建”菜单项，或单击“常用”工具栏上的“新建”按钮，打开“新建”对话框。在“文件类型”区域中选择“报表”单选按钮，然后单击“新建文件”按钮。

②使用命令：

CREATE REPORT [<报表文件名>]

在报表设计器中默认有 3 个带区，可以插入各种对象，包括和表字段建立联系的文本框、变量和表达式，以及显示文本的标签等控件。要增强报表的视觉效果和可读性，还可以添加直线、矩形及圆角矩形等控件。

(1)带区

报表中可能有多个分组带区，或者多个列标头和注脚带区。各种可能的报表带区的意义和用法如表 12.2 所示。

表 12.2　报表带区的意义和用法

带区名称	意　义	用　法
标题	显示报表总标题，每张报表只显示或打印一次	选择“报表”→“标题/总结”菜单项
页标头	显示报表的页标题，当报表有多页时，位于页面上方，每页显示或打印一次	默认可用
列标头	显示报表的列标题，一般每列应指定一个列标头标签控件	选择“文件”→“页面设置”菜单项，设置“列数”大于 1
组标头	当将数据分组显示时，每组显示一次	选择“报表”→“数据分组”菜单项
细节	报表最重要的带区，每条符合条件的记录都在此带区出现一次，构成报表内容的主体	默认可用
组注脚	当将数据分组显示时，每组显示一次，它和组标头分别显示在组的首尾	选择“报表”→“数据分组”菜单项
列注脚	显示在每列的最后，它和列标头相对应，但一般不设列注脚	选择“文件”→“页面设置”菜单项，设置“列数”大于 1
页注脚	显示报表的页注脚，当报表有多页时，位于页面下方，每页显示或打印一次	默认可用
总结	显示报表的总结，每张报表只显示或打印一次	选择“报表”→“标题/总结”菜单项

报表带区可以调整大小。如果要调整报表带区的大小，可在报表设计器中将带区栏拖动到适当的高度。在报表左边和上面各有一把标尺，可使用这些标尺量度估测带区高度和宽度。

注意：不能使带区高度小于布局中控件的高度。可以把控件移进带区，然后减少其高度。

(2)报表控件

当打开报表设计器后，“报表控件”工具栏上的按钮变为可用，如图 12.11 所示。可以在报表中插入的控件如表 12.3 所示。

图 12.11　“报表控件”工具栏

表 12.3　报表中的控件

若要显示	可用控件
表的字段、变量和其他表达式	域控件
字符文本	标签
直线	线条
框和边界	矩形
圆、椭圆、圆角矩形和边界	圆角矩形
位图或通用字段	图片/ActiveX 控件

例 12.2　用报表设计器创建如图 12.12 所示打印效果的报表，列出了表学生.dbf 中的信息，并统计出总人数和平均年龄。在报表上方显示标题及制作或打印日期。

图 12.12　预览效果

操作步骤如下。

①新建一个空白报表，如图 12.10 所示。

②选择“报表”→“标题/总结”菜单项，在弹出的“标题/总结”对话框中选中“标题带区”和“总结带区”复选框，再单击“确定”按钮，如图 12.13 所示。

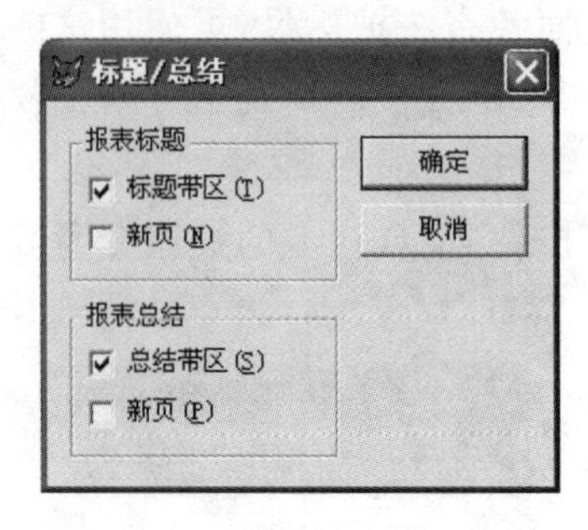

图 12.13　“标题/总结”对话框

③添加标题。在“报表控件”工具栏中单击“标签”按钮，在标题带区的适当位置单击，即可录入文字，此时输入“学生情况表”，然后在任意空白处单击，录入结束。可通过选择“格式”→“字体”菜单项设置字体的大小、类型和其他装饰效果。

④添加日期。在“报表控件”工具栏中单击“域控件”按钮，在标题带区的适当位置拖放鼠标，系统打开“报表表达式”对话框，如图12.14所示。在“表达式”文本框中输入“DATE()”，再单击“格式”文本框右边的按钮，弹出“格式”对话框。选中“日期型”单选按钮和“SET DATE格式”复选框，如图12.15所示，单击“确定”按钮，回到“报表表达式”对话框，如图12.16所示。

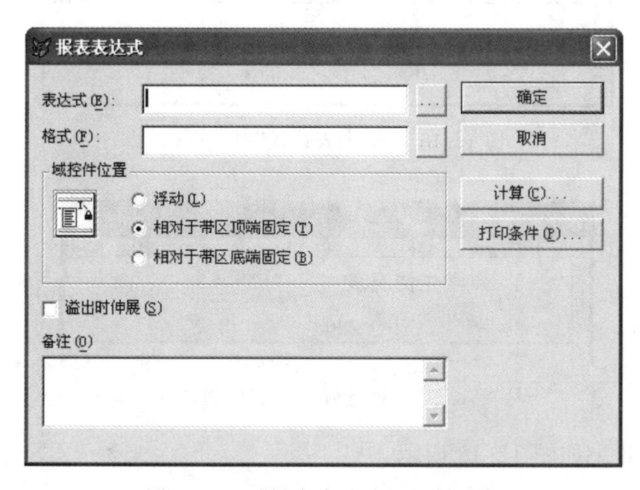

图12.14　“报表表达式”对话框(1)

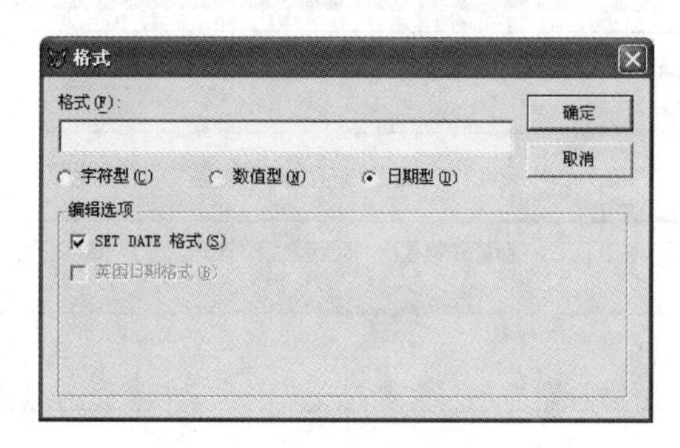

图12.15　“格式”对话框

⑤单击“确定”按钮，关闭“报表表达式”对话框，调整标题带区中各控件的位置和字体，结果如图12.17所示。

⑥选择“显示”→“数据环境”菜单项，打开报表的数据环境，在其中添加学生表。然后利用拖放法将学生表的字段一一拖放到报表的细节带区中。

⑦在页标头带区建立若干标签控件，标签的文本内容分别是各字段的字段名。

⑧对于页标头带区中的各标签控件及细节带区中的各域控件，根据字段的内容，分别调整它们的大小和位置。还可以同时选中，统一设置它们的字体、字形及字号，以及执行“格式”菜单中的“对齐”或“大小”子菜单中的相关命令，以达到快速设置控件的大小和位置。

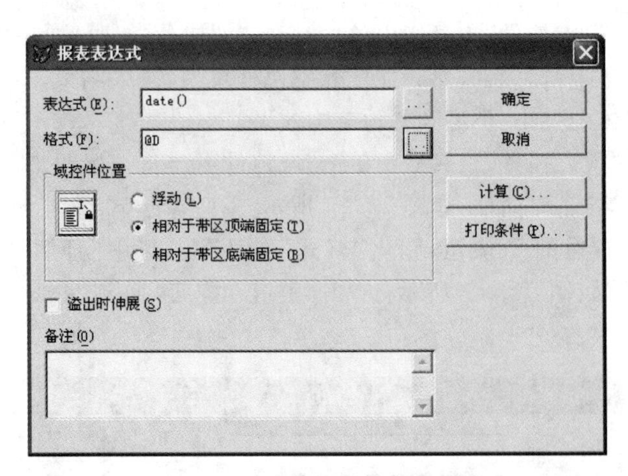

图 12.16 “报表表达式”对话框(2)

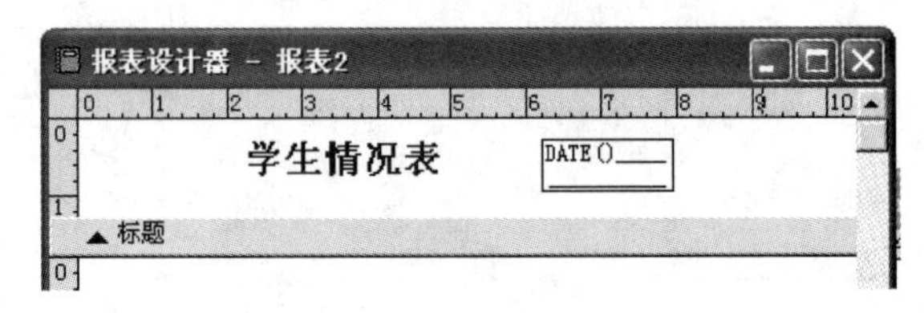

图 12.17 设计好的报表标题带区

添加、调整后的效果如图 12.18 所示。

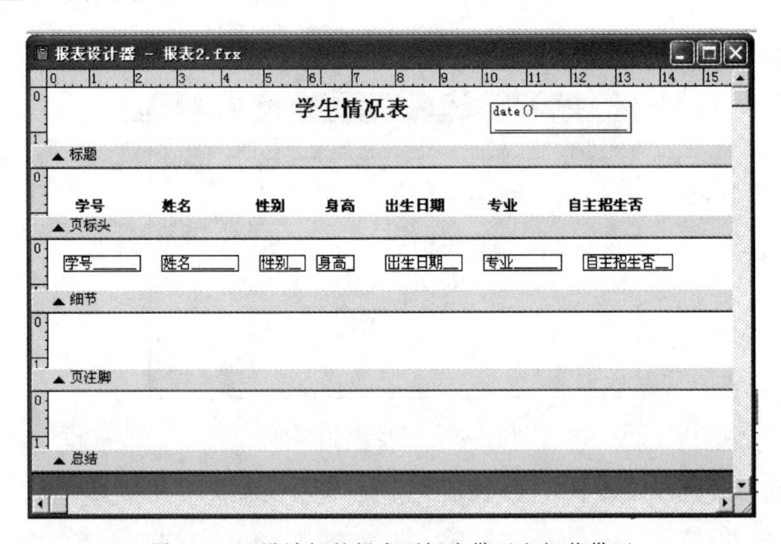

图 12.18 设计好的报表页标头带区和细节带区

⑨页注脚带区是默认显示的，为了不显示它，用鼠标拖放法将它的高度设置为 0。

⑩在报表的总结带区中添加一个标签控件，标签的文本内容为“总人数:”。接着在其右边添加一个域控件，在弹出的“报表表达式”对话框中设置“表达式”文本框的内容为“学生.学号”，如图 12.19 所示，单击“确定”按钮。在“报表表达式”对话框中单击“计算”按钮，在弹出的“计算字段”对话框中选中“计数”单选按钮，再单击“确定”按钮，如图 12.20 所示。单击“确定”按钮关闭“报表表达式”对话框。

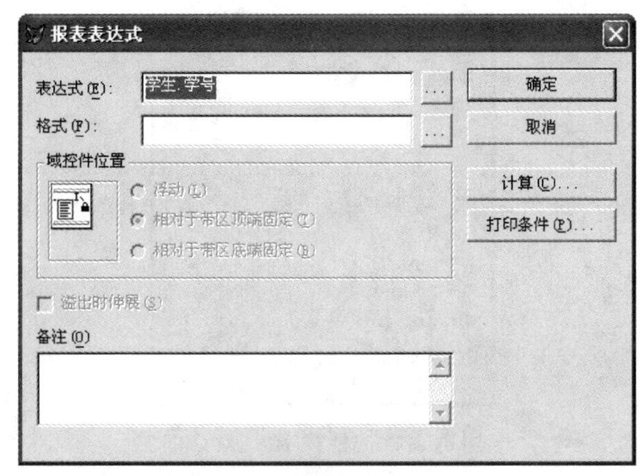

图 12.19　“报表表达式”对话框

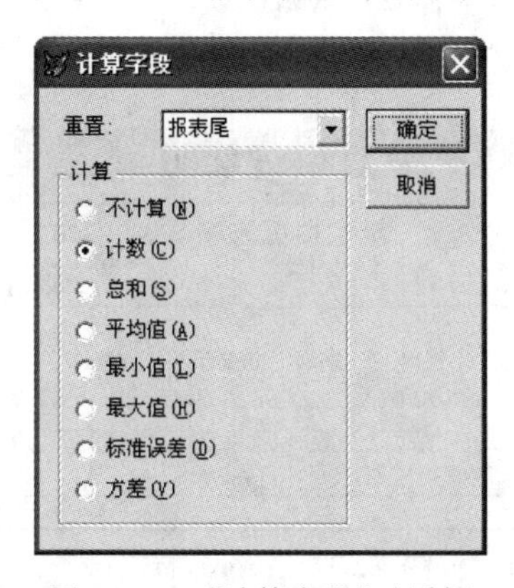

图 12.20　“计算字段”对话框

⑪在报表的总结带区中添加一个标签控件,标签的文本内容为“平均年龄:”。再在其右边添加一个域控件,在弹出的“报表表达式”对话框中设置“表达式”文本框的内容为“YEAR(DATE())－ YEAR(学生.出生日期)”,“格式”文本框的内容为“99.9”,如图 12.21 所示。单击“计算”按钮,在弹出的“计算字段”对话框中选中“平均值”单选按钮,再单击“确定”按钮,如图 12.22 所示。单击“确定”按钮关闭“报表表达式”对话框。

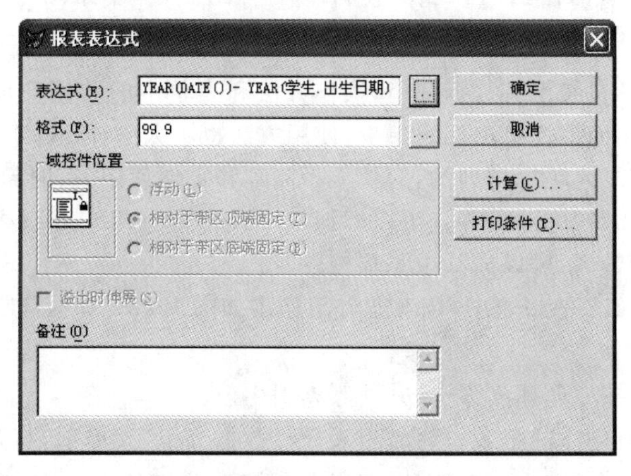

图 12.21　“报表表达式”对话框

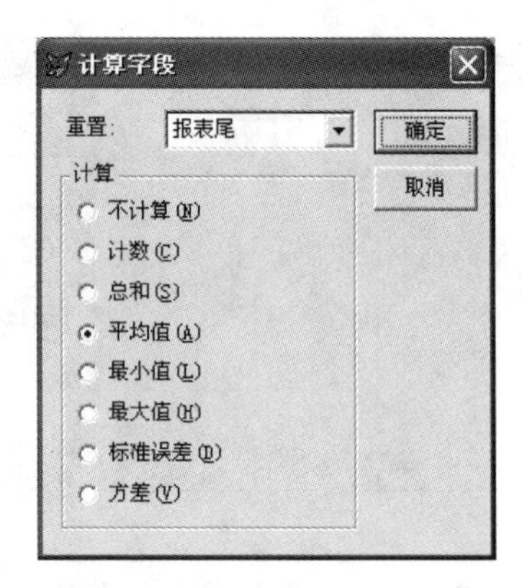

图 12.22 “计算字段”对话框

⑫调整总结带区中的控件的字体、大小和位置。

报表设计器最终的设计结果如图 12.23 所示。

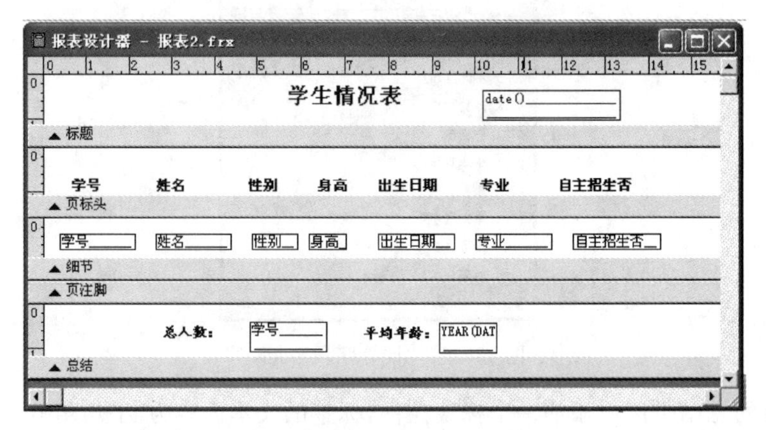

图 12.23 报表设计器的最终设计

如果选择“报表”→“运行报表”菜单项,系统就会在打印机上打印报表。但由于客观条件的限制,一般来说打印不太现实,因此,Visual FoxPro 提供了预览报表的功能。预览报表的方法是当报表设计器是当前窗口时,选择“文件”→“打印预览”菜单项。报表的预览结果如图 12.12 所示。

由此例可以看出,报表也有数据环境,操作方法和表单中的数据环境类似。不过,报表是用于打印的,所以可用的控件类型比表单少,使用方法也不太一样。

记录在表中是按录入顺序排列的,为了便于阅读和方便使用,有时希望将记录以某种特定的规律输出,这就需要对其分组,并且可以添加一个或多个分组。分组之后,报表布局就有了组标头带区和组注脚带区,可以向其中添加控件。

例 12.3 在例 12.2 的报表中,按专业分组输出如图 12.24 所示打印效果的报表。

操作步骤如下。

①首先对学生表按专业建立索引,并使其索引生效。

②打开例 12.2 所创建的报表,选择“报表”→“数据分组”菜单项,打开“数据分组”对话框。

③单击“分组表达式”文本框右侧的 ... 按钮,选择要分组的表达式“学生.专业”。在“组属

报表设计器 - 报表-3.frx - 页面 1

学生情况表　　08/05/15

专业	学号	姓名	性别	身高	出生日期	自主招生
财务管理						
	07261130	杨二虎	男	1.72	10/01/88	.F.
	08261217	田七彩	女	1.59	07/31/90	.F.
	08261218	张乙	女	1.64	02/28/90	.F.
法学						
	07170102	刘一	女	1.60	06/27/89	.T.
建筑学						
	07582107	李四海	男	1.78	09/15/89	.T.
	07582203	王五环	女	1.73	03/04/89	.F.
	08582315	王一丙	男	1.70	11/03/89	.F.
生物工程						
	07640301	张三思	男	1.69	01/17/90	.F.
	08640516	欧阳李丽	女	1.60	04/19/90	.T.
自动化						
	07341519	赵六	男	1.80	12/27/87	.F.
	08341604	李甲一	男	1.77	08/16/91	.T.

总人数：11　　平均年龄：25.7

图 12.24　数据分组后报表的预览效果

性”区域中选择“每页都打印组标头”复选框，如图 12.25 所示，再单击“确定”按钮。

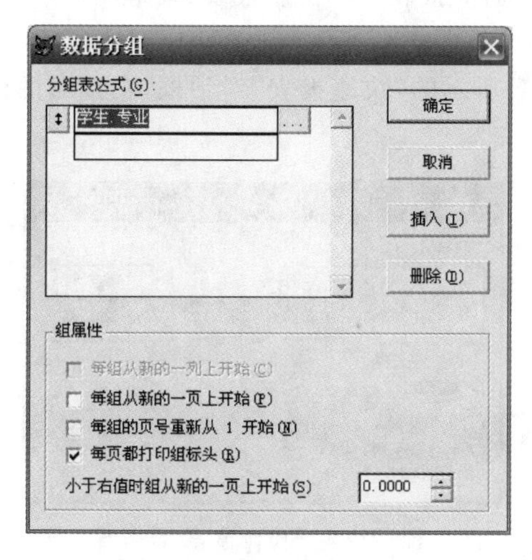

图 12.25　“数据分组”对话框

④在报表设计器中的相应带区中，调整各控件的位置，如图 12.26 所示。

⑤保存并预览。

3. 快速报表

当用报表设计器新建一个报表时，报表设计器将提供一个空白布局，此时，可以使用系统提供的快速报表功能创建一个格式简单的报表。通常先使用快速报表功能来创建一个简单的报表，然后在此基础上再进行修改，达到快速构造所需报表的目的。

如果要创建一个快速报表，可以通过选择“报表”→“快速报表”菜单项来实现。

需要注意的是，若报表设计器的细节带区中已经有内容，则“报表”→“快速报表”菜单项是

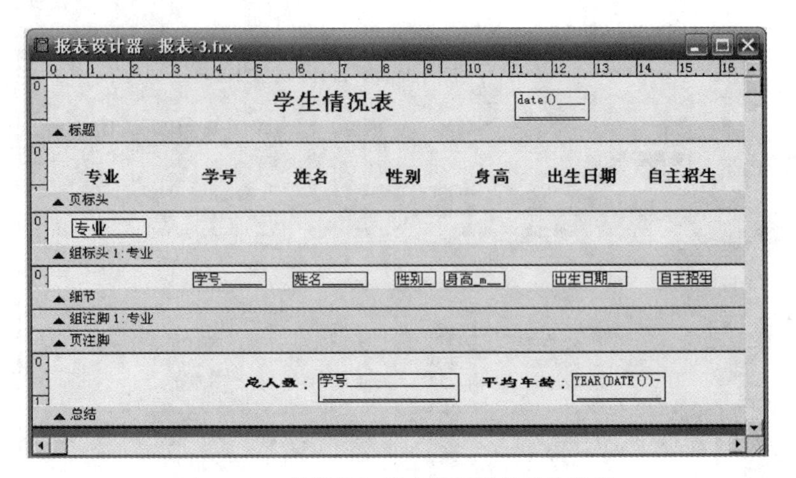

图 12.26　数据分组报表设计器的最终设计

不可用的。

例 12.4　为自由表教师.dbf 创建一个快速报表。

操作步骤如下。

①首先创建一个如图 12.10 所示的空白报表。

②打开报表设计器后,选择“报表”→“快速报表”菜单项,因事先未打开数据源,系统将弹出“打开”对话框,选择数据源教师.dbf。

③系统弹出如图 12.27 所示的“快速报表”对话框,在该对话框中选择字段布局、标题和字段。

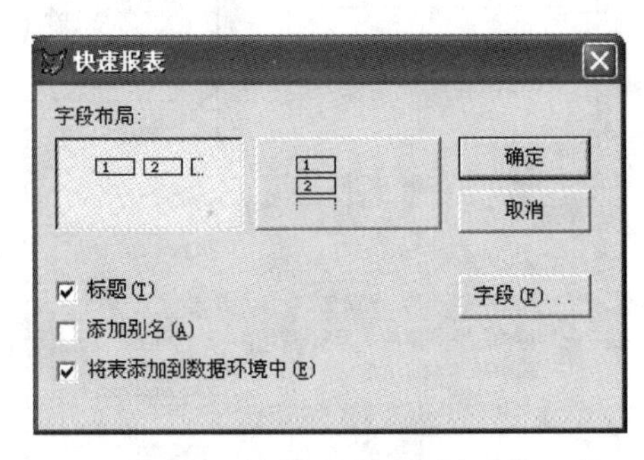

图 12.27　“快速报表”对话框

“快速报表”对话框中主要按钮和选项的功能如下。

- 字段布局:对话框中两个较大的按钮用于设计报表的字段布局,左侧按钮产生列报表,右侧按钮产生字段在报表中竖向排列的行报表。
- “标题”复选框:选中此复选框,表示在报表中为每一个字段添加一个字段名标题。
- “添加别名”复选框:不选中此复选框,表示在报表中不在字段前面添加表的别名。数据源是一个表,别名无实际意义。
- “将表添加到数据环境中”复选框:选中此复选框,表示把打开的表文件添加到报表的数据环境中作为报表的数据源。
- “字段”按钮:单击该按钮将打开字段选择器为报表选择可用的字段,如图 12.28 所示。

默认情况下，快速报表选择表文件中除通用型字段以外的所有字段。

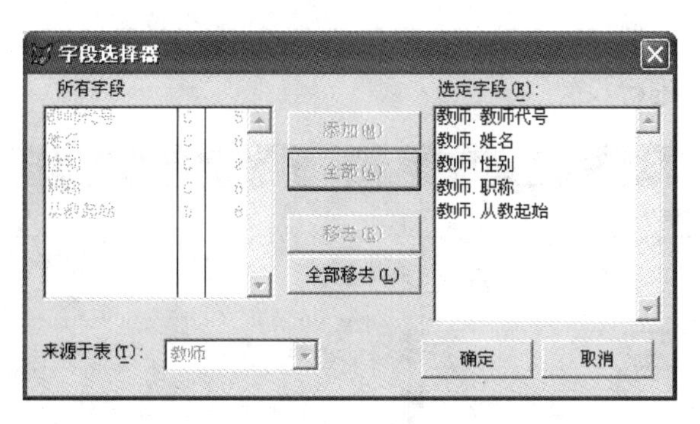

图 12.28　字段选择器

④在“快速报表”对话框中单击“确定”按钮，快速报表便出现在报表设计器中，如图 12.29 所示。

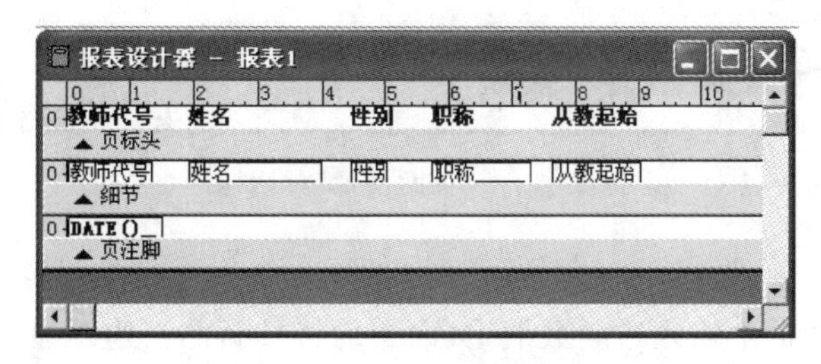

图 12.29　快速报表的报表设计器

⑤单击“常用”工具栏上的“打印预览”按钮，或选择“显示”→“预览”菜单项，打开快速报表的预览窗口，如图 12.30 所示。

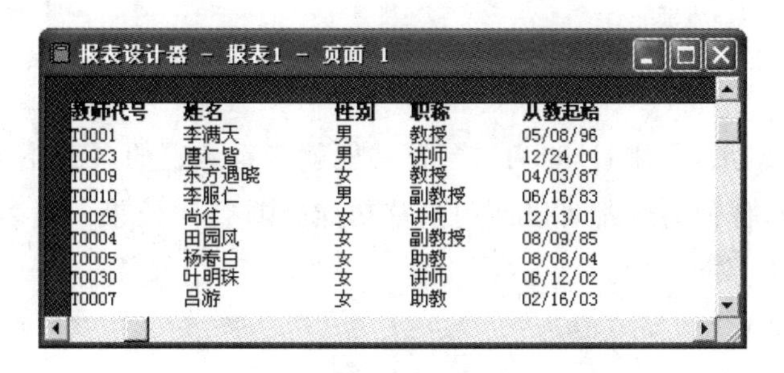

图 12.30　快速报表的预览效果

⑥保存报表。

12.1.3　报表的输出

设计报表的最终目的是要按照一定格式输出符合要求的数据。

1. 页面设置

打印报表之前，应考虑页面的外观，如页边距、纸张类型和所需的布局等。如果更改了纸张的大小和方向设置，应确认该方向适用于所选的纸张大小。例如，如果纸张定为信封，则方向必须设置为横向。

打开相应的报表设计器，通过选择“文件”→“页面设置”菜单项，在弹出的如图 12.31 所示的“页面设置”对话框中进行设置。

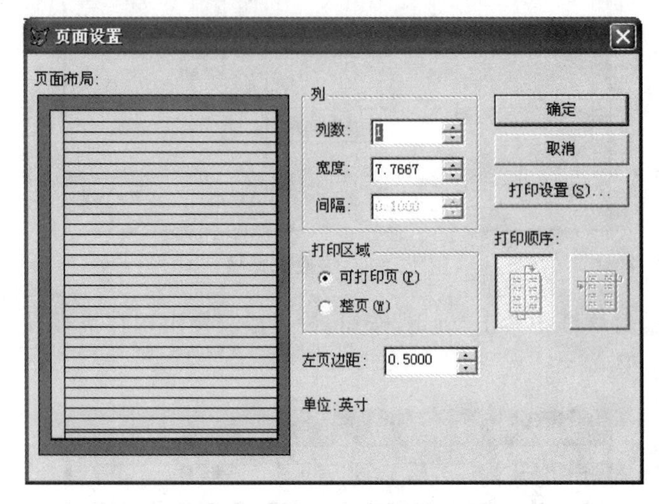

图 12.31 “页面设置”对话框

(1)设置左边距

在“左页边距”微调框中输入边距数值，页面布局将按新的页边距显示。

(2)选择纸张大小和方向

单击“打印设置”按钮，将弹出“打印设置”对话框。可以从“大小”下拉列表框中选择纸张大小；默认的打印方向为纵向，若要改变纸张方向，可以从“方向”区域选择“横向”单选按钮，再单击“确定”按钮。

2. 预览报表

为确保报表正确输出，不用打印，通过预览功能就能看到它的页面外观是否符合设计的要求。在报表设计器中，任何时候都可以使用预览功能查看打印效果。报表的预览操作十分便利，通过以下几种方法都能实现。

①选择“显示”→“预览”菜单项。

②在报表设计器中右击，从弹出的快捷菜单中选择“预览”命令。

③单击“常用”工具栏中的“打印预览”按钮。

预览窗口有它自己的“打印预览”工具栏。单击“下一页”或“前一页”按钮，可以切换页面；若要更改报表图像的大小，选择“缩放”下拉列表框；若要返回到设计状态，单击“关闭预览”按钮，或者直接关闭预览窗口。

3. 打印输出报表

如果报表已经符合要求，便可以在指定的打印机上打印报表了。

打印报表，通常先打开要打印的报表，然后通过以下几种方法，打开“打印”对话框。

①单击“常用”工具栏中的“运行”按钮。

②选择“文件”→“打印”菜单项。

③在报表设计器中右击，从弹出的快捷菜单中选择“打印”命令。

此处的“打印”对话框和 Word 等软件的“打印”对话框相似。“打印机名”下拉列表框列出了当前系统已经安装的打印机，可以从下拉列表框中选择要使用的打印机。“属性”按钮主要用于设置打印纸张的大小、打印精度等选项。“打印范围”区域中的单选按钮用于设置打印的数据范围。若选择了“All”单选按钮，那么将打印报表的全部内容；若选择了“页码”单选按钮，将打印在其后指定的页数。在“打印的份数”微调框中可以设置需要打印的报表份数。

如果直接单击“常用”工具栏中的“打印”按钮，或在预览状态下单击“打印预览”工具栏中的“打印报表”按钮，将不弹出“打印”对话框，而直接送往打印机打印。

另外，还可以在命令窗口中使用命令“REPORT FORM ＜报表文件名＞［PREVIEW］”打印或预览指定的报表。

12.2　标签的设计

标签的设计是根据用户的输出要求从数据库系统中提取数据，按标签的格式要求打印输出。

12.2.1　标签的概念

1. 什么是标签

标签像书签一样，是一种特殊类型的报表，如学生入学通知书、职工人事情况表等都是标签。标签是为了满足用户的实际需要而设计的一种单列或多列报表。创建标签与创建报表一样，可以使用标签向导或标签设计器等方法来创建。

2. 标签格式

标签的格式有以下两种。

- 单列格式：该标签适用于输出字段项目较多，并且每条记录都需要输出表头项目的内容，如职工工资发放条等。
- 多列格式：该标签适用于输出字段项目较少，每条记录不一定都需要输出表头项目的内容，如学生成绩报告单等。

12.2.2　创建标签

标签的创建有标签向导、标签设计器和命令格式 3 种创建方法。标签文件的扩展名为“lbx”，每个标签文件还伴随着一个扩展名为“lbt”的备注文件。

1. 标签向导

用标签向导创建标签的方法最简单。只要按系统的提示交互回答系统的问题，立即可以创建一个实用的标签。利用标签向导创建标签的步骤如下。

①选择“文件”→“新建”菜单项，或单击“常用”工具栏上的“新建”按钮，打开“新建”对话框。在“文件类型”区域中选择“标签”单选按钮，然后单击“向导”按钮。

②选择表，确定数据源，单击“下一步”按钮。

③选择标签类型，单击“下一步”按钮。

④定义标签布局，如果需要调整标签上数据的字体，则单击“字体”按钮，选择所需要的字体、字号，然后单击“下一步”按钮。

⑤确定输出记录的排序字段，然后单击“下一步”按钮。

⑥结束标签向导的创建工作，选择结束方式和定义标签文件名。

2. 标签设计器

标签设计器是报表设计器的一部分，它们使用相同的菜单和工具栏，只是默认的页面和纸张不同。使用标签设计器创建标签的步骤如下。

①选择“文件”→“新建”菜单项，或单击“常用”工具栏上的“新建”按钮，打开“新建”对话框。在“文件类型”区域中选择“标签”单选按钮，然后单击“新建文件”按钮，或在命令窗口中使用命令“CREATE LABEL”，都将弹出“新建标签”对话框。

②在“新建标签”对话框中，根据需要选择标签的大小，如图 12.32 所示。

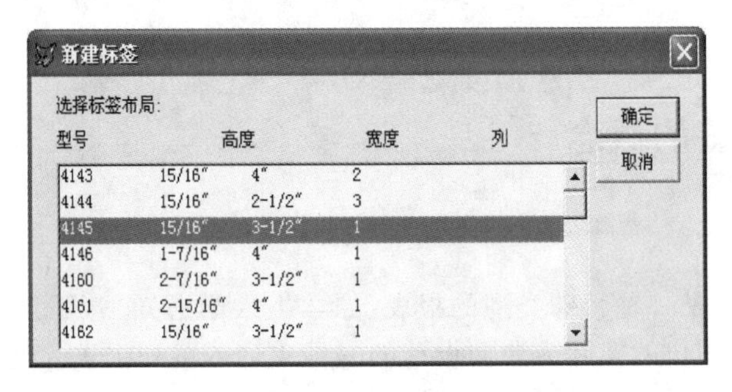

图 12.32 “新建标签”对话框

③单击“确定”按钮，出现如图 12.33 所示的标签设计器。在此窗口中，有页标头、细节、页注脚带区，还可添加其他带区，其操作方法与报表相同。

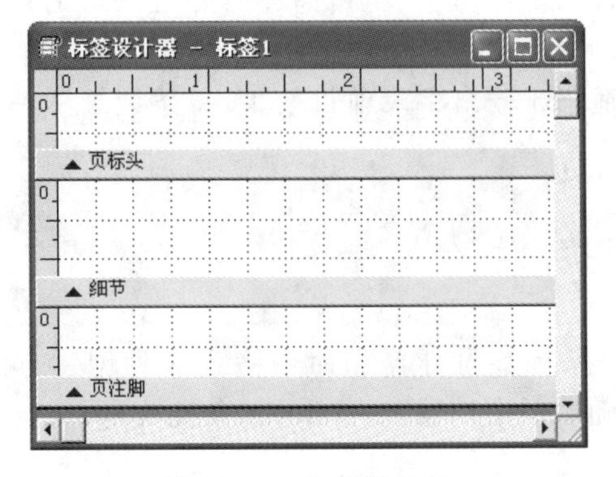

图 12.33 标签设计器

④根据设计要求,添加数据源和插入控件。

⑤保存标签。

⑥打印输出。

习　题　12

1. 选择题。

(1)报表的设计包括________。

A. 报表数据源　　B. 报表的布局

C. 报表的视图　　D. 报表数据源和报表的布局

(2)默认情况下,报表设计器显示的 3 个带区分别是________。

A. 页标头、页注脚和总结　　B. 组标头、组注脚和总结

C. 组标头、组注脚和细节　　D. 页标头、页注脚和细节

(3)报表的数据源可以是________。

A. 数据库表、自由表或视图　　B. 数据库表、自由表或查询

C. 自由表或其他表　　D. 表、视图或查询

(4)在报表设计器中,可以使用的控件有________。

A. 标签、域控件和线条　　B. 标签、域控件和列表框

C. 标签、文本框和列表框　　D. 布局和数据源

(5)在报表设计器中,域控件用来表示________。

A. 数据源的字段　　B. 变量

C. 计算结果　　D. 以上所有内容

(6)在报表设计器中,任何时候都可以使用预览功能查看报表的打印效果。以下几种操作中不能实现预览功能的是________。

A. 直接单击“常用”工具栏上的“打印预览”按钮

B. 在报表设计器中右击,从快捷菜单中选择“预览”命令

C. 选择“显示”→“预览”菜单项

D. 选择“报表”→“运行报表”菜单项

(7)在创建快速报表时,基本带区包括________。

A. 标题、细节和总结　　B. 页标头、细节和页注脚

C. 组标头、细节和组注脚　　D. 报表标题、细节和页注脚

(8)如果要创建一个数据 3 级分组报表,第 1 个分组表达式是“部门”,第 2 个分组表达式是“性别”,第 3 个分组表达式是“基本工资”,当前索引的表达式应当是________。

A. 部门+性别+基本工资　　B. 部门+性别+STR(基本工资)

C. STR(基本工资)+性别+部门　　D. 性别+部门+ STR(基本工资)

(9)在报表设计中,通常对每一个字段都有一个说明性文字,完成这种说明文字的报表控件是________。

A. 标签控件　B. 域控件　C. 线条控件　D. 矩形控件

(10)报表的标题打印方式是________。

A. 每个报表打印一次　B. 每页打印一次

C. 每列打印一次　D. 每组打印一次

2. 填空题。

(1)报表文件的扩展名是________。

(2)为了在报表中插入一个文字说明,应该插入的控件是________。

(3)设计报表通常包括两部分内容:________和________。

(4)“图片/ActiveX 绑定控件”按钮用于显示________或________的内容。

(5)如果已对报表进行了数据分组,报表会自动包含________和________带区。

(6)创建报表的最佳工具是报表________。

(7)报表的标题要通过________来定义。

(8)当报表设计完成后,如果要预览报表,可以使用快捷菜单或________菜单中的“预览”菜单项。

(9)________控件用于显示表字段、报表内存变量或其他表达式的内容。

(10)在程序中预览报表,可使用________命令。

3. 判断题。

(1)报表是指由若干行、列组成的表格,是数据库中输出数据的一种特殊方式。　(　)

(2)用户在制作报表之前总是要对报表进行合理的布局,以使报表输出更加美观。在 Visual FoxPro 6.0 中,报表布局是一个窗口,窗口中最多可分成 6 个部分,每一个部分称为一个带区。　(　)

(3)报表布局的原则是指用户在创建报表的过程中,应执行的一些规章制度,而不是随心所欲的。　(　)

(4)创建一对多报表,只能在报表向导中建立,其他方法是不能创建一对多报表的。　(　)

(5)一对多报表指的是组成报表的数据是由其中的一个父表记录及其相关的子表记录共同组合而成的。　(　)

(6)报表文件的扩展名是“frt”,而它的备注文件的扩展名为“frx”。　(　)

(7)在报表向导结束后,报表文件不需要用户选择其路径,也不需要用户输入报表的文件名,系统将会自动按默认值的方式进行设置。　(　)

(8)在创建快速报表时,只能选择其字段名,不能输入用户所需的文本或其他字符,如不能输入制表符、标点符等。　(　)

(9)报表的页面设置指的是用户可以对页面进行如下参数的设置:列项数、列项宽度、列间隔距离、页边距、打印顺序等。　(　)

(10)在报表设计器中,可以使用的控件有标签、文本框和列表框。　(　)

(11)利用“报表布局”工具栏中的各个按钮,只能对多个对象进行布局,单个对象不能使用“报表布局”工具栏。 (　　)

(12)设置报表中的文字,指的是对报表文字对象进行设置,可以设置其字体、字形、字号及颜色等。 (　　)

(13)标签文件的扩展名是“lbx”,而它的备注文件的扩展名为“lbt”。 (　　)

(14)标签只适合于少量的字段和信息较少的记录,如学生成绩单、学生补考通知书等。 (　　)

(15)标签的格式一般只有两种,即单列格式和多列格式,其中单列格式适用于输出字段项目较多,并且每条记录都需要输出表头项目的内容。 (　　)

第13章

项目管理器

要掌握 Visual FoxPro 各方面知识之间的关系，并对 Visual FoxPro 开发应用项目有全面了解，必须学会使用项目管理器，它为系统开发者提供了极为便利的工作平台。

项目管理器是 Visual FoxPro 中处理数据和对象的主要组织工具，是 Visual FoxPro 应用开发系统的核心。项目（project）是文件（包括程序文件、查询文件、文本文件和其他各种文件）、数据（数据库、表、索引、视图等）、文档（表单、报表和标签）和 Visual FoxPro 对象的集合。Visual FoxPro 通过项目，把一个应用程序的大量内容组织成一个有机的整体，而项目管理器则是管理项目的有力工具，是 Visual FoxPro 应用的控制中心。

13.1 创建项目文件

开发一个应用程序，通常首先要建立一个项目文件，然后逐步向项目文件中添加数据库、表、程序、表单等对象，最后对项目文件进行编译（连编），生成一个单独的.app 或.exe 程序文件。

项目文件的扩展名是“pjx”。建立项目文件同建立其他类型的文件一样，常采用菜单方式，其操作步骤如下。

①在 Visual FoxPro 系统菜单下选择“文件”→“新建”菜单项，将弹出“新建”对话框。在该对话框的“文件类型”区域中选中“项目”单选按钮，如图 13.1 所示，然后单击“新建文件”按

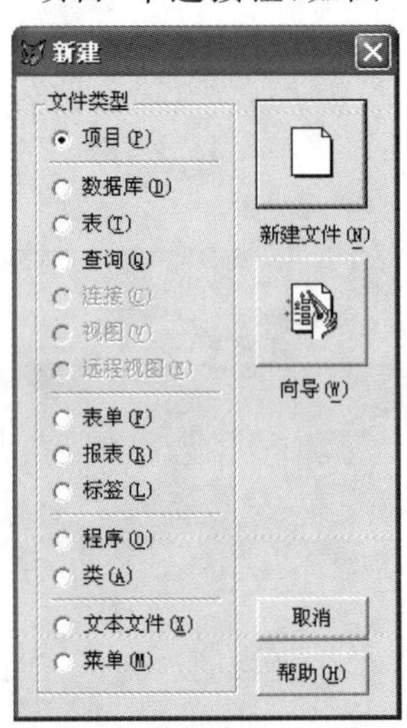

图 13.1 “新建”对话框

钮，系统将弹出“创建”对话框，如图 13.2 所示。

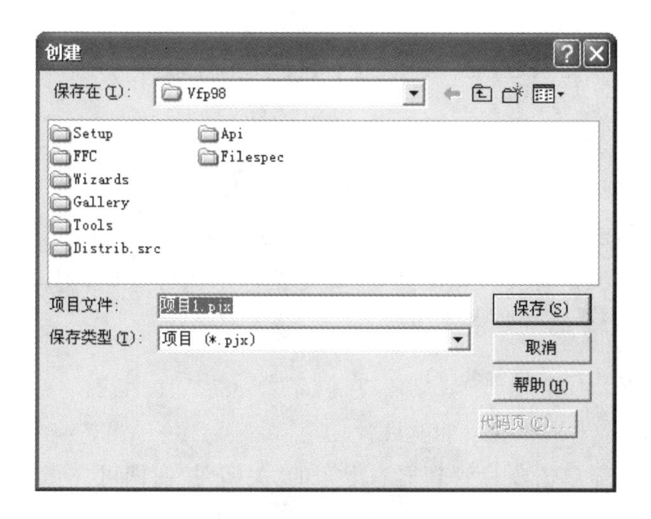

图 13.2 “创建”对话框

②在“创建”对话框中，默认的项目文件名是“项目 1”，保存类型是“项目(＊.pjx)”。可以自定义项目文件的名称和保存项目文件的路径，本例建立一个叫“教务管理”的项目，就存储在默认目录下。单击“保存”按钮，此时“创建”对话框关闭，打开如图 13.3 所示的项目管理器。

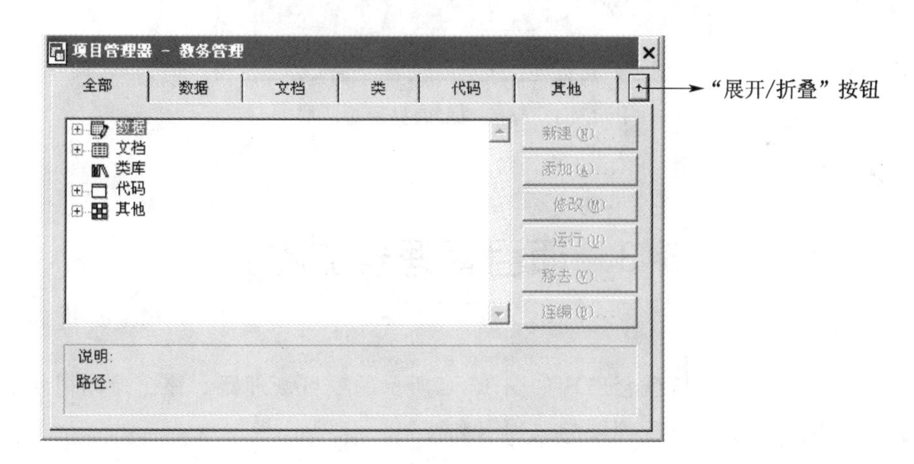

图 13.3 项目管理器

创建项目文件的第 2 种方法是在图 13.1 中单击“向导”按钮，按照屏幕提示一步一步操作即可。一般不要用这种方法创建项目，因为这可能会更改 Visual FoxPro 的设置，在经验不足的情况下难以恢复到原状。

创建项目文件的第 3 种方法是在命令窗口中使用命令：

CREATE PROJECT ＜文件名＞

当然，还可以单击“常用”工具栏上的“新建”按钮创建项目文件。

13.2 打开和关闭项目

打开一个已有的项目，可以通过选择“文件”→“打开”菜单项，在弹出的“打开”对话框中选择要打开的项目即可，或者使用该操作相应的快捷键，或单击“常用”工具栏上的“打开”按钮，方法很多，不再赘述。唯一需要注意的是，在命令窗口中执行“MODIFY PROJECT”命令，也可打开一个项目。该命令的主要格式为

MODIFY PROJECT [<**文件名**>]

利用此命令可以打开并修改一个项目。

若要关闭项目，只需单击项目管理器右上角的“关闭”按钮即可。当关闭一个空项目时，如关闭刚刚建立的学生管理项目，Visual FoxPro 会显示如图 13.4 所示的提示对话框。若单击“删除”按钮，则系统从磁盘上删除该项目；若单击“保持”按钮，系统将保存该项目。

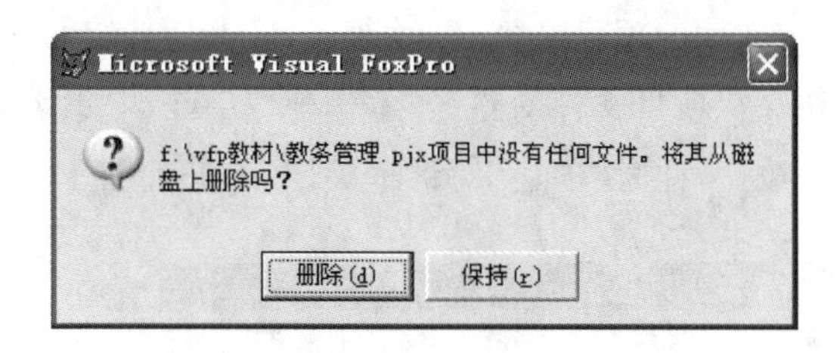

图 13.4　删除项目的提示对话框

13.3 项目管理器的界面

新建或打开一个项目时，就会出现如图 13.3 所示的项目管理器。该窗口以树状的分层结构显示各个项目，还包括项目管理器的选项卡和按钮。

13.3.1 项目管理器的选项卡

项目管理器中共有 6 个选项卡，每个选项卡用于管理某一类型的文件。其中，“数据”、“文档”、“类”、“代码”和“其他”选项卡用于分类显示各种文件，它们都集中显示在“全部”选项卡中。当项目中的文件很少时，用“全部”选项卡查看非常方便，似乎不需要分类显示；但当项目中包含很多文件时，分类显示更加方便。

(1)“全部”选项卡

该选项卡可以组织和管理项目中所有类型的文件，是下面 5 项的集合。

(2)“数据”选项卡

该选项卡可以组织和管理项目中包含的所有数据,如数据库、数据表、查询和视图。

(3)“文档”选项卡

该选项卡可以组织和管理项目中利用数据进行操作的文件,如表单、报表和标签。

(4)“类”选项卡

该选项卡可以组织和管理项目中的类和类库。

(5)“代码”选项卡

该选项卡可以组织和管理项目中的代码程序文件,如程序文件、API(application programming interface,应用程序编程接口)库文件、应用程序等。

(6)“其他”选项卡

该选项卡可以组织和管理项目中其他类型的文件,如菜单文件、文本文件、由 OLE 等工具建立的其他文件(如图形、图像文件)。

13.3.2　项目管理器的按钮

打开项目管理器后,主菜单上有“项目”菜单,相关操作可通过此菜单下的相应菜单项完成,也可通过项目管理器中的按钮进行操作。项目管理器中有许多按钮,并且按钮是动态的,选择不同的对象会出现不同的按钮。常用的按钮的功能如下。

(1)“新建”按钮

该按钮用于创建一个新文件或对象。选定文件类型后,单击“新建”按钮,新文件就显示在项目管理器中,并被该项目管理。不是在项目中新建的文件,不会显示在项目管理器中,并不被该项目管理。

(2)“添加”按钮

该按钮用于将已存在的文件添加到项目中。

(3)“修改”按钮

选定某文件,单击该按钮后,系统会打开相应的设计器,可进行相关操作。

(4)“浏览”按钮

该按钮用于在“浏览”窗口中打开一个表,以便浏览表中内容。

(5)“运行”按钮

该按钮用于对选定的查询、表单或程序进行运行。

(6)“移去”按钮

该按钮用于将文件或对象移出项目,或移出的同时将文件从磁盘中删除。

(7)“打开”按钮

该按钮用于打开选定的数据库文件。当选定的数据库文件打开后,此按钮变为“关闭”。

(8)“关闭”按钮

该按钮用于关闭选定的数据库文件。当选定的数据库文件关闭后,此按钮变为“打开”。

(9)“预览”按钮

该按钮用于在打印预览方式下显示选定的报表或标签文件的内容。

(10)“连编”按钮

该按钮用于连编一个项目或应用程序,生成一个扩展名为“app”的应用程序文件或扩展名为“exe”的用户可执行文件。

13.4 项目管理器的使用

在项目管理器中,各个项目都是以树状分层结构来组织和管理的。

13.4.1 查看项目中的内容

若要处理项目中某一特定类型的文件或对象,可选择相应的选项卡。

如果项目中具有一个以上同一类型的文件,其类型符号旁边会出现一个⊞。如图 13.5 所示,选中“全部”选项卡,单击左边的⊞或⊟,可展开或折叠项目中的各个列表。如果列表中还有子列表,则可以依次展开。

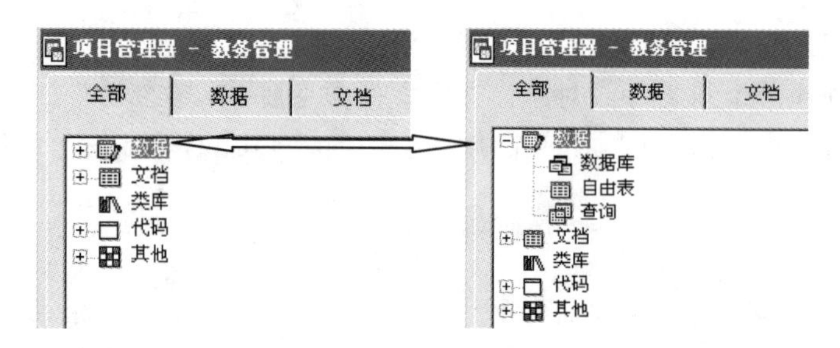

图 13.5　展开与折叠列表

图 13.6 是教务管理项目中的数据库的部分展开图,数据库名为“学生情况”,它下面有若干表。我们在“表”下看到的表是“学生”,下面的“出生日期”、“简历”等都是该表的字段。

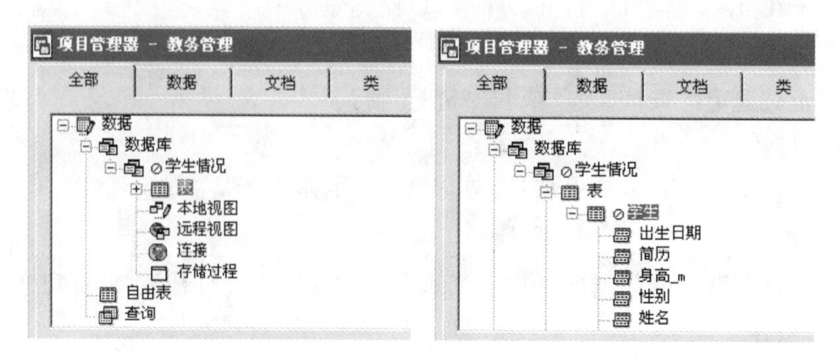

图 13.6　详细查看

如果要查看项目中的程序文件，可以在项目管理器中的“全部”选项卡中展开“代码”列表，操作类似上面展开“数据库”列表；也可以选中项目管理器中的“代码”选项卡，展开“程序”列表，再选中一个程序文件即可。

13.4.2 在项目管理器中新建或修改文件

1. 在项目管理器中新建文件

首先选定要创建的文件类型(如数据库、表、查询等)，然后单击“新建”按钮，将显示与所选文件类型相应的设计工具。对于某些项目，还可以选择向导来创建文件。

2. 在项目管理器中修改文件

若要在项目管理器中修改文件，只要选定要修改的文件名，再单击“修改”按钮，即可打开该文件相应的设计器。

13.4.3 在项目中添加或移去文件

1. 在项目中添加文件

若要在项目中加入已经存在的文件，首先选定要添加文件的文件类型，再单击“添加”按钮，就会弹出“打开”或“添加”对话框，选定要添加的文件，然后单击“确定”按钮，被选定的文件即可加入到项目中。

注意：当将一个文件添加到项目中时，项目文件保存的并非该文件本身，而仅是对这些文件的引用；因此，对于项目的任何文件，既可以利用项目管理器对其进行操作，又可以单独对其进行操作，并且一个文件可同时属于多个项目。

2. 从项目中移去文件

在项目管理器中，选择要移去的文件，再单击“移去”按钮，将打开一个提示对话框，如图 13.7 所示。该提示对话框用于询问是从项目中移去对象，还是从磁盘中删除对象，此时单击相应的“移去”或“删除”按钮即可。

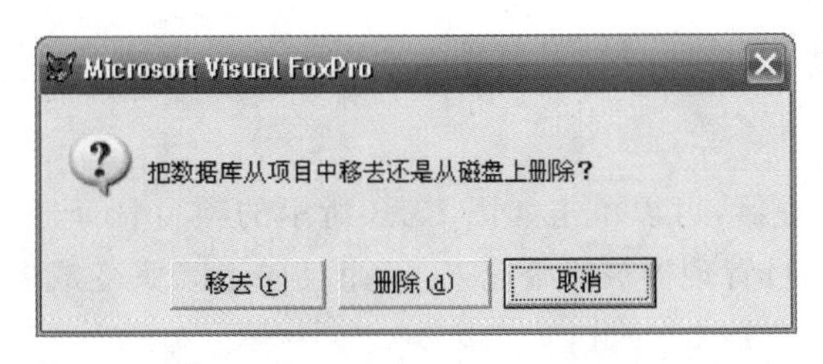

图 13.7 移去操作的提示对话框

13.4.4 项目间共享文件

一个文件可以被多个项目共享，以达到减少代码冗余、充分利用工作成果的目的。被共享的文件并没有被复制成多份，项目只存储了对该文件的引用。

如果要在项目之间共享文件，其操作步骤如下。

①打开要共享文件的两个项目。

②在包含要共享的文件的项目管理器中，选择该文件。

③拖动该文件到另一个项目管理器的相应位置即可。

例如，有两个项目教务管理和 proj1，项目教务管理中的表单文件 bd1 需要被项目 proj1 共享，操作方法如图 13.8 所示。

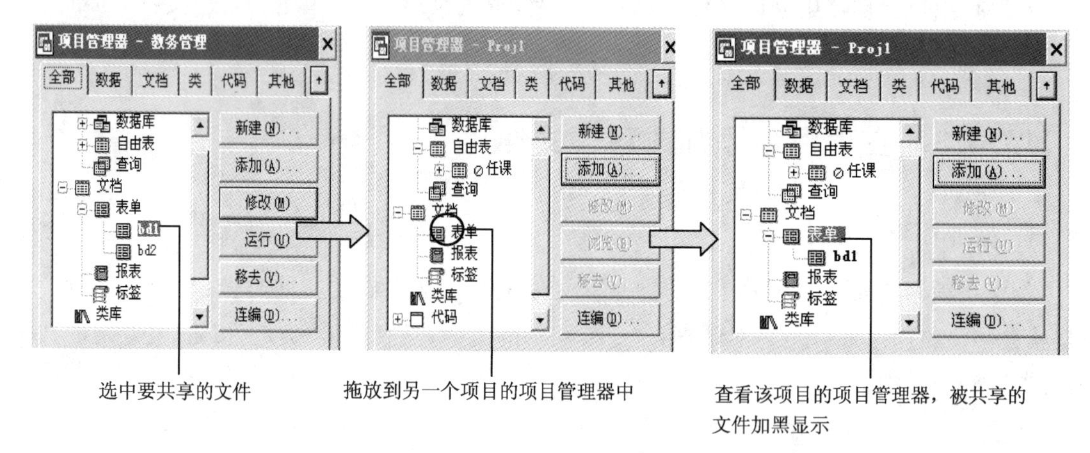

图 13.8　在项目之间共享文件

注意：数据库中的表不能在项目间共享。

13.4.5 定制项目管理器

用户还可以定制项目管理器，改变项目管理器的外观。

1. 移动、缩放和折叠

项目管理器和其他 Windows 窗口一样，可以随时改变窗口的大小及移动窗口的显示位置。

如果要折叠项目管理器，可以单击如图 13.3 所示的项目管理器右上角的向上箭头（“展开/折叠”按钮）。此时项目管理器被折叠起来了，而且向上箭头变成向下箭头，单击它可以再次展开项目管理器。

2. 拆分项目管理器

折叠项目管理器后，单击其中的选项卡可以单独显示。也可以拖动选项卡，将它们从项目管理器中“撕”下来，如图 13.9 所示。拆分后的选项卡可以在 Visual FoxPro 的主窗口中独立移动，此时项目管理器中原来选项卡的位置变成不可用状态。

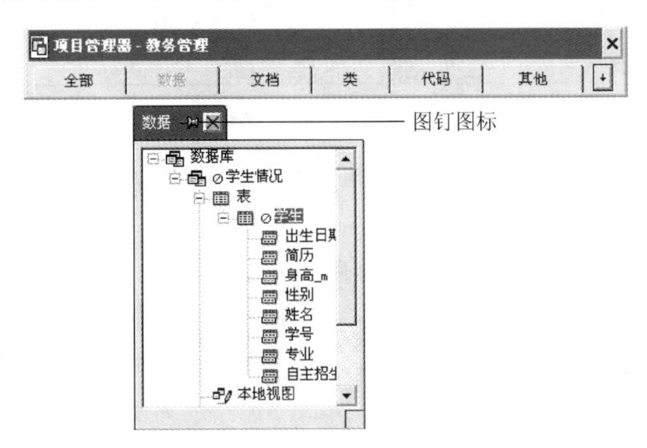

图 13.9　拆分项目管理器

如果希望浮动的选项卡始终显示在屏幕的最顶层，可以单击选项卡上的图钉图标，如图 13.9 所示。这样，该选项卡就会一直保留在其他窗口的上面，再次单击图钉图标，可以取消选项卡的顶层显示设置。

如果希望关闭浮动的选项卡，可单击选项卡上的“关闭”按钮，或者将选项卡拖回到项目管理器中。

3. 停放项目管理器

将项目管理器拖到 Visual FoxPro 主窗口的顶部，就可以使它像工具栏一样显示在主窗口的顶部。停放后的项目管理器变成了窗口工具栏区域的一部分，不能将其整个展开，如图 13.10 所示，但是可以单击每个选项卡来进行相应的操作。对于停放的项目管理器，同样可以进行拆分操作。

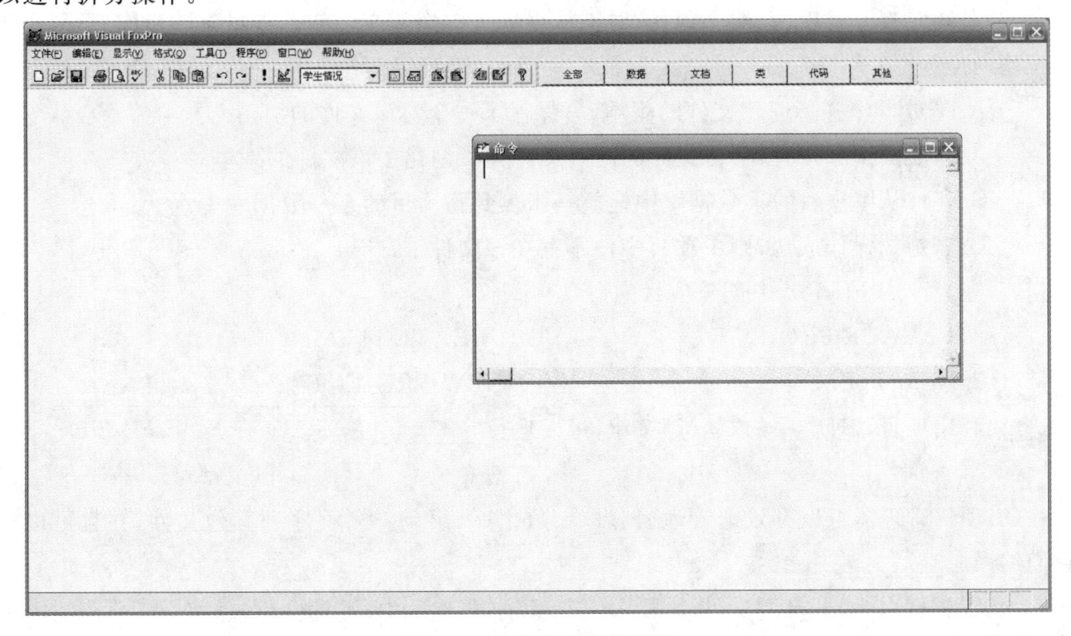

图 13.10　停放项目管理器

习 题 13

1. 选择题。

(1)项目管理器的功能是组织和管理与项目有关的各种类型的________。

A. 文件　　B. 字段　　C. 程序　　D. 数据

(2)在使用项目管理器时,需要在项目管理器中创建文件。如果利用“文件”→“新建”菜单项创建的文件,________。

A. 属于当前打开的项目　　B. 不属于任何项目

C. 属于任何项目　　D. 不能添加到任何项目

(3)项目管理器的“数据”选项卡用于显示和管理________。

A. 数据库、自由表和查询　　B. 数据库、视图和查询

C. 数据库、自由表和视图　　D. 表单、报表和标签

(4)在下列有关项目和项目管理器的叙述中,不正确的是________。

A. 不是通过 Visual FoxPro 创建的文件,不能添加到项目中

B. 当用户将某文件添加到项目中时系统默认为表文件是排除的,其他类型的文件是包含的

C. 利用移去操作可以删除文件

D. 同一个文件可以属于多个项目

(5)打开项目管理器的“文档”选项卡,其中包含________。

A. 表单文件　　B. 报表文件　　C. 标签文件　　D. 以上 3 种文件

(6)若同时打开了甲、乙两个项目,对于从甲项目中拖放文件到乙项目中的操作,下列说法中正确的是________。

A. 拖放操作并不创建文件的副本,只保存了一个对该文件的引用

B. 拖放操作后,在乙项目文件的同一文件夹下创建了该文件的副本

C. 允许从甲项目的某数据库中拖放一张表到乙项目的某一数据库中

D. 若拖放操作成功,则甲项目中便不存在该文件了

(7)在 Visual FoxPro 中创建项目的命令是________。

A. CREATE PROJECT　　B. CREATE ITEM

C. NEW ITEM　　D. NEW PROJECT

(8)利用项目管理器中的“运行”按钮,可以运行________。

A. 查询　　B. 程序　　C. 表单　　D. 以上都可以

(9)项目管理器可以有效地管理表、表单、数据库、菜单、类、程序和其他文件,并且可以将它们编译成________。

A. 扩展名为“app”的文件　　B. 扩展名为“exe”的文件

C. 扩展名为“app”或“exe”的文件　　D. 扩展名为“prg”的文件

(10)下述命令中的________命令能关闭项目管理器。

A. CLOSE DATABASE　　　　B. CLOSE ALL

C. CLEAR ALL　　　　D. CLEAR PROGRAM

2. 填空题。

(1)________是 Visual FoxPro 中处理数据和对象的主要组织工具。

(2)在项目管理器中有 6 个选项卡,用来分类显示各种文件。其中,菜单文件位于________选项卡中。

(3)项目文件的扩展名是________。

(4)项目管理器的“移去”按钮有两个功能:一是把文件________;二是________文件。

(5)项目管理器右上角的“关闭”按钮用于关闭一个________。

参 考 文 献

[1] 王珊,萨师煊.数据库系统概论.4版.北京:高等教育出版社,2006.

[2] 马秀峰,崔洪芳.Visual FoxPro实用教程与上机指导.北京:北京大学出版社,2007.

[3] 刘卫国.Visual FoxPro程序设计教程.3版.北京:北京邮电大学出版社,2014.

[4] 卢湘鸿.Visual FoxPro 6.0数据库与程序设计.3版.北京:电子工业出版社,2011.

[5] 李雁翎.Visual FoxPro数据库技术与应用.北京:清华大学出版社,2013.

[6] 教育部考试中心.全国计算机等级考试二级教程:Visual FoxPro数据库程序设计.2015年版.北京:高等教育出版社,2014.

[7] 刘瑞新,汪远征,曹欢欢.Visual FoxPro程序设计教程.3版.北京:机械工业出版社,2015.